Springer
海洋工程手册

[美]曼哈·R. 达纳克(Manhar R. Dhanak),尼古劳斯·I. 希洛斯(Nikolaos I. Xiros)主编

海洋新能源

[美]尼古劳斯·I. 希洛斯(Nikolaos I. Xiros) 主编
船海书局 译　王世明 主审

上海交通大學出版社

内容提要

本书介绍了一系列现代海洋能源技术，包括资源评估和对诸多海洋能源的概述。全书分6章，从海洋流体动力能源的资源评估、海洋波浪能转换概念、洋流能转换、流体动力能源、海洋热能转换及海上风电等方面进行系统论述。本书适用于从事海洋装备研究和设计的工程技术人员阅读，也可供海洋科学研究工作者学习参考。

图书在版编目(CIP)数据

海洋新能源 / (美) 尼古劳斯·I. 希洛斯(Nikolaos I. Xiros) 主编；船海书局译.
--上海：上海交通大学出版社，2018
(海洋工程手册)
ISBN 978-7-313-20247-5

Ⅰ. ①海… Ⅱ. ①尼… ②船… Ⅲ. ①海洋动力资源—手册 Ⅳ. ①P743-62

中国版本图书馆 CIP 数据核字(2018)第 226442 号

Translation from the English language edition:
Springer Handbook of Ocean Engineering
edited by Manhar R. Dhanak and Nikolas I. Xiros

海洋新能源

主　　编：[美]尼古劳斯·I. 希洛斯(Nikolaos I. Xiros)
翻　　译：船海书局
出版发行：上海交通大学出版社
地　　址：上海市番禺路 951 号
邮政编码：200030
电　　话：021-64071208
出 版 人：谈毅
印　　刷：武汉精一佳印刷有限公司
经　　销：全国新华书店
开　　本：787mm×1092mm　1/16
印　　张：15.5
字　　数：367 千字
版　　次：2018 年 11 月第 1 版
印　　次：2018 年 11 月第 1 次印刷
书　　号：ISBN 978-7-313-20247-5/P
定　　价：335.00 元

出　　品：船海书局
网　　址：www.ship-press.com
告 读 者：如发现本书有印装质量问题请与船海书局发行部联系。
服务热线：4008670886

Springer Handbook of Ocean Engineering

Manhar R. Dhanak, Nikolaos I. Xiros (Eds.)

Springer

Springer Handbooks

施普林格手册是为专业读者提供物理和应用科学领域关于研究方法、通则和函数关系以及经过认可的重要信息的简明汇编。该手册每卷的章节均由世界领先的物理或工程领域的著名专家撰写。章节的内容由这些专家从施普林格资源(书籍、期刊、线上内容)和近年来出版的与科学或信息技术相关的出版物中选取。这些重要的知识点被编辑成有价值的案头参考书,方便读者快速全面地阅读和掌握这些重要内容。该手册还包括表格、图表、参考书目等简便检索工具,为读者提供了扩展资源的参考文献。

Springer
海洋工程手册

总主编

曼哈·R.达纳克(Manhar R. Dhanak),博士,海洋工程教授,佛罗里达大西洋大学(FAU)海洋和系统工程学院(海洋技术)院长。他是佛罗里达大西洋大学海洋工程系的前主席,伦敦大学帝国理工学院的研究生。他曾任帝国理工学院的助理研究员,英国剑桥 Topexpress Ltd.公司研究科学家,在加入佛罗里达大西洋大学之前任剑桥大学的高级助理研究员。达纳克博士以流体力学、物理海洋学、自动水下交通工具(AUV)以及海洋能量为研究方向。他赞助的研究活动包括先进的节能自动表面交通工具以及先进的壳体船评估工具的开发,沿海环境中与海洋学特性有关的电磁场的鉴定,以及生活用海底电缆相关的电磁场的发射评估。

尼古劳斯·I.希洛斯(Nikolaos I. Xiros)是新奥尔良大学造船与海洋工程学的助理教授。其 15 年的职业生涯跨越了工业界和学术界。他的专业在海洋、电气和海洋工程领域。他有电气工程师学位以及海洋工程博士头衔。他的研究方向在于处理建模与仿真、系统动力学、识别与控制、可靠性、信号及数据分析。他是很多技术论文和一个施普林格专题的作者。他目前的研究包括非线性工艺动态项目、应用数学、能源工程和船舶系统。

总 册 前 言

我们很荣幸也很高兴参与这本施普林格手册(Springer Handbook)的编辑工作。该手册旨在作为海洋工程师,包括海洋产业和政府的从业人员、研究人员、教育工作者和学生的参考资料。该手册的魅力在于其重要的基础原理、应用材料的综述以及海洋工程和海洋技术的与时俱进。我们相信,这本手册应该会吸引那些在诸多方面参与海洋工程研究的人们,包括海上交通工具、海岸系统和近海技术的设计、开发和操作以及可再生海洋能源开采的人的兴趣。同时,它还是任何对海洋、海上和近海环境中人类活动感兴趣的人的入门书籍。该手册分为五个分册,共47章,涵盖了海洋工程基础和四个重要的应用领域:无人潜水器、海洋新能源、海岸工程设计、海洋油气技术。其涵盖范围包括基础概念、基本理论、方法、工具和涉及这些主题各个方面的技术。各分册的作者都是来自世界海洋工程领域内的专家,包括学术界、工业界和政府部门的成就卓著的人才。每一章都经过同业互查。这些选择的作者和同行评审者的参与有助于确保这本手册的杰出性和时效性。施普林格编辑团队完美地制作每一章,包括众多的定制图纸和数字。为了方便读者浏览手册,每个页面都恰当地引用了关键词,使其相对容易地定位到对手册中感兴趣的内容。

首先,我们要由衷感谢五个分册的编辑对各个部分的努力斟酌、甄别及选用论题的专家作为每一章的作者,指导每部分章节的安排,跟踪作者的进度,最后为章节寻求同业互查,从而确定手册的范围和质量。其次,我们衷心感谢所有的作者。他们从繁忙的日程安排拨出时间来参与这个项目,投入大量的时间认真准备各自章节的内容。再次,我们非常感谢同业评审人员无私的努力对章节进行评论。最后,我们要特别感谢施普林格的整个出版团队,包括 Werner Skolaut, Leontina Di Cecco, Veronika Hamm, Judith Hinterberg 以及 Constanze Ober,感谢他们的知识性建议、指导、付出,巨大的耐心,快速有效的编辑,这对确保该手册的及时、高质量制作具有重大意义。海岸工程设计部分归功于已故的 Robert Dean 教授,他在沿海工程方面有很多重要的贡献。

曼哈·R.达纳克
尼古劳斯·I.希洛斯

海洋新能源

主编

尼古劳斯·I. 希洛斯(Nikolaos I. Xiros)是新奥尔良大学造船与海洋工程学的助理教授。其15年的职业生涯跨越了工业界和学术界。他的专业在海洋、电气和海洋工程领域。他有电气工程师学位以及海洋工程博士头衔。他的研究方向在于处理建模与仿真、系统动力学、识别与控制、可靠性、信号及数据分析。他是很多技术论文和一个施普林格专题的作者。他目前的研究包括非线性工艺动态项目、应用数学、能源工程和船舶系统。

编译委员会

主任委员

王世明教授，教授级高级工程师。主要研究方向：海洋可再生能源及海洋工程装备。曾在特大型央企中国一拖集团公司任教授级高工，在西安交大任教授，2005年作为引进人才来上海海洋大学工作，2014年获“上海市优秀技术带头人”称号。主持科技部、国家海洋局、农业部及上海各委局项目66项，获发明专利39件，软件著作22项，出版专著15部，成果转化18项；获国家海洋局一等奖、国际发明金奖、上海市科技进步二等奖及重要行业奖项33项。

《海洋新能源》编译委员会

（以下排名不分先后）

分 册 前 言

本书介绍了一系列现代海洋能源技术，包括资源评估和对诸多海洋能源的概述，如海浪能、潮流能、温差能以及海上风能等。

第 1 章主要介绍了对海洋能源的资源评估技术。海洋流体能源主要包括波浪能、潮汐能和海流能。该章简要介绍了这几类能源的特性并对各自的开采潜能进行评估，其中更以佛罗里达州的海流资源评估为例对海流能进行了详细的资源评估研究。根据海洋模型提供的数据对全球和局部开放海域内的海流资源进行预估，估算主要西边界流的能量密度，并对全球洋流发展趋势进行评估。海流能开发的经济可行性受诸多因素影响，主要包括当地能源密度、离岸距离和局部水深等，对这些影响因素进行了度量分析。一旦确定了潜在的开发地点，就须满足当局监管和许可部门的相关要求，评估能源开发对当地环境和生态系统的潜在影响以及对资源本身的影响；研发高性能开发设备并设法降低开发和维护成本。

第 2 章提出了最重要的海洋波浪能源转换概念，介绍了提取波能及利用动力输出系统进行发电的基本概念。根据报道，在过去 40 多年间已有多个利用波能的相关专利问世，还有许多正在申请中。它们大多基于上述基本概念对波能进行提取并采用适当的动力输出系统将其转化为电能。该章将对这些方法及其发展现状进行介绍。最后，在附录中介绍了一些较为著名的波能在现实领域中的应用技术，重点是商业方面。

第 3 章对海流能的转换进行了研究。潮汐流、西边界流及河流等均具有像风能一样的发电潜能。近年来，随着人们对可再生能源的关注度日益增高，开发洋流发电潜能的研究应运而生。该章通过重点介绍海流能与风能之间的差异对海流能量转换进行阐述，并讨论这些未经开发的可再生能源将面临的独特挑战。

第 4 章对海洋流体动力能源（MHK）的转换进行详细说明。MHK 是清洁、可再生能源，且遍布全球。它有两种存在形式：垂向波浪能和横向流能，包括海洋流、潮汐流和河流等。除了几大洋的洋流，大部分海流的流速低于 3 节，河流流速低于 2 节，这导致利用稳升力技术（如涡轮机）获取海流能面临挑战。横向海洋流体动力能源可以利用变升力技术进行提取。无论是个体还是群体，鱼类都能利用交变升力在水中有效推进。工程结构如圆柱体和棱镜之类的钝体，或者水翼型的细长体可在准恒定均匀流中产生交替升力。流固耦合现象（FSI）对结构尺度的敏感性较高，结构尺度的细微变化都可能导致严重的流固耦合现象。在一般的工程应用中，流固耦合现象是不利的，因此需要通过设计或使用额外的阻尼等附件来避免或抑制流固耦合现象。反之，如果流固耦合现象增强，可能会诱导结构剧烈运动（FIM），从而使机械振荡器将海洋流体动力能量转换成动能和势能。水翼结构体可以通过颤振来收获海洋流动能量，颤振已通过深入研究，属于非定常流动范畴。此外，如圆形或矩形截面柱钝休可能会受个体或者周边其他结构影响表现出多种形式的流体诱导运动，目前这些现象已广泛研究，但仍不清楚如何有效抑制或增强此类现象。流体诱导的运动(FIM)包括涡激振动、驰振、颤振以及多体交界间的间隙流动。当这些运动增强时，即使在低速水平流动状态下，也能将海洋流动能量转换成具有高功率密度(功率重量比)的机械能。该章将概述交变升力技术的概念和基本物理原理，研究相关可行的实验和计算方法，给出目前已经克服和未来将面临的研究挑战，介绍实际应用进展和相关技术发展和基准等。

第 5 章介绍海洋温差能的相关转换问题。海洋温差发电(OTEC)是利用海水的温差梯度经热传动发电。尽管这个概念很简单，已经使用了近一个世纪，但在过去的 30 年中，由于世界范围内正在寻找一种清洁、可持续性的能源来取代化石燃料，因此其发展势头迅猛。挖掘海洋温差发电的巨大潜力还有技术障碍需要克服。尽管如此，目前已经掌握的成熟技术足以发展相关商业。该章对 OTEC 技术和经济方面的现状进行了概述，同时也根据当前印度的 OTEC 经验提出了进一步的研究方向和技术指导。

第 6 章介绍海上风能转换。1991 年，世界第一个海上风电场 Vindeby 开始向丹麦洛兰岛海岸电网供电。从此以后，海上风能已经从早期的试验发展到价值数十亿美元的市场，成为世界范围内可再生能源生产的重要支柱。2014 年 10 月，Vindeby 风电场的海上风机组规模从 450 kW 扩大到7.5 MW，处于原型机制作阶段。该章概述了近海风电机组技术的最新进展，并介绍了海上风电机组(OWT)的建模和仿真原理。对风电机组的组件转子、机舱、支撑结构控制系统和电力电子技术进行介绍，并提出了当前的技术难题。从 OWT 建模者和设计者的角度对 OWT 系统动力学以及环境(风浪和海浪)参数进行介绍。最后，对未来的技术前景进行了展望。该章主要介绍了一个单一的海上风力发电系统，更确切地说是一个水平轴风力发电机组组成的动态系统。该章并没有详细介绍海上风力发电场和风电场之间的相互影响，但给出了一些简单介绍和进一步的参考指导。

尼古劳斯·I. 希洛斯
2018 年 7 月

目　录

第 1 章　海洋能源评估

Manhar R. Dhanak, Alana E. S. Duerr, James H. VanZwieten

海洋能主要包括波浪能、潮汐能和洋流能。本章简要介绍了这几类能源的特性并对各自的开采潜能进行评估，其中更以佛罗里达州的洋流能源评估为例对洋流能的相关评估方法进行详细介绍。根据海洋模型提供的数据对全球和局部开放海域内的洋流资源进行预估，主要估算西边界流的能量密度，并对全球范围内的洋流能源发展趋势进行评估。洋流能开发的经济可行性受诸多因素影响，主要包括当地能源密度、离岸距离和局部水深等。本章对这些影响因素进行了量化分析。一旦确定了潜在的开发地点，就须根据当局监管和许可部门的相关要求，评估能源开发对当地环境和生态系统的潜在影响以及对资源本身的影响，研发高性能的开发设备并设法降低开发和维护成本。

海洋能量可分为水动能和势能，其中水动能包括波浪能、潮汐能和洋流能，势能则以温差能、盐度梯度（盐差能）以及潮差能等形式存在于海洋之中。各种海洋能量的存在形式因地而异，具有显著的地域性。主要洋流通常是大陆东部海岸地带的西边界流。潮汐能普遍存在于世界各地的河口和海峡地域中，例如美国的东北部或欧洲的西海岸。通常在中高纬度（40°～60°）的海岸线区域内存在能量超高的波浪能源，这些海岸线毗邻大型开阔海域，风区范围广，如美国西北海岸。温差能主要存在于某些中低纬度（0°～35°）海域范围内。利用某一海域海洋能源的经济有效性取决于诸多因素，包括该海域的离岸距离、当地局部水深以及能源利用对当地环境和利益相关者的潜在影响。波浪中蕴藏着惊人的能量，仅仅开发利用其中的一小部分波能，就能为数百万家庭供电。

本章简要评估了各种形式的海洋，特别以开阔海域的洋流动能为例，对有关海洋能源开发潜能的评估方法进行详细介绍，并对全球范围内的主要洋流能源进行概述。估算全球特定海域内的洋流能级需要采用海洋计算模型。本章对该模型在预估洋流能量的现场实际情况以及开发潜力方面的准确性进行了讨论。第 1.1 节和 1.2 节分别讨论了有关波浪能、潮汐能和洋流能的开发潜能；第 1.3 节对开发洋流能和潮汐能的具体实际问题进行了介绍；第 1.4 节则以实际案例对开发洋流能源的评估方法进行讨论。

1.1　波浪能

波浪是海洋水动能的重要来源。本节关注的是风产生的波浪。波浪的形成是一个复杂的演变过程，包括由非定常湍流风、剪切层不稳定性以及波之间的相互作用引起的一定频率范围内的气压波动。波浪的高度、周期、波长和传播方向取决于风速、风时、风区（即受某一特定方向的风持续作用的海域范围）以及水深和海底地形。所谓风大浪高，即大波浪对应着高风速、长风时以及足够大的风区。当风力不够强，或风时不够长，抑或风区不够大时，都会影响波浪的强度。某一海域的波浪可用波浪谱的形式进行表示，并可根据波浪要素（波高、波长和波周期）将波浪进行分类：毛细波，波高较小，波周期 $T<0.1$ s；碎浪，波高范围为 0.1～10 m，周期范围为 1 s$<T<$10 s；涌浪，其波高量级同碎浪，周期范围为 10 s$<T<$30 s。碎浪是在当地风的作用下产生的，波长和波周期都相对较短；涌浪通常是由远场风暴作用产生的，带宽较窄，波长较长，传播距离较长；当涌波从远处风暴区域弥散开来时，波长较短的波将会迅速衰减消散，而波速较快，波长较大（波长为 10^2 m 量级）的波，其传播距离较远，量级为 10^3～10^4 km。系列波的波高采用有义波高 H_s 进行表征。以完全发育的海域作为参考，当风速、风时和风区达到某一临界值时，风的附加作用将会导致波峰发生破裂从而形成白浪。波浪引起的水体振动现象在自由液面处是最明显的，并且随着水深的增大而迅速减小。

波能以群速度随着船舶向前。沿波峰宽度的单位波浪能量通量（即波能能流密度）指的是波能通过垂直于波峰传播方向的单位平面的平均速率。对于单向波，以 W/m 为单位给出了以下公式：

$$P_h = \rho g \int_0^{\infty} C_g S(f) \mathrm{d}f \tag{1.1}$$

式中，$S(f)$ 为对应的波谱模型公式；$C_g(f,d)$ 为对应于水深 d 处的谐波频率为 f Hz 的波的群速度；对于定向传播，取 $\hat{S}(f)=\int_{-\pi}^{\pi} S(f,\theta)\mathrm{d}\theta$。根据线性波理论可得

$$C_g = \frac{g\ \tanh kd}{4\pi f}\left(1+\frac{2kd}{\sinh 2kd}\right)$$

$$(2\pi f)^2 = gk\tanh kd \tag{1.2}$$

对于深水，群速度 $C_g=\dfrac{g}{4\pi f}$，由此，P_h 可表示为

$$P_h = \frac{\rho g}{4\pi}\int_0^{\infty}\frac{S(f)}{f}\mathrm{d}f = \frac{\rho g^2}{4\pi}m_{-1} = \frac{\rho g^2 H_0^2 T_e}{64\pi} \tag{1.3}$$

其中，H_0 为有义波高，表达式为

$$H_0 = 4\sqrt{m_0} = 4\sqrt{\int_0^{\infty} S(f)\mathrm{d}f}$$

T_e 为波能周期，表达式为

$$T_e = \frac{m_{-1}}{m_0}$$

对于浅水，群速度 $C_g=\sqrt{gd}$ 且波谱 $S(f)\rightarrow S_s(f)$ 改为浅水波谱，即

$$P_h = \rho g\sqrt{gd}\int_0^{\infty} S_s(f)\mathrm{d}f = \frac{\rho g\sqrt{gd}H^2}{16} \tag{1.4}$$

式中，H 为浅水波波高；当波浪传至近岸时，将受到浅水效应的影响发生波向折射的变化。比较式(1.3)和式(1.4)可得浅水效应系数 $\kappa_s=H/H_0=(gT_e^2/(16\pi^2 d))^{\frac{1}{4}}$。实际上，当波浪接近海岸时，部分能量会由于波浪破裂而消失。

以涌浪为例，取波能周期 $T_e=10$ s，波高 $H_0=0.5$ m，由式(1.3)可得

$$P_h = \frac{\rho g^2 (2.5)}{64\pi} \simeq 1.2\ \mathrm{kW/m}$$

图 1.1 显示了年平均可用波能资源的全球分布情况。从图中可以看出，大陆海岸线上的主要波浪能量来源于赤道中高纬度 40°～60°的西部边界。尤其是美国西北部、西欧、智利南部和澳大利亚南部和西部的海岸沿线都有很高的波能密度。Gunn 和 Stock-Williams 利用 NOAA 的波浪模型 NWW3(NOAA Wave watch Ⅲ)的相关数据估算全球范围内总的平均波能资源超过 2 TW(或17 532 TWh/a)，并且不管在南北半球，冬季的平均波能资源均高于夏季；考虑到定向传播的影响，该预估值将减少约 15%左右。其他有关全球平均波能资源的预估值为 1.3 TW(或11 396 TWh/a)或 3 TW(或26 297 TWh/a)。Gunn 和 Stock Williams 经研究发现以下几个国家具有最高的波能转换潜能，分别是澳大利亚(280 GW)、美国(223 GW)和智利(194 GW)。

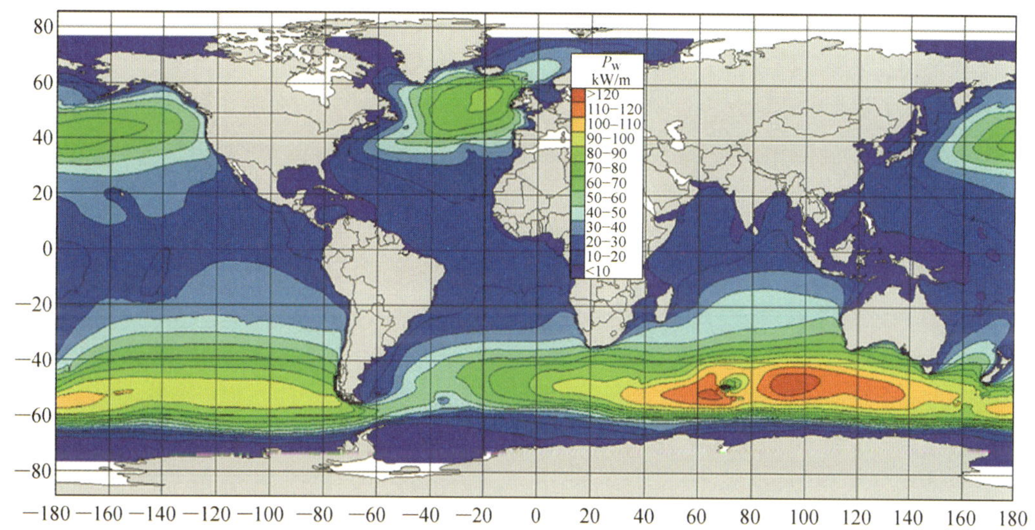

图 1.1　年平均可用波能资源的全球分布

提取的可用波浪能源的占比高低取决于诸多因素，包括现有的转换技术、转换效率和蓄容能力、经济可行性和环境影响因素等。以一系列 Pelamis 设备为例，Gunn 和 Stock-Williams 认为凭借现有的技术可提取的波能占全球可用波浪能源(2 TW)的 4.6%。电力研究所(EPRI)的报告指出，美国海岸线周围海浪发电的技术可回收资源约为 1 170 TWh/a(134 GW)，几乎是美国年用电(4 000 TWh)的三分之一。

1.2　潮汐能和洋流能

潮汐能是全球普遍存在的，与主洋流能一样都是重要的海洋水动力可再生能源。重要的是，潮汐流是可精确预测的，与此同时，在全球许多地方，主洋流(如墨西哥湾流和黑潮流)则作为海洋环流系统的一部分持续流动。因此，转换潮汐能和洋流能以及太阳能、风能、波浪能和其他可再生能源是未来可持续能源组合系统中的必不可少的考虑因素。世界各地的工业界和政府正在投资开发这些形式的海洋能源；例如，欧洲海洋能源中心(EMEC)已经在奥克尼开发了一个主要的海上测试设备系统，用于海流能量转换。有关海洋能源转换的研究已在全球范围内大量开展，并且许多借鉴了风能转换技术的海洋能转换装置也已经设计制作完成。由于海水比空气密度高 800 倍，因此洋流能和潮汐能的能量密度高，它们在低速时的单位面积动能可与速度高出接近一个数量级的风速所产生的能量相媲美。例如，速度为 1m/s 的洋流与速度为 9.3 m/s 的风所具有单位面积的功率容量相同。由于这种物理特性，洋流能蕴藏有大量的能量，可以获取并转换为可用能源。尽管洋流能具有这种开发潜能，但高效能量提取设备的研究和开发，环境影响的评估，最佳实施和操作流程的制订以及相关政策和法规的制定依然存在很大的挑战性。

1.2.1 潮汐能

潮汐属于长波，由多组谐波成分组成，周期范围为 $1\sim10^4$ 小时不等，海水在天体（月球和太阳）对地球施加的引力和与之对应的惯性力的作用下，在海洋和海岸线之间来回流动，从而使海平面的发生周期性的涨落现象。在任何沿海地区，高潮和低潮分别对应潮汐波峰和波谷，某点的高潮和低潮这两个潮位之间的高度差异即为该点的潮差。潮差是衡量某区域潮汐能能量的一个重要指标。

水的潮汐运动主要是月球和太阳的引力和与之对应的惯性力之间的平衡。考虑到两个天体与地球的相对距离，月球在产生潮汐方面比太阳发挥的作用更大。在地球上与月球距离最近的地区，海水所受的月球引力大于与之对应的惯性力，其合力方向与海水受到的地球万有引力的方向相反，从而使海平面隆起，发生涨潮现象；反之，地球上距离月球最远的地区，其海水所受到的月球引力远小于与之对应的惯性力，此时合力方向亦与海水所受地球万有引力相反，海平面隆起，同样发生涨潮现象。由于地球的自转以及月球绕地球的公转，因此地球上的对月位置时刻发生变化，导致海平面隆起的位置改变，从而使某处的海平面出现周期性的涨落现象，其周期为 1 个太阴日（即 24 小时 50 分钟）。如果地球完全呈球形并且完全被水覆盖，这将导致半日潮，地球上任一定点在一天（1 个太阴日）中都会出现两次高潮位大致相等的高潮和两次低潮位相等的低潮。然而，由于地球不是完全球形的，海洋的潮汐流动被陆地所阻断，所以潮汐的类型是复杂的，具有一定的地域性。潮汐现象可分解为多个简谐振动，每个振动即为一个分潮。全球许多地区，如美国的东部海岸，组成潮汐的简谐振动类型为半日潮，其中最重要的是分潮组分是太阴主要半日分潮 M2，对应的周期为 12 小时 25 分钟；其他主要分潮组分包括太阳主要半日分潮 S2 和太阴主要椭率半日分潮 N2，两者的周期分别为 12 小时和 12 小时 40 分钟。其他地区，如墨西哥湾，潮汐类型主要为全日潮，即在一个太阴日内出现一次高潮和一次低潮。分潮类型主要包括太阴—太阳赤纬全日分潮 K1（周期为 23 小时 56 分钟）、太阴赤纬全日分潮 O1（周期为 23 小时 49 分钟）以及太阳全日分潮 S1（周期为 24 小时）。此外，其他地区如美国西海岸，其潮汐类型主要为混合半日潮，这种潮汐在一个太阴日中有两次高潮和两次低潮，但两次高潮或低潮的潮高不等。潮流模式因地而异，主要受海岸线形态、海湾的开阔程度、潮流与河口区域当地河流的相互作用、天气模式、风以及其他海流的影响。潮汐周期及振幅随着时间和海岸位置的变化而变化。在新月（朔日，初一）和满月（望日，十五或十六）期间，地球、月球和太阳的位置大致处于一条直线上，月球和太阳的引潮力的方向相同，潮汐叠加，使潮差出现极大值，从而形成大潮（或朔望潮）。在农历上弦（（初八或初九））和下弦（廿二或廿三）时，由太阳和月球引起的潮汐方向接近正交，因而互相削弱的情况最为显著，故潮差达到极小值，从而称为小潮（或方照潮）。图 1.2 为主要的分潮组分 M2 的全球分布示意图，由卫星测高系统确定。在靠近海岸线的某些地方，特别是在欧洲西北部海岸、北美东北海岸和西北海岸、非洲东海岸、澳大利亚西北海岸、亚洲南部和东部以及南美洲北部和南部地区，相关潮差通常是最大的。Charlier 和 Justus 估计，全球潮汐能的理论平均能源量约为 3 TW，其中浅水区约有 1 TW。

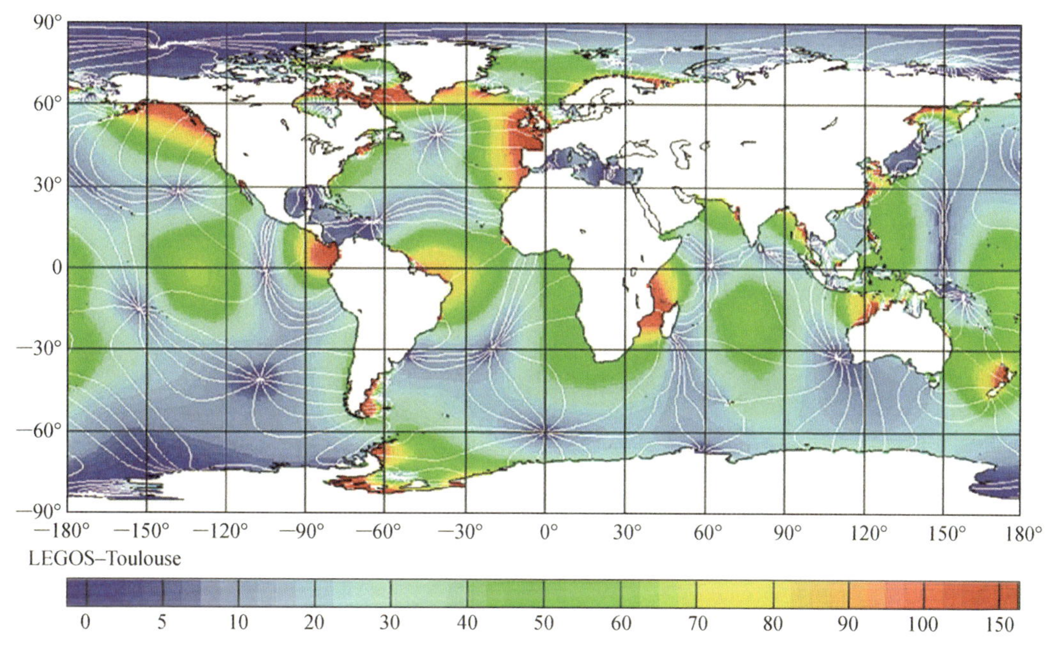

图 1.2　太阴主要半日分潮 M2 分布

1.2.2　洋流能

海域中的平均海流流动被大陆阻隔，海流包括大规模副热带环流或风海流，即水面受盛行风持续作用而运动形成的表层风海流或漂流，典型的盛行风包括赤道附近的信风和较高纬度地区的西风。图 1.3 为副热带环流分布，其中大西洋和太平洋各有 2 支环流，另外 1 支位于印度洋，环流在北半球呈顺时针旋转，在南半球呈逆时针旋转，从低纬度流向高纬度的海流为暖流，反之，从高纬度流向低纬度的海流为寒流。大西洋环流分为北大西洋环流和南大西洋环流，其中北大西洋环流包括北赤道流、加勒比流、墨西哥湾流（包括墨西哥湾的环流和佛罗里达流）、北大西洋流和加那利寒流，而南赤道流、巴西流、南极绕极流和本格拉海流则组成南大西洋环流。同样地，太平洋环流分为北太平洋环流和南太平洋环流，其中北赤道流、黑潮、北太平洋流和加利福尼亚流为北太平洋环流，而南赤道流、东澳大利亚流、南极绕极流和秘鲁流则为南太平洋环流。在印度洋，南赤道流、阿古拉流、南极绕极流和西澳大利亚洋流组成南半球的印度洋环流。印度次大陆的陆地阻碍了北印度洋环流的全面发展；相反，与季风有关的逆流成为该地区的标志。在大西洋和太平洋的南北亚热带环流之间的是赤道逆流。最后，在北大西洋和北太平洋还各有一支次极地环流。

副热带环流的西部边缘环流多为西边界流，流速快，平均流速为 1～2.5 m/s，水流窄而

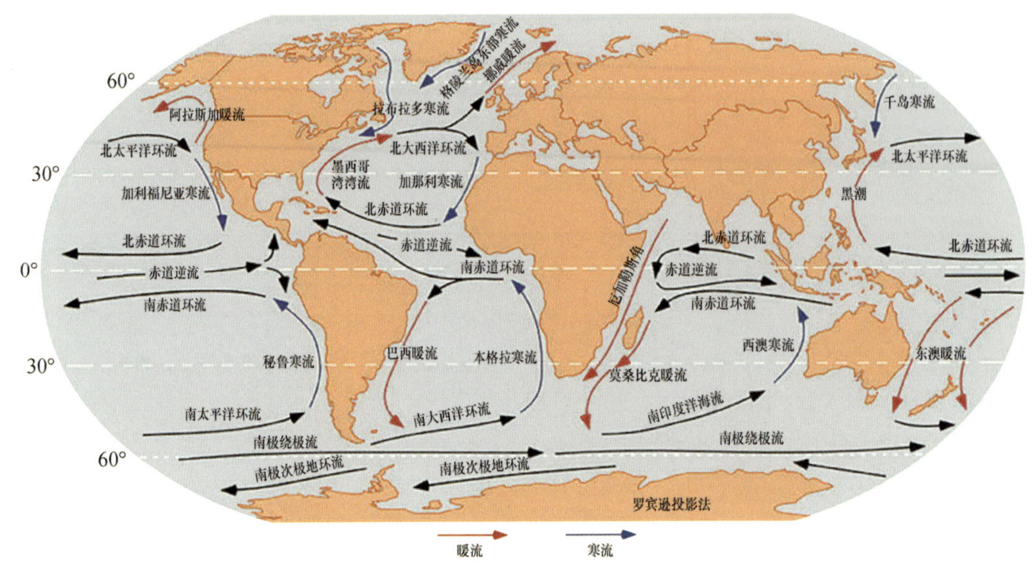

图 1.3　副热带环流和平均海流的分布

深，延伸深度高达 400 m；与之相对应地，大洋东部边缘多为东边界流，流速较慢，平均流速通常小于 0.2 m/s，水流幅度宽广，影响深度较浅。墨西哥湾流和黑潮是强度最大的西边界流。西边界流的能量高低与科里奥利效应作用力（下文简称科氏力）的强度有关，由于该作用，大部分流经大洋西部边缘的信风流未汇入赤道，而是远离赤道向高纬度方向流动，从而形成西边界暖流。更强的科氏力使西风漂流向东部偏移，从而形成东边界流。相较于西边界流，东边界流的水流幅度更加宽广，因此其环流回转中心位于流域的西侧。在低纬度地区，在弱科氏力和信风作用下，东边界洋流发生偏转，并将其表面流向西输送。当西边界在科氏力的作用下向两极流动时，需要经过环流中心西部的狭窄水流通道，并且此时的海平面亦向西倾斜，为了保持流动平衡，就需要用水平压力梯度力与科氏力取得平衡，即定常地转流。时均速度由经验公式给出：

$$
\begin{aligned}
&\frac{1}{\rho}\frac{\partial p}{\partial x}=\mathrm{g}\frac{\partial \zeta}{\partial x}=fv+\frac{\partial}{\partial z}\left(A_z\frac{\partial u}{\partial z}\right)+A_H\left(\frac{\partial^2 u}{\partial x^2}+\frac{\partial^2 u}{\partial y^2}\right)\\
&\frac{1}{\rho}\frac{\partial p}{\partial y}=\mathrm{g}\frac{\partial \zeta}{\partial y}=-fu+\frac{\partial}{\partial z}\left(A_z\frac{\partial v}{\partial z}\right)+A_H\left(\frac{\partial^2 v}{\partial x^2}+\frac{\partial^2 v}{\partial y^2}\right)\\
&\frac{1}{\rho}\frac{\partial p}{\partial z}=-\mathrm{g}
\end{aligned}
\tag{1.5}
$$

式中，x 与 y 分别取向东、向北为正，z 取垂直向上为正；u 和 v 分别为流速的水平分量；p 为压力；A_z 和 A_H 是涡动摩擦系数；ζ 是平均自由表面高度。

1.2.3　潮汐能和洋流能的功率和功率密度

在流动水体内，功率密度 P_u 和水流流经横截面面积 A 的可用功率 P 或水动能通量可以用下式估算：

$$
P_u(y,z,t)=\frac{1}{2}\rho U^2(\boldsymbol{U}\cdot\boldsymbol{n}) \tag{1.6}
$$

$$P = \iint_A P_u \mathrm{d}A \tag{1.7}$$

式中，ρ 为流体密度；$\boldsymbol{U}$ 为流速；$\boldsymbol{n}$ 为单位法向矢量；A 为横截面积；若速度的横向分量可以忽略时，$P_u(y,z,t) \simeq \frac{1}{2}\rho(\boldsymbol{U}\cdot\boldsymbol{n})^3$。

单个水动力涡轮所能提取的功率可表示为

$$P_E = \eta P \tag{1.8}$$

式中，$\eta < 1$ 为能量提取效率。Betz 指出，在开阔海域，η 的最大值通常可以用无摩擦、不可压缩的理想定常流模型进行预估，其中涡轮转子由区域 A_D 的驱动盘表示，如图 1.4 所示。定义转子进流段、转子上以及转子去流段的速度分别为 U_1、U_D 和 U_2，其中 $U_2 = \alpha U_1$，$\alpha < 1$。每个速度分量在流管内的适当截面上都是均匀的。

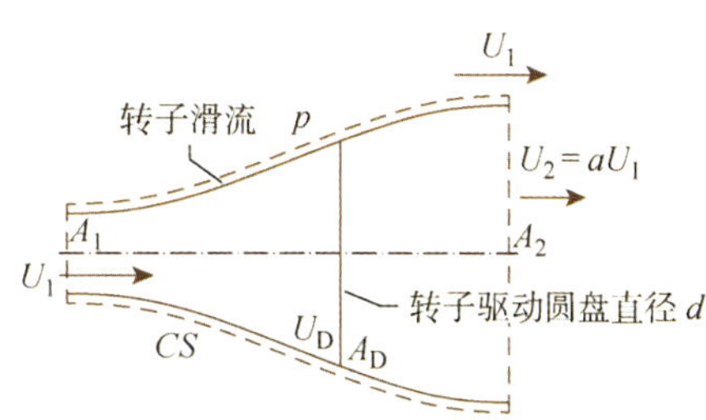

图 1.4　驱动盘模型原理

如图 1.4 所示的虚线区域，即控制表面 CS 所包围的流体需要满足质量守恒要求：

$$\iint_{CS} \rho(\boldsymbol{U}\cdot\boldsymbol{n})\mathrm{d}A = 0 \tag{1.9}$$

式中，法线向量 n 指向由 CS 包围的体积的外侧；由于沿 CS 边界处的$(\boldsymbol{U},\boldsymbol{n})=0$，此时

$$U_1A_1 = U_2A_2 = U_DA_D \tag{1.10}$$

式中，A_1 和 A_2 分别为 CS 进流段与去流段的横截面面积。

在截面 1 和截面 2 之间添加能量控制方程：

$$-\dot{W} = \iint_{CS}\left(\frac{1}{2}\rho U^2 + p + \rho g z\right)(\boldsymbol{U}\cdot\boldsymbol{n})\mathrm{d}A \tag{1.11}$$

式中，$\dot{W} = P_E$，为流经 CS 包络体的流体所作的功或所提取到的功率；P 为压力。当考虑定常流，控制面如图 1.4 所示，此时，伯努利方程 $p + \rho g z = C$ 为常数，则式(1.11)可改写为

$$\dot{W} = P_E = \left(\frac{1}{2}\rho U_1^2 + C\right)U_1A_1 - \left(\frac{1}{2}\rho U_2^2 + C\right)U_2A_2 = \frac{1}{2}\rho(U_1^2 - U_2^2)U_DA_D \tag{1.12}$$

结合式(1.10)，系统的动量守恒方程可简化为

$$\boldsymbol{F}_D = \iint_{CS}\frac{1}{2}\rho\,\boldsymbol{U}(\boldsymbol{U}\cdot\boldsymbol{n})\mathrm{d}A - \iint_{CS}(p + \rho g z)\boldsymbol{n}\mathrm{d}A \tag{1.13}$$

式中，$\boldsymbol{F}_D = (-F_D, 0, 0)$ 为转子上的反作用力，用于固定转子。对如图 1.4 所示的 CS 运用式(1.13)，此时的压力项积分为零。因此，结合式(1.10)，式(1.13)可改写为

$$F_D = \rho(U_1 - U_2)U_DA_D \tag{1.14}$$

能量功率 P_E 可表示为

$$P_E = F_DU_D = \rho(U_1 - U_2)U_D^2A_D \tag{1.15}$$

将式(1.12)与式(1.15)相等，可得致动盘上的流速为

$$U_D = \frac{U_1(1+\alpha)}{2} \tag{1.16}$$

式中，$\alpha = U_2/U_1$。将式(1.16)代入式(1.15)，可得功率为

$$P_E = \frac{1}{4}\rho U_1^3 A_D(1-\alpha)(1+\alpha)^2 \tag{1.17}$$

若假定有效功率 $P = \frac{1}{2}\rho U_1^3 A_D$，相当于致动盘进流段直径为 A_D 的圆的能量通量，此时，效率的理想值可表示为

$$\eta = \frac{P_E}{\frac{1}{2}\rho U_1^3 A_D} = \frac{1}{2}(1-\alpha)(1+\alpha)^2 \tag{1.18}$$

式中，η 的最大值 $\eta_{max} = 16/27 \approx 0.59$，$\alpha = 1/3$，因此，$U_D = 2/3U_1$。此最大值称为 Betz 极值。因此，功率的最大值可表示为

$$P_{Emax} = \frac{1}{2}\rho U_1^3 A_D \eta_{max} \tag{1.19}$$

当需要考虑有限叶片数和转速的余量时，最大效率低于 0.59；Betz 极值仅适用于叶片叶梢速度 $U_D/\Omega R_D$ 较高的情况，此时 Ω 是转速，R_D 是涡轮半径。对于非定常流，则必须采用微积分方程，详见式(1.9)～式(1.13)。大多数的水轮机设计都允许涡轮转向偏航，使涡轮机可以时刻与来流方向保持垂直。如果涡轮不能转向偏航，那么完整的积分方程应该考虑来流方向。此外，对于非定常流，动量和能量方程需要采用非定常形式。

通常，潮汐能可以从海岸线或河口的通道和开口处的潮汐流中加以提取利用。因此，潮汐能的资源评估需要考虑这些通道中的潮流特性。Garrett 和 Cummins 将式(1.19)加以拓展以运用到有限宽度通道潮流中。当涡轮尺寸小于通道宽度时，功率可采用 Betz 极值；当涡轮尺寸与通道宽度相近时，将采用下式求解功率：

$$P_{Emax} = \frac{\frac{1}{2}\rho U_1^3 A_D \eta_{max}}{\left(1-\frac{A_D}{A_c}\right)^2} \tag{1.20}$$

A_c 是通道的横截面积，涡轮机的效率由于通道的限制效应和涡轮机上压降的增加而增加。实际上，对于较大的阻塞比 A_D/A_c，这种提高的效率需要与流体增加的堵塞或阻力的影响相平衡，这将导致水动能通量的减少。事实上，Garrett 和 Cummins 基于连通两个水体的变截面通道的潮汐流分析表明，如果通道中的压力梯度力主要由摩擦力平衡，平均可提取功率(在一个潮汐周期上的平均值)由下式给出：

$$P_E = 0.556\rho g a Q_m\left[1-\left(\frac{Q_m}{Q_{0m}}\right)^2\right] \tag{1.21}$$

式中，ρ 为水密度；Q_m 和 Q_{0m} 分别是在涡轮机有和没有提取功率的情况下通过通道的流量峰值；a 为振幅，潮波的余弦运动状态 $a\cos(2\pi t/T)$，T 为周期；潮流流量 $Q = Q_m \mid \cos(2\pi t/T) \mid^{\frac{1}{2}}$。图 1.5 给出了式(1.21)的曲线结果。

由于提取能量导致潮流流经通道前后的流量减少，$\Delta Q_m = Q_{0m} - Q_m$。提取功率随着流量的减少而增加，当流量减少量 ΔQ_m 达到初始流量的 42%时，提取功率达到最大值，详见式(1.22)；当 ΔQ_m 继续增加，此时提取功率逐渐减小，当 Q_m 趋于零或 ΔQ_m 趋于 Q_m 时，功率降为零。考虑到环境影响，会有 5%的流量减少(即 $\Delta Q_m/Q_m = 0.05$)，此时，许用提取功率为最大功率的 23%，即 $P_{EPcrmitted} = 0.23P_{Emax}$。

$$\Delta Q_m = \left(1-\frac{1}{\sqrt{3}}\right)Q_{0m} = 0.42Q_{0m}$$

$$P_{\mathrm{Emax}} = 0.21\rho g a Q_{0\mathrm{m}} \quad (1.22)$$

综上所述，Haas 利用式(1.22)进行数值模拟，对美国海岸线附近的潮汐能源进行评估，得到可用潮汐能的理论值为 250 TWh/a。他表示，阿拉斯加的动能密度最高，其次是缅因州、华盛顿州、俄勒冈州、加利福尼亚、新罕布什尔州、马萨诸塞州、纽约、新泽西、北卡罗来纳州和南卡罗来纳州、佐治亚州和佛罗里达州。这些地区的平均潮流功率密度超过 8 kW/m^2。

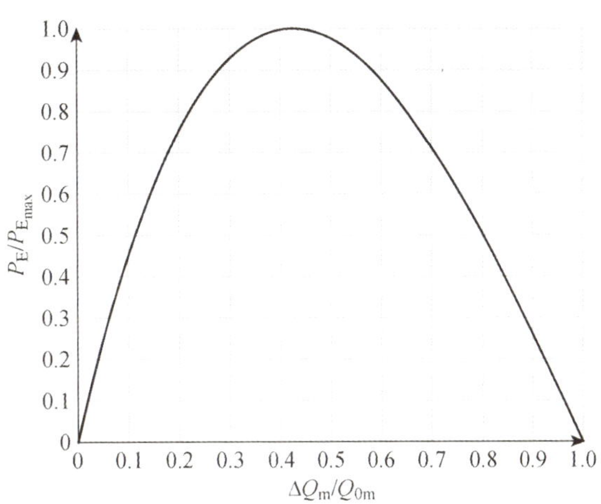

图 1.5　功率与通道中流量减少量的关系曲线

实际上，从潮汐通道中抽取大量功率需要数千个涡轮机组成涡轮机组，涡轮机组的功率可通过式(1.9)至式(1.13)进行估算；单个涡轮机的功率受涡轮机组中的排列间距以及机组对流体的阻塞效应的影响。此外，如果涡轮机均垂直于来流方向，且后一个涡轮机恰好处于前一个涡轮机的去流段，即后一个涡轮机的来流段包含前一个涡轮机的去流段，那么前一个涡轮机的去流段的尾流效应会对后一个涡轮机的来流段造成影响，这种遮蔽效应可能对整个涡轮机组的性能造成严重的影响。

1.3　全球洋流能源评估

在本节中，我们将讨论洋流能资源的评估方法，并对全球范围内主要洋流的能量潜能进行评估，并重点以佛罗里达洋流为例，通过利用混合坐标海洋环流模式 HYCOM 来模拟洋流。HYCOM 是一种数据同化混合坐标(等密度 σ-压力 P)的高分辨率海洋环流预报模式。

图 1.6 显示了用 HYCOM 模式模拟预报的全球洋流在 3 年时间内的平均表面流速，从中可以确定图 1.3 中每个主要洋流的强度。相应地，可以从图 1.6 中识别出洋流能量高且

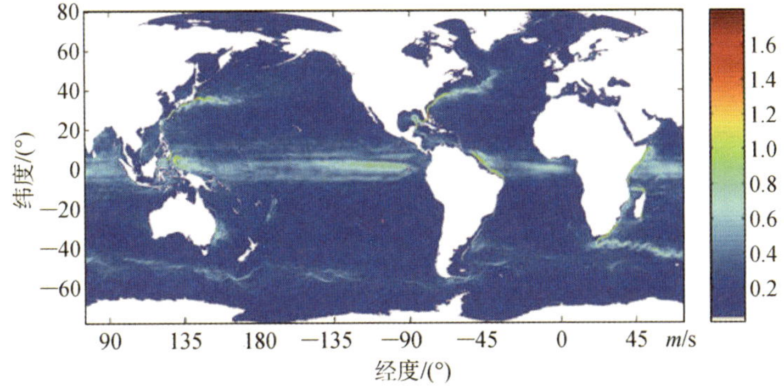

图 1.6　基于 HYCOM 模式预报全球洋流在 3 年内的平均表面流速(2009—2011 年)

具有开采潜力的潜在区域。然而，出于实际考虑，这些区域必须选在靠近海岸的无障碍水域内，以便采用符合成本效益的开发方式和安置必要的基础设施。鉴于此要求，由图 1.6 可知，位于主要西边界流附近的区域可能具有开发洋流能源的良好潜力，这些区域包括美国东海岸、巴西东北海岸、非洲东海岸和东南海岸、日本和中国台湾东海岸和澳大利亚东南沿海。

从卫星测高数据资料中也可以看出西边界流的地转流组分。

正如在第 1.2.2 节所述，洋流主要是由风力驱动的表面洋流，即风漂流，其延伸深度为海平面以下的一层。图 1.6 中的时间平均表面洋流分布示意图很好地显示了全球范围内具有高开发潜力的洋流能源区域。这些潜在区域的实际开发水平还取决于其速度场的垂向延伸程度和流动结构型式，速度场因具体的主要洋流类型以及相关地理位置的不同而有所差异。在深水中，流结构主要受斜压地转流控制，此时，压力梯度力和科氏力之间达到平衡；而在浅水中，摩擦力可能变得更为重要，从而产生更陡峭的速度梯度。因此，表面洋流在深水中的延伸深度大于浅水，并且海洋洋流的能量随着水深的增加而增大。然而，水深越大，可能对能源开采设施的安装造成的难度越高。可以通过式(1.23)估算 HYCOM 模式计算网格的单位面积的洋流能通量或每个节点处的功率密度：

$$P_{u,i} = \overline{\frac{\rho_i}{2} U_i^3} \tag{1.23}$$

式中，ρ_i 和 U_i 分别为第 i 个节点处的海水密度和流速，见式(1.6)；$P_{u,i}$ 为 3 年时间内的平均功率。本节对一系列深度点的功率密度特性进行计算和评估。图 1.7 ～ 图 1.11 为时均功率密度 $P_{u,i}$ 的分布。对于 $P_{u,i} > 500\ \mathrm{W/m^2}$ 的情况已在图中根据不同的水深作了明确标注，但当 $P_{u,i} < 500\ \mathrm{W/m^2}$ 时，功率太低无法满足商业规模的海洋能源开发程度。洋流在水表面的强度最高，功率密度最大。综合比较图 1.7 至图 1.11，可以看出由于表面漂流的强度随着延伸深度的增加而衰减，因此功率密度也相应地减小。

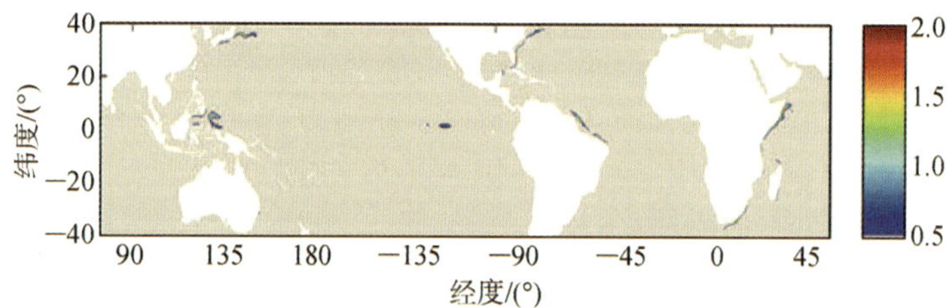

图 1.7　3 年内洋流能平均功率密度，海水表面(kW/m²)

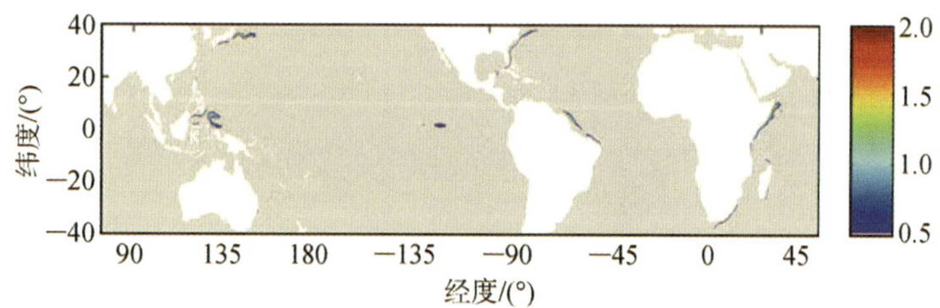

图 1.8　3 年内洋流能平均功率密度，水深 30 m (kW/m²)

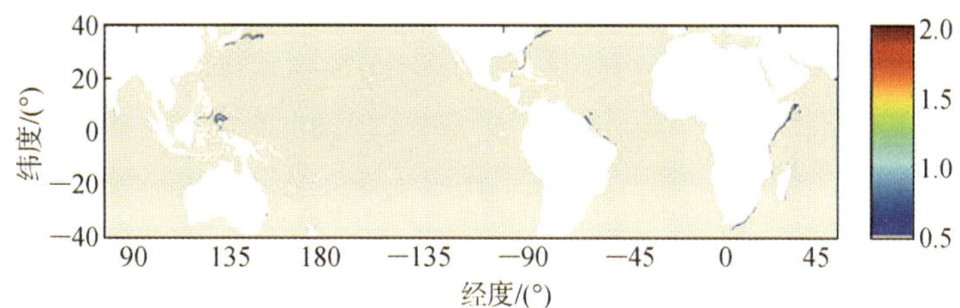

图 1.9　3 年内洋流能平均功率密度，水深 50 m (kW/m²)

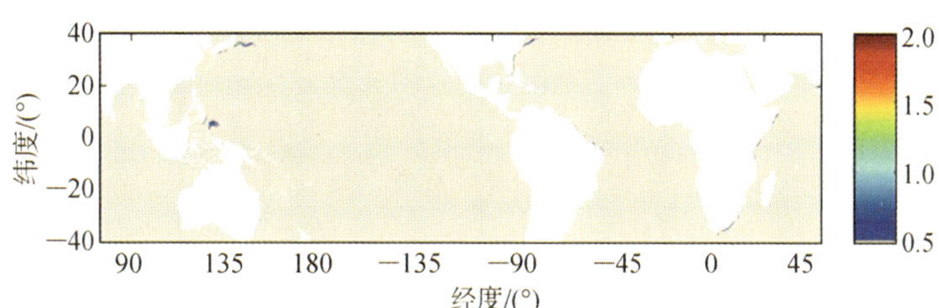

图 1.10　3 年内洋流能平均功率密度，水深 75 m (kW/m²)

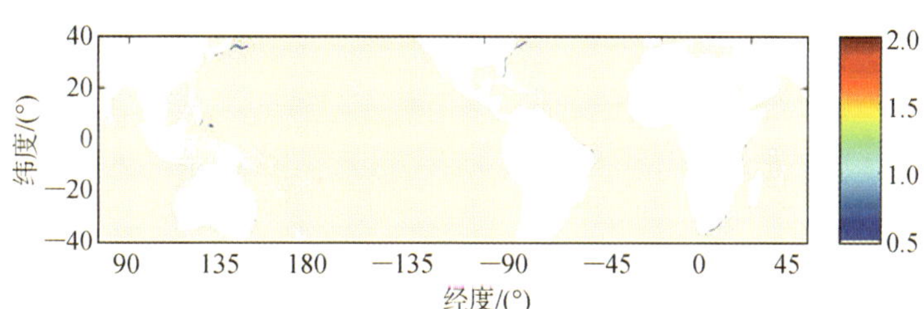

图 1.11　3 年内洋流能平均功率密度，水深 100 m (kW/m²)

由图 1.7 至图 1.11 可知，全球范围内具有最佳洋流能量开采潜力的地点是美国的东海岸，非洲的东北和东南沿海，菲律宾的东南沿海，日本的东海岸和台湾，巴西的东北海岸，非洲东南部海岸和马达加斯加东海岸；相应的海流分别是墨西哥湾流(美国)，阿古拉斯流(非洲)，北赤道，南赤道和赤道逆流(菲律宾)，黑潮(日本和中国台湾)，南方赤道潮流(巴西)和莫桑比克环流(马达加斯加)。

图 1.12 给出了每种主要海洋环流在不同水深处的时均最大功率密度预估值。每个海流在某已特定深度的功率密度最大值位于 $P_{u,i}>500$ W/m² 的区域内。环流在不同深度的功率密度最大值所对应的地理坐标没必要完全一致。有些区域的环流能的延伸深度高达 100 m。这个深度有助于将涡轮机等开采设备安装在对航运影响最小化但能源开发依然可行的深度处。此时，可以将涡轮基础设施安置在对航运的影响最小化但资源仍然可行的深度处，并且深度较大处，可以选择安装尺寸更大的涡轮机设备。

功率密度值是选取能源开采地点的重要指标之一。此外，还需要考虑离岸距离、海底深度等因素，这些因素直接影响整个设计、建造、安装以及维护设备的成本。离岸距离越大，输电电缆的长度和相关费用越高；此外，操作和维护(OM)费用以及涡轮机组的安装费用也相应增加。安装地点的海底深度对所需的安装类型具有显著的决定性作用。海底深度越大，系统安装越复杂，操作和维护费用越高，从而导致整个成本增加。如果安装深度为 50 m，则能有效避免对航运的潜在干扰，以及涡轮机与自由液面之间的相互作用，表 1.1 对最大功率密度的所在位置、离岸距离和海底深度进行了比较。

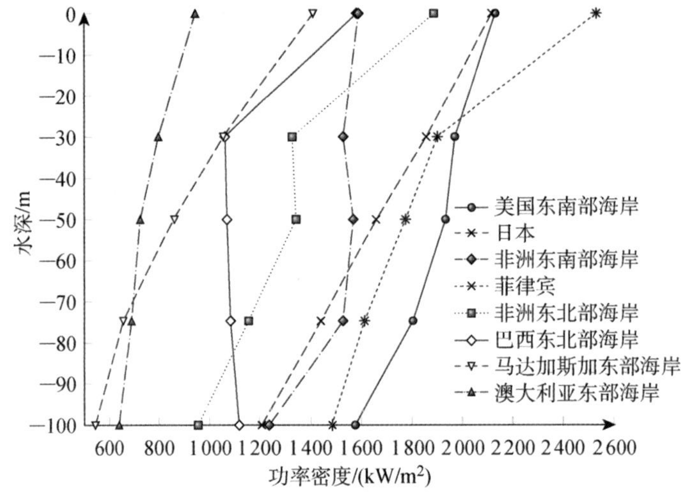

图 1.12 不同地区洋流在不同水深处的时均最大功率密度预估值

表 1.1 安装深度为 50 m 的洋流能的开采潜能对比表

区域	最大功率密度/(kW/m²)	海底深度/m	离岸距离/km
美国东部海岸	1.93	500～600	57
非洲东南部海岸	1.66	700～800	28
菲律宾	1.57	3 000～3 500	32
日本	1.78	3 500～4 000	116
非洲东北部海岸	1.34	400～500	12
巴西	1.08	300～400	57
马达加斯加	0.86	300～400	29
澳大利亚	0.73	1 400～1 500	38

由表 1.1 可知，最大的功率密度极值为 1.93 kW/m²，位于美国东部海岸；然而，该地区的离岸距离为 57 km，且海底深度为 500～600 m。因此，安装位置的选取需要综合考量这三个因素，此外，还需要考虑当地电网基础设施的现状，这将影响安装的整体经济性。必须指出的是，在其中几个区域，采用预测的在较浅水域中的功率密度略低，该区域的资源由于水深较浅，降低了提取难度；因此，有必要进行一次更严格的区域场址评估，充分预测较浅水域的功率密度，这超出了 HYCOM 这一全球分析模式的范围。同样值得注意的是，HYCOM 模式对某些地区的功率密度预测值明显低于实际测量值。例如，距离南非不远的地区在深度 20 m 处的平均功率密度测量值为2.2 kW/m²，此处对应的海底深度约为 100 m。佛罗里

达州附近海域在 50 m 深度处的平均功率密度的测量值为 3.0 kW/m²。这些研究强调了进行基于确定性测量的分析的重要性。

另一个重要考虑因素是某一确定区域的海洋能的可采面积范围。表 1.2 给出了不同区域深度为 50m 处不同功率密度阈值对应的可用洋流能的区域面积。此外，对可用能量的平均功率密度（大于 500 W/m²）的区域进行预估。

表 1.2　50 m 深度处功率密度对应的可用洋流能区域面积（1 000 km²）

区域	不同功率密度阈值对应的区域面积（×1 000 km²）					功率密度大于 500 W/m² 的区域的平均功率密度/（W/m²）
	>500 W/m²	>750 W/m²	>1 000 W/m²	>1 500 W/m²	>2 000 W/m²	
墨西哥湾湾流	147	51	25	70	0	776
非洲东南海岸	71	28	14	0	0	765
菲律宾	194	89	9	1	0	744
日本	172	72	37	6	0	792
非洲东北海岸	183	37	2	0	0	661
巴西	57	3	0	0	0	599
马达加斯加	9	1	0	0	0	645
澳大利亚	4	0	0	0	0	582

可以通过建立一个经济指标来对比这些地点的能源开发潜力。在当前能源开发的经济指标中，平均功率密度和最大功率密度是积极因素，而离岸距离和海底深度是消极因素。随着积极因素的增加，能源开发的经济前景也随之增加；反之，随着消极因素的增加，能源开发的经济前景也随之下降。以一个目标函数公式为例：

$$F=\frac{(A\alpha)(P_{\mathrm{umax}}\beta)(P_{\mathrm{umean}}\gamma)}{(D\zeta)(\mathrm{d}\xi)} \tag{1.24}$$

式中，A 为平均功率密度大于 500 W/m² 的区域面积，×10³ km²；α 为 A 的加权因子，km⁻²；$P_{\mathrm{umax}}=\max\limits_{i}\{P_{\mathrm{u},i}\}$ 为功率密度最大值，W/m²；β 为 P_{umax} 的加权因子，m²/W；$P_{\mathrm{umean}}=\frac{1}{N}\sum_{i=1}^{N}P_{\mathrm{u},i}$ 为区域面积 A 内的平均功率密度，W/m²；γ 为 P_{umean} 的加权因子，m²/W；D 为离岸距离，km；ζ 为 D 的加权因子，km⁻¹；d 为海底深度，m；ξ 为 d 的加权因子，m⁻¹。

假设所有加权因子均为 1，代入式(1.24)，则得到全球范围内深度为 50 m 处的洋流能开采的经济指标，如表 1.3 所示。

表 1.3　全球范围内 50 m 深度处洋流能开采经济指标 *F* 统计表

地点	*F*
墨西哥湾湾流	7 085
非洲东南海岸	4 276
菲律宾	2 190

（续表）

地点	F
日本	558
非洲东北海岸	28 911
巴西	1 861
马达加斯加	466
澳大利亚	33

注：所有加权因子均为1。

由表1.3可知，当所有加权因子取1时，非洲东北部地区是海洋动能开发的最佳区域，这是因为相较于其他区域，该地区的离岸距离较短，仅为12 km，因此经济指标的结果偏优。因此，需要通过选择不同的加权因子（不同于上述示例中均设为1的情况）或考虑不同的因素来对经济指标的数学模型进行修正。添加或剔除经济指标模型中的某些因素，需要依据涡轮机组的初始经济预估值进行判断。

1.3.1 墨西哥湾湾流

本节以美国东部海岸的墨西哥湾湾流为例，采用墨西哥湾的HYCOM数据对湾流的水动力资源进行进一步评估。图1.13至图1.17给出了湾流在不同深度处对应的时均功率密度分布图。由图可知，功率密度随着深度的增加而衰减，且比较自由液面处（见图1.13）与深度为100 m处（见图1.17）的功率密度，衰减现象尤为明显。通过观察可以看出，墨西哥湾流中最高的功率密度在佛罗里达东海岸附近，对应于佛罗里达流，即墨西哥湾流中流出佛罗里达东海岸的部分。由于靠近人口密集中心城市（迈阿密、劳德代尔堡和西棕榈滩），这使佛罗里达洋流成为佛罗里达州具有吸引力的能源资源。图1.18突出了该地区的纬度与功率密度之间的关系，表明最高功率密度地区对应的纬度约为北纬27°。

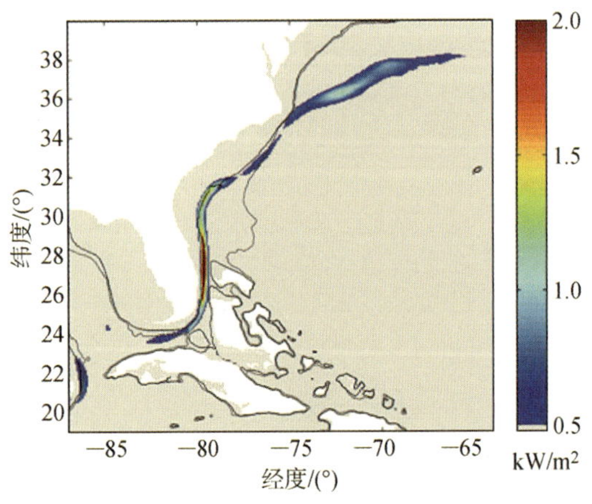

图1.13　3年内佛罗里达洋流能的平均功率密度，自由液面（kW/m²）

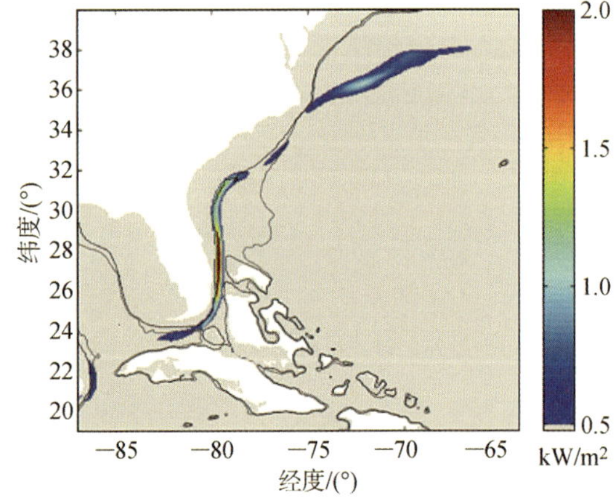

图1.14　3年内佛罗里达洋流能的平均功率密度，深度30 m（kW/m²）

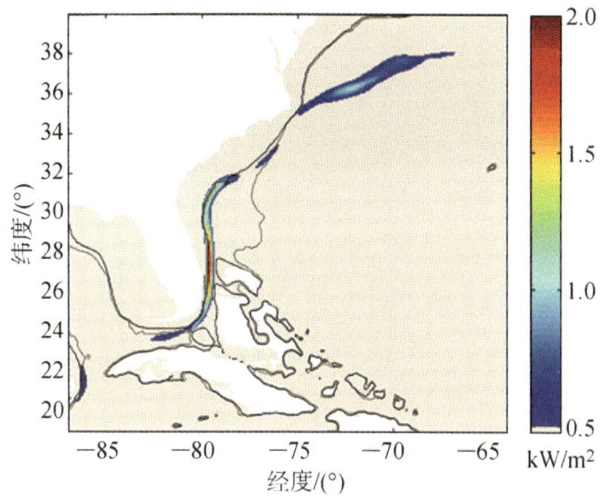

图 1.15 3 年内佛罗里达洋流能的平均功率密度,深度 50 m (kW/m²)

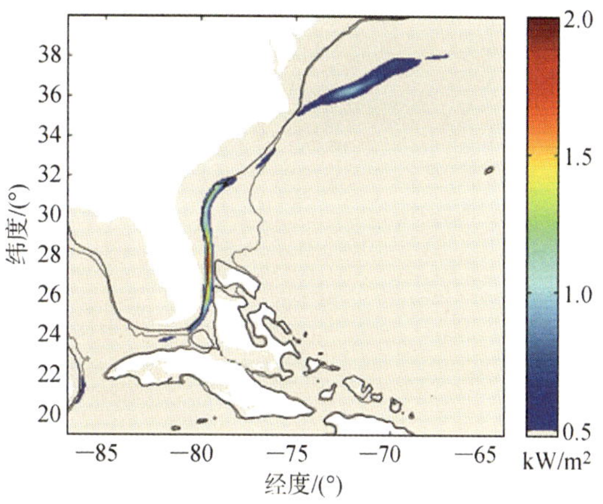

图 1.16 3 年内佛罗里达洋流能的平均功率密度,深度 75 m (kW/m²)

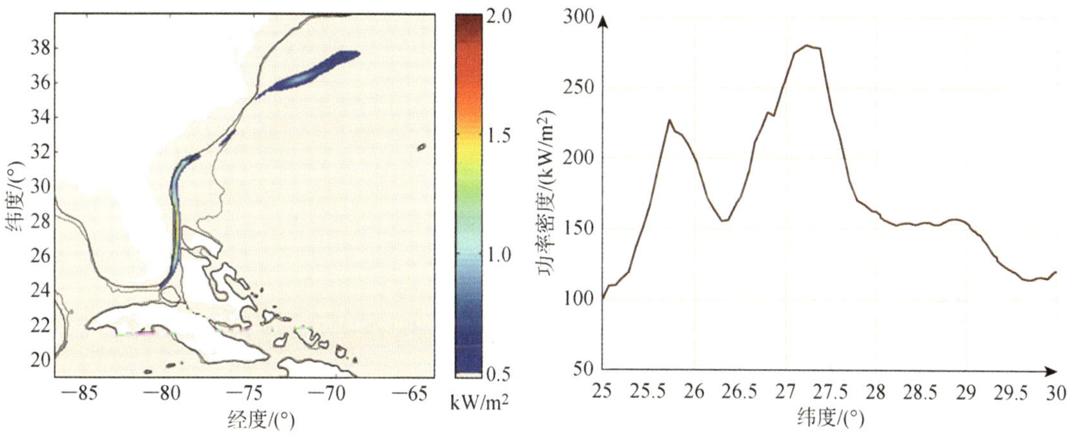

图 1.17 3 年内佛罗里达洋流能的平均功率密度,深度 100 m (kW/m²)

图 1.18 纬度与功率密度之间的关系曲线

表 1.4 列出了资源评估的影响因素。需要注意的是,表面处最大功率密度对应的位置不同于在 20 和 100 m 之间的深度处的最大功率密度对应的位置。这表明,由于涡轮机组需要安装于距离水面一定深度处,因此选用表面漂流的功率密度相关数据作为参考依据将产生一定的误导,不再合适。对于佛罗里达洋流而言,深度为 30、50、75 以及 100 m 处的最大功率密度对应的位置是一致的,其离岸距离为 40 km;然而,这种特性或现象并不适用于所有洋流。在进行资源评估和决定最佳地点时需要注意这一点,需要根据设备的类型、尺寸及其最佳作业水深确定资源评估的深度。

根据总体评价,佛罗里达洋流中提取水动能的最佳位置大约是在北纬 27.45°N,西经 79.76°W。然而,根据式(1.21)进行经济指标评估可能得到另一个更理想的位置。Duerr 在考虑水动力资源的纬度变化而不是水深变化的基础上,提出了一种在佛罗里达洋流中寻找能源提取理想位置的方法。即将佛罗里达流分成多个等纬度横截面来评估所有横截面上的水动力能源，详见式(1.7)。除了预估流体水动能之外，在从北纬 25°N 到 30°N 范围内的每个横截面上评估流体动力功率密度、洋流中心的深度以及离岸距离。

表 1.4 墨西哥湾湾流的水动力能源评估影响因素统计表(基于 HYCOM 数据)

深度/m	位置		功率密度/(kW/m²)	功率密度大于 500 W/m² 的区域的平均功率密度/(W/m²)	海底深度/m	离岸距离/km
	纬度/°N	经度/°E				
0	27.09	−79.76	2.13	797	400～500	35
30	27.45	−79.68	1.97	782	500～600	57
50	27.45	−79.68	1.93	776	500～600	57
75	27.45	−79.68	1.81	762	500～600	57
100	27.45	−79.68	1.58	739	500～600	57

本算例对式(1.24)的经济指标公式进行适度修正，如式(1.25)所示：

$$F = \frac{(A\alpha)(P\beta)(P_{\text{umean}}\gamma)}{(D\zeta)(d\xi)} \tag{1.25}$$

式中，P 为横截面上的平均功率，代替式(1.24)中的 P_{umax} 项，单位改为 GW；其加权因子 β 的单位也随之变为 GW^{-1}；F 的值需要依据 HYCOM 相关数据，所有加权因子仍取 1；D 变为洋流中心的位置，具体数值如表 1.5 所示。

表 1.5 基于等纬度横截面分析方法的佛罗里达州洋流水动能资源评估因素统计表(采用 HYCOM 模型数据)

纬度/°N	功率/GW	平均功率密度/(W/m²)	深度/m	离岸距离/km	功率密度大于 500 W/m² 的区域的平均功率密度/(W/m²)	综合经济指标 F
25.51	8.1	164.8	700	30	5.28	0.33
25.66	9.0	209.1	700	32	6.15	0.51
25.8	9.5	218.4	700	33	6.61	0.59
25.95	9.6	207.9	600	34	6.73	0.66
26.09	9.6	183.3	500	35	6.70	0.68
26.23	9.7	163.0	500	36	6.71	0.59
26.38	10.2	156.3	500	29	6.89	0.76
26.52	10.3	173.5	400	29	6.91	1.08
26.66	10.6	211.5	400	29	7.03	1.36
26.81	11.0	233.1	400	29	7.27	1.60
26.95	11.5	248.3	400	29	7.58	1.89

（续表）

纬度/°N	功率/GW	平均功率密度/(W/m^2)	深度/m	离岸距离/km	功率密度大于 500 W/m^2 的区域的平均功率密度/(W/m^2)	综合经济指标 F
27.09	11.9	275.7	400	37	7.84	1.75
27.23	12.2	280.4	500	46	8.06	1.21
27.37	12.3	278.6	500	54	8.19	1.05
27.52	12.4	232.5	500	54	8.18	0.88
27.66	12.2	199.6	500	62	8.10	0.64
27.8	12.3	169.8	600	70	7.97	0.40
27.94	12.4	163.6	500	77	7.94	0.41
28.08	12.4	157.4	500	77	7.88	0.4
28.22	12.4	153.1	400	84	7.87	0.44
28.36	12.6	154.1	400	83	7.91	0.46
28.51	12.7	153.9	400	75	7.92	0.52
28.65	12.8	153.3	400	82	8.07	0.49
28.79	13.0	155.7	500	96	8.15	0.35
28.93	13.1	156.4	500	102	8.20	0.33
29.07	12.9	149.5	600	109	8.09	0.24
29.21	12.7	141.2	600	115	7.98	0.21
29.35	12.4	127.5	600	121	7.80	0.17
29.49	12.2	121.0	700	127	7.63	0.13
29.62	12.1	115.7	700	126	7.46	0.12
29.76	11.9	115.1	700	132	7.28	0.11
29.9	11.7	115.4	700	132	7.12	0.10
30.04	11.7	123.6	600	140	7.02	0.12

该经济指标推荐的最佳能源提取位置为北纬 26.95°N。这只是计算经济指标的一种方案，还可以将其他因素引入方程进行经济评估。总体而言，基于纬度的经济指标评估和基于深度的经济指标评估，两种评估方法推荐的佛罗里达州洋流资源开采的理想位置在北纬 26.45°N 至北纬 27.45°N 范围内。这些基于海洋模型的结果需要由全面的现场调查和深入研究来确定其准确性，从而确定海洋模型与现场数据之间的差异。

总的来说，目前基于数据同化的海洋模型，如 HYCOM，能够很好地对海洋洋流进行预报。然而，在选用模型时需要注意一些因素。例如，模型网格的粗糙程度将影响洋流的流速、流量以及功率密度的预测的精确性。因此，通过将现场测量结果与海洋模型模拟结果进行对比,从而验证模型预报的准确性。通过与实际测量数据比较,从而发现和表征海洋模式中的这些缺陷和偏差,模型预估就能得到比较精确的结果。

虽然HYCOM是应用最广泛的海洋模型之一,但流速的预测对于海洋能源资源的评估而言并不完美。研究证明,对于佛罗里达州洋流以及巴西海岸附近的洋流,采用HYCOM模型预估的洋流流速都偏低。虽然两个研究中原位测量数据和采用HYCOM模型预测数据的差异的总体趋势相同,但Jeans等人研究表明,HYCOM对巴西海岸洋流的预测与实地测量数据的高度不相关;而Duerr等人研究表明,HYCOM预测速度数据的整体趋势,即HYCOM预测的速度剖面形状与现场观测结果非常相似,但预估的最大速度值偏低。

需要研究具有高分辨率的海洋模型对不同的位置和海洋条件的适用性,以便能够得到一个预估海洋能的较为合适的通用模型。Duerr等人建议将现场实测数据和模型预报数据之间的差异项应用于HYCOM数据,以改善模型条件和实际物理条件之间的一致性。如果现场测量数据可用,那么该方法是直接有效的。然而,在缺乏现场实测数据的情况下,应考虑海洋模型的细节,以便了解使用该模型进行水动力资源评估可能产生的影响。

1.4 其他评估因素

在评估海洋水动能资源时还涉及若干其他考虑因素。

(1) 能源提取设备和技术的设计。为了优化性能,同时最大限度地降低某地的环境影响,根据当地的主要环境条件,需要特别考虑设备及其布置问题。这些因素也可以引入到式(1.21)和式(1.25)。特别需要考虑以下几个方面:

①设备及其组件的材料选取、腐蚀和生物污染控制以及高级涂层等问题;

②流体动力载荷和空化问题的评估;

③剪切和湍流对水动力性能的影响;

④设备机械、发电机和动力输出系统;

⑤通过建模和仿真优化单个设备和设备机组;

⑥设备机组中的遮蔽效应,及来流与尾流的相互作用。

(2) 设备的布置和操作。可靠的设备部署系统和较低的操作和维护OM成本是设计可行的海洋能源开发所必需考虑的问题。特别需要考虑以下几个方面:

① 系泊系统和海上平台的选择;

② 设备的维护许可要求,包括计划内和计划外的;

③ 智能机状态监测系统可靠性的实现;

④ 用于评估主要维修成本的建模和仿真研究。

(3) 环境影响。监管机构要求,在批准开发海洋能源之前,需要对可能造成的环境影响进行评估。可想而知,该活动对环境不会没有影响,因此需要考虑减轻影响的途径。典型问题有:

① 对设备周围水生生物及其死亡率的影响;

② 作业和施工噪音污染;

③ 装置内结构与传输电缆中的电磁场辐射;

④ 对航运、保护场所和海军战略行动的影响;

⑤ 海洋能源开发对道路交通及其他海岸活动的影响；

⑥ 对能源的影响。以洋流为例，需要确定能量提取对海洋环流系统的潜在影响。

（4）有关海洋水动能开采的社会效益和经济效益。

能源开发和海洋空间规划所产生的经济和社会效益问题，海洋能源开采技术的社会认可程度及其应用，以及该技术的可持续发展性，是确定资源开发可行性的重要考虑因素。包括：

① 与其他来源相比的电力成本；

② 关注能源技术对利益相关者活动及其生计的影响；

③ 政治和社会意愿。

海洋能源开采位置的确定需要基于上述诸多考虑因素，并经过不断的迭代更新，才能得到最终的理想位置。

参考文献

1.1　O. M. Phillips：On the generation of waves by turbulent wind，J. Fluid Mech. 2 (5)，417-445 (1957)

1.2　J. W. Miles：On the generation of surface waves by shear flows，J. Fluid Mech. 3 (2)，185-204 (1957)

1.3　K. Hasselmann，T. P. Barnett，E. Bouws，H. Carlson，D. E. Cartwright，K. Enke，J. A. Ewing，H. Gienapp，D. E. Hasselmann，P. Kruseman，A. Meerburg，P. Müller，D. J. Olbers，K. Richter，W. Sell，H. Walden：Measurements of wind-wave growth and swell decay during the Joint North Sea Wave Project (JONSWAP)，Dtsch. Hydrogr. Z 1(8)，1-95 (1973)

1.4　A. Cornett：A global wave energy resource assessment，Proc. 18th ISOPE Conf. (2008)

1.5　K. Gunn，C. Stock-Williams：Quantifying the global wave power resource，Renew. Energy 44，296-304(2012)

1.6　H. L. Tolman：User manual and system documentation of WAVEWATCH-III，Version 2.22，NOAA/NWS/NCEP/MMAB Technical Note (2002)

1.7　R. Boud，T. W. Thorpe：Wavenet：Results from the work of the European thematic network on wave energy，ERK5-CT-1999-20001，European Community (2003) pp. 307-308

1.8　G. Mørk，S. Barstow，A. Kabuth，T. Pontes：Assessing the global wave energy potential，Proc. 29th Int. Conf. Ocean Offshore Mech. Arct. Eng. (ASME) (2010)

1.9　G. Hagerman，G. Scott：Mapping and Assessment of the United States Ocean Wave Energy Resource，Tech. Rep. 1024637 (Electric Power Research Institute，Palo Alto 2011)

1.10　AVISO：Sun and Moon shape tides on Earth，Published online October，2000. http://www. aviso. oceanobs. com/en/news/idm/2000/oct-2000-sunand-moon-shape-tides-on-earth/index. html

1.11 R. H. Charlier, J. R. Justus: Ocean Energies: Environmental, Economic and Technological Aspects of Alternative Power Sources, Elsevier Oceanography Series (Elsevier, Amsterdam 1993)

1.12 A. Lewis, S. Estefen, J. Huckerby, W. Musial, T. Pontes, J. Torres-Martinez: Ocean energy. In: IPCC Special Report on Renewable Energy Sources and Climate Change Mitigation, ed. by O. Edenhofer, R. Pichs-Madruga, Y. Sokona, K. Seyboth, P. Matschoss, S. Kadner, T. Zwickel, P. Eickemeier, G. Hansen, S. Schlömer, C. von Stechow (Cambridge Univ. Press, Cambridge 2011)

1.13 M. Pidwirny: Surface and subsurface ocean currents: Ocean current map. In: Fundamentals of Physical Geography, 2nd edn. (eBook) http://www. physicalgeography. net/fundamentals/8q_1. html(2006)

1.14 A. E. Gill: Atmosphere-Ocean Dynamics, International Geophysics Series, Vol. 30 (Oxford Academic Press, Oxford 1982)

1.15 W. H. Munk: On the wind-driven ocean circulation, J. Meteorol. 7(2), 79-93 (1950)

1.16 R. H. Stewart: Introduction to Physical Oceanography, http://oceanworld. tamu. edu/resources/ocng_textbook/PDF_files/book_pdf_files. html

1.17 A. Betz: Das Maximum der theoretisch möglichen Ausnützung des Windes durch Windmotoren, Z. Gesamte Turbinenwesen 26, 307-309 (1920)

1.18 G. A. M. Van Kuik: The Lanchester-Betz-Joukowsky limit, Wind Energy 10, 289-291 (2007)

1.19 V. L. Okulov, J. N. Sørensen: Refined Betz limit for rotors with a finite number of blades, Wind Energy 11, 415-426 (2008)

1.20 C. Garrett, P. Cummins: The efficiency of a turbine in a tidal channel, J. Fluid Mech. 588, 243-251(2007)

1.21 T. Nishino, R. H. J. Willden: The efficiency of an array of tidal turbines partially blocking a wide channel, J. Fluid Mech. 708, 596-606 (2012)

1.22 C. Garrett, P. Cummins: The power potential of tidal currents in channels, Proc. R. Soc. A. 461, 2563-2572(2005)

1.23 G. Sutherland, M. Foreman, C. Garrett: Tidal current energy assessment for Johnstone Strait, Vancouver Island, Proc. Inst. Mech. Eng, J. Power Energy A. 221(2), 147-157 (2007)

1.24 K. A. Haas, H. M. Fritz, S. P. French, B. T. Smith, V. Neary: Assessment of Energy Production Poten tial from Tidal Streams in the United States: Final Report (Georgia Tech Research Corporation, Savannah2011)

1.25 T. A. A. Adcock, S. Draper, G. T. Houlsby, A. G. L. Borthwick, S. Serhadlloğlu: The available power from tidal stream turbines in the Pentland Firth,

Proc. R. Soc. A 469(2157), 20130072 (2013)

1.26 A. E. S. Duerr: A Hydrokinetic Resource Assessment Of the Florida Current, Ph. D. Thesis (Florida Atlantic University, Boca Raton 2012)

1.27 A. E. S. Duerr, M. R. Dhanak: An assessment of the hydrokinetic energy resource of the Florida Current, IEEE J. Ocean. Eng. 37, 281-293 (2012)

1.28 A. E. Duerr, M. R. Dhanak, J. H. Van Zwieten: Utilizing the hybrid coordinate ocean model for the assessment of Florida Current's hydrokinetic renewable energy resource, Mar. Technol. Soc. J. 46(5), 24-33(2012)

1.29 J. H. Van Zwieten Jr., A. E. S. Duerr, G. M. Alsenas, H. P. Hanson: Global ocean current energy assessment: An initial look, Proc. 1st Mar. Energy Technol. Symp. (METS) (2013)

1.30 E. P. Chassignet, H. E. Hurlburt, E. J. Metzger, O. M. Smedstad, J. Cummings, G. R. Halliwell, R. Bleck, R. Baraille, A. J. Wallcraft, C. Lozano, H. L. Tolman, A. Srinivasan, S. Hankin, P. Cornillon, R. Weisberg, A. Barth, R. He, F. Werner, J. Wilkin: US GODAE: Global ocean prediction with the hybrid coordinate ocean model (HYCOM), Oceanography 22(2), 64-75 (2009)

1.31 N. Maximenko, P. Niiler, M.-H. Rio, O. Melnichenko, L. Centurioni, D. Chambers, V. Zlotnicki, B. Galperin: Mean dynamic topography of the ocean derived from satellite and drifting buoy data using three different techniques, J. Atmos. Oceanic Technol. 26(9), 1910-1919 (2009)

1.32 P. Knudsen, R. Bingham, O. Andersen, M.-H. Rio: A global mean dynamic topography and ocean circulation estimation using a preliminary GOCE gravity model, J. Geod. 85, 861-879 (2011)

1.33 J. H. VanZwieten Jr., I. Meyer, G. M. Alsenas: Evaluation of HYCOM as a tool for ocean current energy assessment, Proc. 2nd Mar. Energy Technol. Symp. (METS) (2014)

1.34 J. H. VanZwieten Jr., W. E. Baxley, G. M. Alsenas, I. Meyer, M. Muglia, C. Lowcher, J. Bane, M. Gabr, R. He, T. Hudon, R. Stevens, A. E. S. Duerr: Ocean current turbinemooring considerations, Proc. Offshore Technol. Conf. (2015), OTC-25965-MS

1.35 G. Jeans, L. Harrington-Missin, C. Herry, M. Prevosto, C. Maisondieu, J. A. M. Lima: Deepwater current profile data sources for riser engineering offshore Brazil, Proc. 31st Conf. Ocean Offshore Arct. Eng. (ASME) (2012), OMAE2012-83400

第 2 章　海浪能量转换概念

Nikolaos I. Xiros, Manhar R. Dhanak

本章的目的是介绍海浪能量转换的基本概念，作为本手册前面提供的支持对象的扩展，以便它们对科学家、工程师和发明家有用。虽然有关所有波浪能转换方面的新研究在过去几十年中一直在不断推出，并且预计在可预见的未来仍将如此，但它们仅基于少数基波能量转换技术。本章描述了这些方法，并说明了它们的用途和性能。最后，介绍了海浪能量研究领域近期的一些发展和进展，作为附录，重点介绍了不同技术的商业化以及它们的财政活力、技术经济和环境影响。

渐进式海洋表面波的能量通过海洋波浪传输到海岸，是全球可再生能源的重要来源。对于小高度 H、圆形频率 ω 和沿着方向 x 传播的波长 λ 的规则行波，由下式给出：

$$\eta(x,t) = \frac{H}{2}\cos(\omega t - kx) \tag{2.1}$$

式中，$k=2\pi/\lambda$ 是波数，波前单位长度的能量传输速率由下式给出：

$$J = \frac{\mathrm{d}\hat{E}}{\mathrm{d}t} = \frac{1}{8}\rho g H^2 c_g \tag{2.2a}$$

式中，$\hat{E}$ 是平均能量密度；c_g 是波的群速度。在深水中使用

$$c_g = g/2\omega$$

有

$$J = \frac{\rho g^2 H^2}{16\omega} \tag{2.2b}$$

式(2.2)表示可能潜在利用的波前的每单位长度的可用功率。波能转换器(WEC)是赋予为了发电或其他有用工作而捕获和转换波浪能的设备的名称。

2.1　一次能源捕获的基本概念

尽管没有明确的最佳设备，而且迄今为止只有少数设备已经部署在该领域，但许多波能转换器设备已经设计和开发。有几个因素影响概念设计，包括设备位于海上、近岸或陆上，或设备是浮动、淹没或底部放置，以及能量转换器械是机械的、液压的还是气动的。一次能源捕获的特定波能转换器方法的选择取决于这些和其他因素，包括环境影响、经济和海洋空间规划考虑因素。Grimwade 等人、Falcão 和 Drew 等人提供了波能转换器技术的详细评论。典型的波能转换器设备的一次能量捕获的基本概念通常分为六类。

(1) 点吸收器通常是浮动浮标，其大小与主流波的长度相比较小并且通过波浪引起的

波动或俯仰运动来捕获波能。

(2) 摆动式水塔包括一个管状结构，管内空气在管柱上方摆动，充当活塞，压缩和减压空气，并通过气动涡轮机进行导流。

(3) 潜水式压差装置是基于利用通过装置上的波浪运动引起的水下动态压差。

(4) 摆动波浪转换器从波浪的浪涌运动中提取能量。它们通常是位于海岸附近的海床安装设备。

(5) 衰减器和终端器通常是与波浪方向平行排列的长漂浮结构，然后吸收由波浪引起的运动。它的运动可以被阻尼来产生能量。

(6) 越浪装置由波浪浪涌/聚焦系统组成，并包含一个斜坡，波浪通过该斜坡进入一个升高的储水池。

2.1.1　点式吸收器

点吸收器是小型浮动或潜水浮标，通过响应波浪作用的起伏或俯仰运动吸收波浪能量。与波长 λ 或现场最具能量的波相比，浮标的尺寸通常较小。浮标的起伏/俯仰运动又通过动力输出(PTO)系统激发机电能量发电机。

浮动系统如图 2.1 所示，根据下式进行起伏运动：

$$(m + a_{33})\ddot{z} + b_{33}\dot{z} + Kz = F_Z + F_d + F_R \tag{2.3}$$

式中，z 是浮动系统的垂直位移；m 是系统的质量；a_{33} 是附加质量；b_{33} 是与由波动响应产生的波浪相关的辐射阻尼系数；K 是静水恢复力系数，由一个自由附体的 $K = \rho g A_{WP}$ 给出，其中 ρ 为海水的质量密度，A_{WP} 为浮体的水面面积；F_z 为波激振力；F_d 是黏性(非线性)阻尼力；而 F_R 是由于相关的动力输出和其他抵抗力引起的力，并且在此表示为机械阻尼，由 $F_R = -R_m\dot{z}$ 给出。在实践中，图 2.1 的浮标将连接到一个大阻尼板(见图 2.2)，以便 F_R 包含具有弹簧状复位力的额外贡献，与 z 成比例，并且与 $\ddot{z}$ 成比例的附加质量型惯性力。

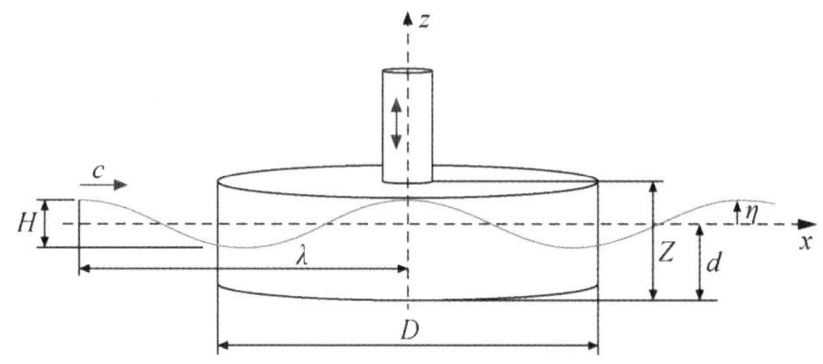

图 2.1　浮体以波浪形式完全浮起运动

浮体的自然振荡频率是

$$f_z = \frac{1}{T_z} = \frac{\omega_z}{2\pi} = \frac{1}{2\pi}\sqrt{\frac{K}{m + a_{33}}} \tag{2.4}$$

式中，T_z 是自然的起伏周期；ω_z 是自然的圆周起伏频率，见 2.2.4 节修改 ω_z 以包括与动力输出系统相关的恢复力和惯性力。点吸收体波能转换器的设计基于使该自然频率与该位置的主波频率大致匹配，并且引起浮体的共振或接近共振的浮起运动。波能转换器旨在确保 f_z 位于现场波浪频率范围内；这是通过选择其质量和恢复力来实现的。

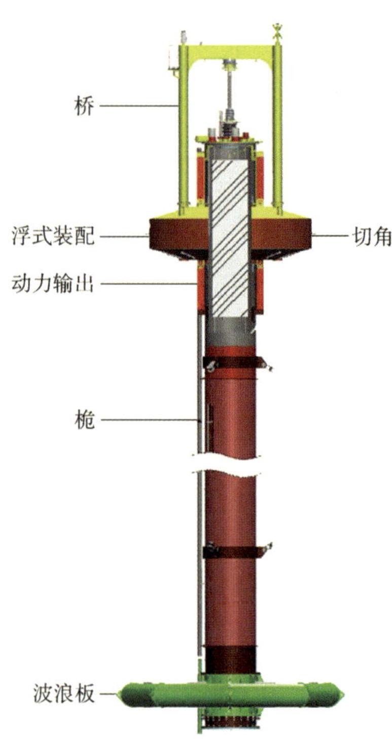

图 2.2　实用浮动波能转换器浮标,能量浮标

为了在式(2.3)给出的频率为 ω 的规则波中纯粹的起伏运动,相应的感应波力 F_z(选择 $x=0$ 与体心一致)可以表示为

$$F_z = F_0\cos(\omega t + \gamma) \tag{2.5}$$

式中,γ 是与波力相关的相位角(对于在 x-z 和 y-z 平面中对称的物体,$\gamma = 0$)。在选择 $F_R = -R_m\dot{z}$ 和忽略黏性力 F_d 时,体位移 z 由下式给出:

$$z = \frac{\left(\dfrac{F_0}{K}\right)\cos(\omega t + \gamma - \sigma_z)}{\sqrt{\left(1-\dfrac{\omega^2}{\omega_z^2}\right)^2 + \left[2\dfrac{(\Delta_m + \Delta_D)\omega}{\omega_z}\right]^2}} = Z_0\cos(\omega t + \gamma - \sigma_z) \tag{2.6}$$

式中,Z_0 是运动的幅度,$\delta_z = \arctan(2(\Delta_m + \Delta_D)\omega\,\omega_z/(\omega_z^2 - \omega^2))$ 是波动和升沉响应之间的相位滞后,而 $\Delta_m = R_m\omega_z/2K$ 和 $\Delta_D = b_{33}\omega_z/2K$ 分别是无量纲的机械和辐射阻尼系数。如果为了简单起见,可以忽略 $\Delta_z = (\Delta_m + \Delta_D)$ 和 a_{33} 的频率依赖性并且这些量被认为是常数,则放大因子 $Z_0/(F_0/\rho k)$ 和相角 δ_z 可以是如图 2.3 中描绘为 ω/ω_z 的函数。在谐振时 $\delta_z = \pi/2$,$\omega/\omega_z = 1$ 和 $Z_0 = F_0/(2(\Delta_m + \Delta_D)K) = F_0/((R_m + b_{33})\omega_z)$。

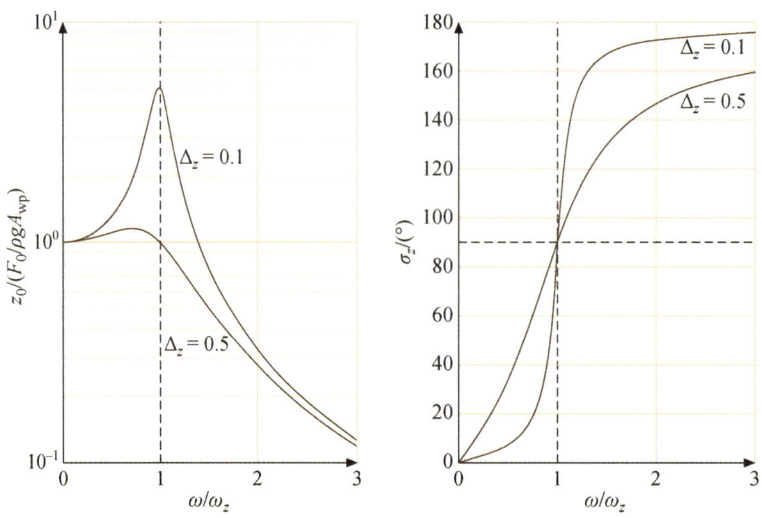

图 2.3　浮体浮起运动时放大系数和相角变化

注:$\Delta_z = \Delta_m + \Delta_D = (R_m + b_{33})\omega_z/2K$。

共振时,升沉振幅达到最大值,其幅值由阻尼因子决定。作为设计波能转换器的一部

分，将阻尼因子和恢复力降至最低，有助于最大限度地提高谐振响应。波能转换器本体的起伏速度和加速度分别是

$$\frac{dz}{dt}=-\omega Z_0\sin(\omega t+\gamma-\sigma_z)$$

$$\frac{d^2z}{dt^2}=-\omega^2 Z_0\cos(\omega t+\gamma-\sigma_z) \tag{2.7}$$

令人兴奋的机械功率由 $F_z\frac{dz}{dt}$ 给出，其中 F_z 由式(2.5)给出。因此，选择 $\gamma=0$ 为一个对称体，平均激励功率超过一个波周期，$\hat{P}_{Ez}$ 由下式给出：

$$\hat{P}_{Ez}=\frac{1}{T_z}\int_0^{T_z}F_0\omega Z_0[-\cos\sigma_z\sin\omega t\cos\omega t+\sin\sigma_z\cos^2(\omega t)]dt=\frac{F_0\omega Z_0\sin\sigma_z}{2} \tag{2.8}$$

辐射功率和吸收功率或机械功率分别由 $b_{33}\dot{z}^2$ 和 $R_m\dot{z}^2$ 给出，以便在一个波周期内相应的平均辐射功率和吸收功率 $\hat{P}_{Rz}$ 和 $\hat{P}_{az}$ 由下式给出：

$$\hat{P}_{Rz}=\frac{b_{33}(\omega Z_0)^2}{2};\quad \hat{P}_{az}=\frac{R_m(\omega Z_0)^2}{2} \tag{2.9}$$

式中，$\hat{P}_{az}$ 是利用的吸收功率。如果选择 $R_m=R_{m_{opt}}$ 使得是 $(\partial\hat{P}_{az}/\partial R_m)R_{m_{opt}}=0$ 最佳的。因此，对于 $R_m^2=R_{m_{opt}}^2=K^2/\omega^2(1-\omega^2/\omega_z^2)^2+b_{33}^2$，得到

$$\hat{P}_{az_{opt}}(\omega)=\frac{\frac{\omega F_0^2}{4}}{\omega b_{33}+\sqrt{K^2\left(1-\frac{\omega^2}{\omega_z^2}\right)^2+\omega^2b_{33}^2}} \tag{2.10}$$

$\hat{P}_{az_{opt}}$ 在 $R_m=b_{33}$ 和 $\omega=\omega_z$ 时达到最大值。

$$\hat{P}_{az_{opt}}(\omega_z)=\frac{F_0^2}{8b_{33}}\quad 和 \quad \hat{P}_{Ez_{opt}}=\frac{F_0^2}{4b_{33}} \tag{2.11}$$

式(2.11)在轴对称体的情况下意味着最大 50% 效率 $\eta_{eff_{max}}=\hat{P}_{az_{opt}}/\hat{P}_{Ez_{opt}}$。对于非对称体，涉及入射波与与本体下游的浮动浮体产生的波之间的破坏性干涉，可能会有更高的效率。

从式(2.5)和式(2.7)在最佳共振条件下用 $\delta_z=\pi/2$，$\omega=\omega_z$ 和 $R_m=b_{33}$，浮标的起伏速度，$dz/dt=\omega_zZ_0\cos(\omega_zt+\gamma)=F_Z/2b_{33}$，与入射波强迫同相。

忽略了 a_{33} 和 b_{33} 的频率依赖性（通常在高频时如此），对于 Δ_D 的两个不同值，比率 $[\hat{P}_{az_{opt}}(\omega)/F_0^2(\omega)]/[\hat{P}_{az_{opt}}(\omega_z)/F_0^2(\omega_z)]$ 绘制在图 2.4 中。

式(2.10)和图 2.3 的检验表明，尽管 Δ_D 的较小值意味着 $\hat{P}_{az_{opt}}(\omega_z)$ 的较大值，但它可以利用波能量的较窄范围的频率。Falnes 表明，能利用的最大吸收功率 P_{az} 可以交替由

$$\hat{P}_{az_{opt}}(\omega)=(\hat{P}_{Ez}-\hat{P}_{Rz})\mid R_m=R_D=\frac{1}{2}[F_0\omega Z_0\sin\sigma_z-b_{33}(\omega Z_0)^2]$$

给出，当 $\omega Z_0=F_0\sin\delta_z/2b_{33}$ 时最大值，给出

$$\hat{P}_{az_{max}}=\frac{F_0^2\sin^2\sigma_z}{8b_{33}} \tag{2.12}$$

在共振条件下，当 $\delta_z=\pi/2$ 与式(2.11)中的 $\hat{P}_{az_{opt}}(\omega_z)$ 相同时。

吸收或捕获宽度 $d_a=\hat{P}_{az}/J$，其中 J 由式(2.1)给出，定义为波阵面的宽度，该波阵面通过的平均量等于点吸声器吸收的平均量，注意 J 是波前临界单位长度的功率密度。因此，点吸收体的最大吸收宽度为 $d_{a_{max}}=F_0^2/(8Jb_{33})$。

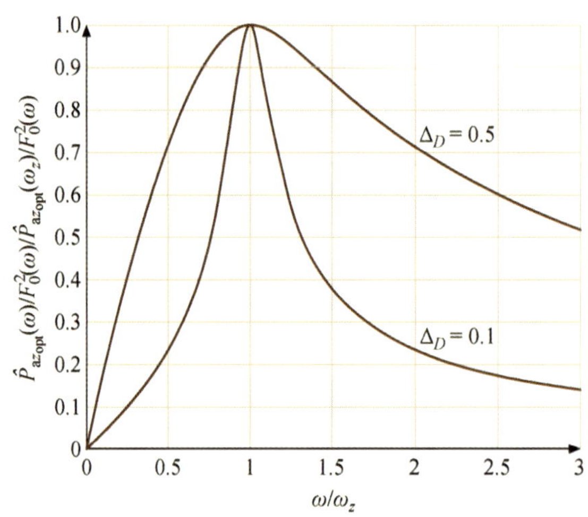

图 2.4 两个数值为 Δ_D 的最佳功率吸收特性

$$b_{33} = \frac{2\pi F_0^2}{\lambda \rho g H^2 c_g} \tag{2.13}$$

使用互惠原则,然后从式(2.12)得到 $\delta_z = \pi/2$,

$$\hat{P}_{az_{max}} = \frac{F_0^2}{8b_{33}} = \frac{\lambda \rho g H^2 c_g}{16\pi} = \frac{\lambda}{2\pi} J$$

$$d_{a_{max}} = \frac{\lambda}{2\pi} \tag{2.14a}$$

在深水中,使用 $c_g = g/2\omega$,和 $\lambda = 2\pi g/\omega^2$,这变成了

$$\hat{P}_{az_{max}} = \frac{\rho g^3 H^2}{16\omega^3} \tag{2.14b}$$

因此,点吸收器吸收的能量比它在其横截面上的入射能量多得多。因为波能通常在窄谱频带内可用,所以适当调谐的点吸收器可以是一个有效的波能转换器。Budal 已经表明,对于在正常入射波中的两排平行线性阵列,由于相邻浮标的干扰,间距可能与完美吸收时一样大。

类似的考虑适用于浮体的俯仰和组合起伏和俯仰运动。Falnes 考虑了包含动力输出系统的效果,并考虑了点吸收体阵列。

众所周知的点吸收系统的例子包括 Power Buoy,Seabased,Wavebob,AquabuOY,CETO Ⅲ和 Wave Star。

2.1.2 振荡水柱

振荡水柱(OWC)是一种部分淹没的中空结构,向水面下方的海洋开放。它包围了一列水柱上方的空气(见图 2.4)。波浪引起结构中的水位上升和下降,导致空气柱的压缩和膨胀。截留的空气通过涡轮机流入和流出大气,涡轮机可因任何方向的气流而旋转。通过涡轮机旋转的能量机械转换可用于发电。Heath 和 Falcão 以及 Henriques 提供了对振荡水柱波能转换器的评论。

考虑到室内空气的可压缩性，图 2.4 中气室内的瞬时气压通常被模拟为均匀的。设腔内的均匀空气压力为 $p(t)=p_a(t)+p_{atm}$，其中 $p_a(t)$ 表示响应于水柱从平衡压力 p_{atm} 的振荡而引起的腔室内压力的变化，这可认为与外部环境压力相同并假定为常数。对于等熵流：

$$\frac{p}{p_{atm}}=\left(\frac{\rho}{\rho_{atm}}\right)^{\gamma} \tag{2.15a}$$

式中，$\rho(t)=\rho_a(t)+\rho_{atm}$ 和 ρ_{atm} 分别对应于在绝热条件下的压力 $p(t)$、平衡压力 p_{atm} 和 $\gamma=1.4$ 的腔室中的瞬时空气密度。$p_a(t)$ 是室内超过环境的超压。基于线性理论与 $|p_a|\ll p_{atm}$，式(2.15a)可以显示使用泰勒展开式表示：

$$\frac{d\rho_a}{dt}=\frac{1}{c_0^2}\frac{dp_a}{dt};\quad c_0=\sqrt{\frac{dp}{d\rho}}\approx\sqrt{\frac{\gamma p_{atm}}{\rho_{atm}}} \tag{2.15b}$$

式中，c_0 是在线性化分析中恒定于前导阶声音的速度。腔室内质量的瞬时变化率由振荡水柱给出：

$$\dot{m}=\frac{d(\rho_a\Omega)}{dt}=\rho_a\frac{d\Omega}{dt}+\Omega\frac{d\rho_a}{dt}\approx\rho_{atm}\frac{d\Omega}{dt}+\Omega_0\frac{1}{c_0^2}\frac{dp_a}{dt} \tag{2.16}$$

式中，$\Omega(t)$ 是腔室的瞬时体积；Ω_0 是平衡条件下腔室的体积。通过质量守恒，有

$$\dot{m}=-\rho_{atm}Q_{out} \tag{2.17}$$

式中，Q_{out} 是通过涡轮机的空气流量。考虑 Q_{out} 主要是涡轮机两侧压差的函数，因此平衡条件的线性化为

$$Q_{out}(p_a)\approx Q_{out}(0)+p_a\left.\frac{\partial Q_{out}}{\partial p_a}\right|_{p_a=0} \tag{2.18}$$

式中，$Q_{out}(0)\approx 0$ 是纯粹通过振荡运动驱动的通过涡轮机的平均流量；$(\partial Q/\partial p_a)|_{p_a=0}$ 取决于发电机的特性。Sarmento 和 Falcão 提出，对于威尔森涡轮机，$\dot{m}\approx(KD_2/n)p_a$，其中 D_2 是涡轮机直径(见图 2.4)；n 是涡轮机的转速；p_a 是涡轮机上的压降；K 是取决于涡轮机特性的无量纲设计常数；因此，从式(2.18)，$(\partial Q_{out}/\partial p_a)|_{p_a=0}=-KD_2/(\rho_{atm}n)$。然后从式(2.16)，有

$$\frac{d\Omega}{dt}\approx\frac{KD_2}{\rho_{atm}n}p_a-\frac{\Omega_0}{\rho_{atm}c_0^2}\frac{dp_a}{dt} \tag{2.19}$$

如果结构是固定的，$d\Omega/dt$ 由波浪运动泵入腔内的水的体积率给出：

$$\frac{d\Omega}{dt}=\iint_{S_1}w_1\,dS\approx\iint_{S_1}\frac{d\eta_1}{dt}dS \tag{2.20}$$

式中，$\omega_1(r,\theta,t)$ 是内部自由表面的垂直速度，由如图 2.4 所示的表面的小位移 $z=\eta_1$ 给出，积分超过内部水面的面积 S_1；右边的最后一项是基于自由表面的线性化运动学边界条件。Falnes、Martins-Rivas 和 Mei 详细分析了与振荡水柱相关的流体动力学，以确定 Q 和 p_a，并提出了线性化的势流问题并将其分解为衍射和辐射问题。分析的全部细节相当复杂，可以在这些论文中找到。

功率输出率，在一个振荡周期内得到平均，在这个振荡周期内腔室压力在推动空气通过涡轮机时起作用，即

$$P_{out}=\overline{\dot{m}\frac{p_a}{\rho_{atm}}}=\frac{KD_2}{n\rho_{atm}}\overline{p_a^2}\approx\overline{\left(\frac{d\Omega}{dt}p_a+\frac{1}{2c_0^2\rho_{atm}}\frac{dp_a^2}{dt}\right)}=\overline{\frac{d\Omega}{dt}p_a} \tag{2.21}$$

因为对于压力的振荡变化，$\overline{dp_a^2/dt}$ 平均为零。

如果中空结构被认为是如图 2.5 所示的固定垂直圆管的形式，那么管道中的水柱具有自然的振荡频率。

$$f_c = \frac{1}{T_c} = \frac{\omega_c}{2\pi} \approx \frac{1}{2\pi}\sqrt{\frac{\rho g S_1}{\rho S_1(L_1 + L_1')}} = \frac{1}{2\pi}\sqrt{\frac{g}{L_1 + L_1'}} \tag{2.22}$$

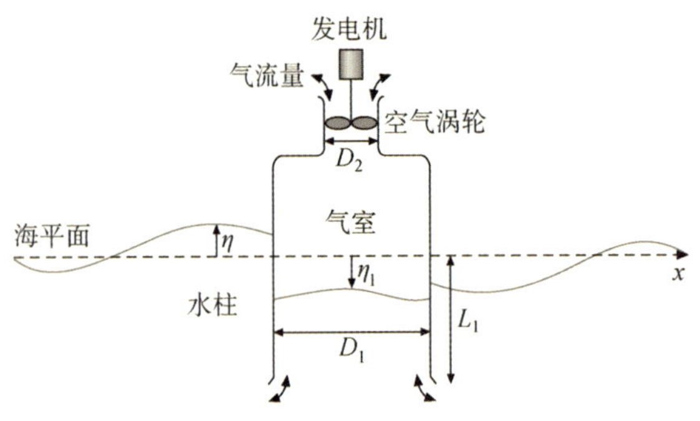

图 2.5　振荡水柱波能转化器

式中，L_1 是水柱未受干扰的长度，而 L_1' 表示由于与水柱运动相关的附加质量造成的贡献。当正弦波的频率匹配 ω_c 时，发生谐振并且 $|\mathrm{d}\Omega/\mathrm{d}t|$ 达到最大值。如果结构也经历了起伏运动，那么空气速度的峰值也可以在由式(2.3)所给出的结构的高谐振频率 ω_z 预期值表示。如果结构设计成使得 $\omega_c = \omega_z$，空气流量将得到优化。

2.1.3 浸没压力差分装置

对于深度为 h 的水中的小幅度表面波，在式(2.1)描述，水柱中的压力由下式给出：

$$p = \rho g \frac{\cosh[k(z+h)]}{\cosh(kh)}\eta(x,t) - \rho g z \tag{2.23}$$

使其随着自由曲面的升高而变化。也就是说，动态压力在高峰下的位置高而在低强度下低。淹没的压力差分装置，通常位于海岸附近的海床上，利用这种波浪能量转换为电力的变化。阿基米德波浪摆动(AWS)是一种众所周知的装置(见图 2.6)，它可以在波浪上做出响应而隆起。阿基米德波浪摆动是一个充气的圆柱形腔室，由两部分组成：一是盖子，称为响应波浪运动而隆起的浮体；二是容纳线性发电机的固定底部单元。浮体在起伏，当它在波峰时，

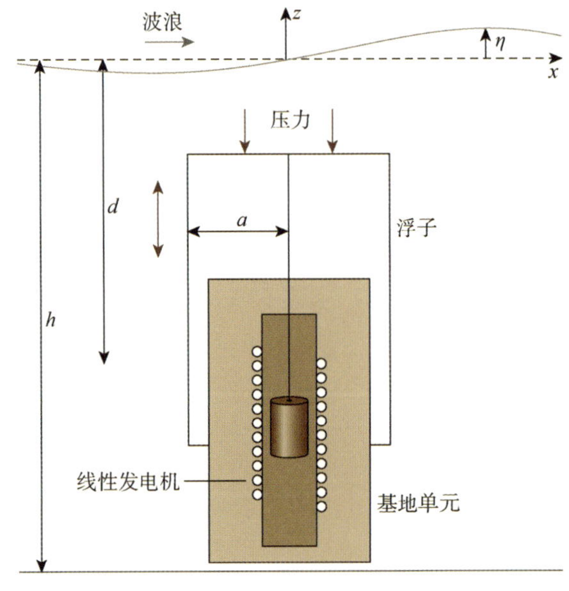

图 2.6　潜水压差装置

最靠近基部单元，而在槽下方时离得最远。通过调整自然波动频率以匹配平均波频率，可以获得最佳的能量收集条件。浮动器的运动由类似于式(2.3)，其弹簧常数 K 由下式给出：$K=-(\mathrm{d}F_s/\mathrm{d}z)|_{z_0}$，其中 F_s 为室内气压贡献的阻力。静水压力和相关力与发电机和波诱导力 F_z 一起对激励波和散射波的压力有贡献。其他力与式(2.3)中定义的力相似。激振力可以通过圆柱形浮子顶部的 Froude-Krylov 力来估算，由

$$F_{\mathrm{KR}}=\int_0^a\int_0^{2\pi}pr\,\mathrm{d}r\mathrm{d}\theta\approx\frac{\pi\rho gHa}{k}\,\frac{\cosh(-kd+kh)}{\cosh(kh)}\mathrm{J}_1(ka)\cos(\omega t)\tag{2.24}$$

给出，式中 a 是浮子的半径，$\mathrm{J}_1(x)$ 是第一类阶数 1 级的贝塞尔函数，并且该力与位于 $x=0$ 处的波同相。

另外，McCormick 描述了一个系统，其中在图 2.5 中的浮子 基本上由半径为 a 的活塞代替，线性马达由具有半径为 a 的小活塞 a_2 的液压泵代替。波浪引起的压力将大活塞置于浮动运动中，并反过来驱动泵的小活塞。大活塞表面上的压力传递到较小的活塞上，产生动态液压，由于因子 $(a/a_2)^2$，其幅度较大。液压泵可能是波能转换器的动力输出系统的一部分。

潜水压差装置的例子包括 PYSIS，CETO I 和 AWSI。

2.1.4　振荡波浪转换器

一个振荡波浪涌转换器(OWSC)通常包括一个主体，该主体根据与水面波相关的水柱中的水平粒子速度来回振荡，或者(a)作为铰链式瓣[见图 2.7(a)]或(b)作为活塞[见图 2.7(b)]。Gomes 等人提供了对振荡波浪涌转换器的评论。一个铰链机构的商业形式是 Aquamarine Power Oyster，而专利设备由 E. A. Wall 提供了一个基于水平活塞系统的例子。

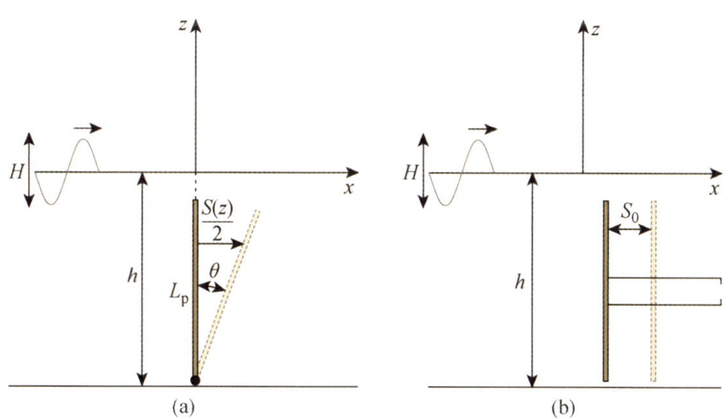

图 2.7　(a)铰接翻板式振荡波浪涌转换器　(b)活塞式振荡波浪涌转换器

襟翼或活塞的行程 $S(z)$ 由下式给出：

$$S(z)=\begin{cases}S_0\left(1+\dfrac{z}{h}\right) & \text{襟翼}\\ S_0 & \text{活塞}\end{cases}\tag{2.25}$$

对于小高度 H，圆形频率 ω 和波长 λ 的规则行波沿着方向 x 传播，由表面高程给出，水平粒子速度由下式给出：

$$u = \frac{\omega H}{2} \frac{\cosh k(z+h)}{\sin kh} \cos(\omega t - kx) \tag{2.26}$$

Milgram 之后，Dean 和 Dalrymple 认为，在受限运动中，波动理论的反向可以用来确定 S_0。因此，基于线性理论和使用襟翼 / 活塞上的边界条件，$u(0, z, t) = S(z)/2\omega\cos\omega t$，参照图 2.7，它们显示吸收入射到襟翼/活塞上的波浪能所需的行程由下式给出

$$S_0 = \begin{cases} \dfrac{H}{4} \dfrac{kh}{\sinh(kh)} \dfrac{\sinh 2kh + 2kh}{kh\sinh kh - \cosh kh + 1} & \text{襟翼} \\ \dfrac{H}{2} \dfrac{\sinh 2kh + 2kh}{(\cosh 2kh - 1)} & \text{活塞} \end{cases} \tag{2.27}$$

在实践中，入射波将被衍射有限宽度的波能转换器和次级波将从振荡体发射出去。此外，一些能量将因与动力输出系统相关的阻尼而丧失。

在铰链式瓣的情况下，如果将与机械动力输出系统相关联的转矩建模为与襟翼的角速度成比例，则 $M_m = -Q_m\dot{\theta}$，然后等式为角位移 θ 可写成

$$(I_y + I_{55})\ddot{\theta} + (b_{55} + \theta_m) \mid \dot{\theta} + C\theta + M_\theta + M_d \tag{2.28}$$

式中，I_y 是绕铰链转动的惯性矩；I_{55} 是关于铰链的附加惯性矩；b_{55} 是辐射阻尼矩的系数；M_θ 是入射波引起的力矩；M_d 是由于黏滞力引起的扭矩；C 是静水压恢复力矩。如果厚度 t_p 与翼片的长度 L_f 和宽度 B 相比较小，并且盘片的质量与 ρ_f 给出的盘片的质量密度均匀分布，则

$$I_y \approx \frac{1}{3}\rho_f t_f B L_f^3$$

$$C = \rho g t_f B L_f r_b - \rho_f t_f B L_f r_g = \frac{1}{2}\rho g t_f B L_f^2 \left(1 - \frac{\rho_f}{\rho}\right)$$

式中，r_b 和 r_g 分别是浮力中心铰链和襟翼质量中心的距离，对于均匀质量分布，$r_b = r_g = L_f/2$。然后对于由式(2.1)，θ 由下式给出：

$$\theta = \frac{\dfrac{\mid M_\theta \mid}{C}\cos(\omega t + \gamma - \sigma_z)}{\sqrt{\left(1 - \dfrac{\omega^2}{\omega_\theta^2}\right)^2 + \left(\dfrac{b_{55} + Q_m}{C}\right)^2 \omega^2}} \tag{2.29}$$

式中，$\omega_\theta = \sqrt{C/(I_y + I_{55})}$ 是系统振荡的固有频率；γ 是与波力矩相关的相位角。

$$\sigma_z = \arctan\left(2\frac{(\Delta_\theta + \Delta_m)\omega\omega_\theta}{\omega_\theta^2 - \omega^2}\right)$$

$$\Delta_\theta = \frac{b_{55}\omega_\theta}{2C}$$

$$\Delta_{\theta m} = \frac{Q_m\omega_\theta}{2C}$$

由襟翼产生的平均功率由下式给出：

$$P_{PTO} = \frac{1}{2}Q_m\omega^2 \mid \theta \mid^2 \tag{2.30}$$

P_{PTO}具有最大值或最优值 $P_{PTO_{opt}}$ 时

$$\omega^2 Q_m^2 = (\omega_\theta^2 - \omega^2)^2 (I_y + I_{55})^2 + \omega^2 b_{55}^2 \tag{2.31}$$

由下式提供

$$P_{PTO_{opt}} = \frac{\dfrac{1}{4}\omega \mid M_\theta \mid^2}{\omega b_{55} + \sqrt{(\omega_\theta^2 - \omega^2)^2 (I_y + I_{55})^2 + \omega^2 b_{55}^2}} \tag{2.32}$$

或

$$P_{PTO_{opt}}=\frac{1}{4C}\omega_\theta\mid M_\theta\mid^2\cdot\frac{\frac{\omega}{\omega_\theta}}{2\Delta_\theta\frac{\omega}{\omega_\theta}+\sqrt{\left(1-\frac{\omega^2}{\omega_\theta^2}\right)^2+4\Delta_\theta^2\frac{\omega^2}{\omega_\theta^2}}}\tag{2.33}$$

Gomes 等人提供了有规律和不规则波浪问题的数值计算。

振荡波浪涌转换器的例子包括 Oyster，Wave Roller 和 C-Wave。

2.1.5　衰减器和终结者

点吸收器的延伸部分是线吸收器，涉及许多使用机械接头连接并且定向的振荡单元的模块阵列，以优化单元的振荡。在一种布置中，线吸收器垂直于波传播方向对齐并且称为终止器。在另一种布置中，它平行于波传播的主要方向排列并称为衰减器。线吸收器的尺寸可以与典型波的波长相当。终结器波能转换器的一个例子是 Salter Duck，涉及相对于普通脊柱俯仰的几个梨形鸭，由一个或多个铰接在一起的水平圆柱形部分组成，以适应弯曲运动。每只“鸭子”都响应不同的动力压力，以及不同的静水压力，在相位上转动，从而将摆动运动转化为位于鸭子内的陀螺仪的旋转运动（见图 2.8）。鸭子取代了与上游波峰之下的轨道粒子所占据的相同体积的水的管道。鸭子的自然运动频率由下式给出：

$$\omega_\theta=\sqrt{\frac{C}{I_y+I_{55}}}\tag{2.34}$$

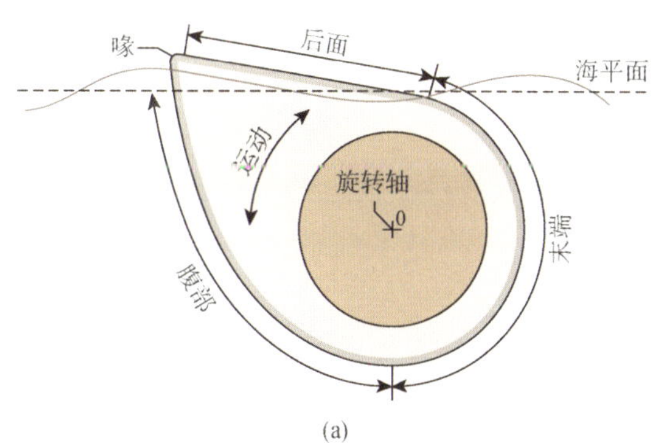

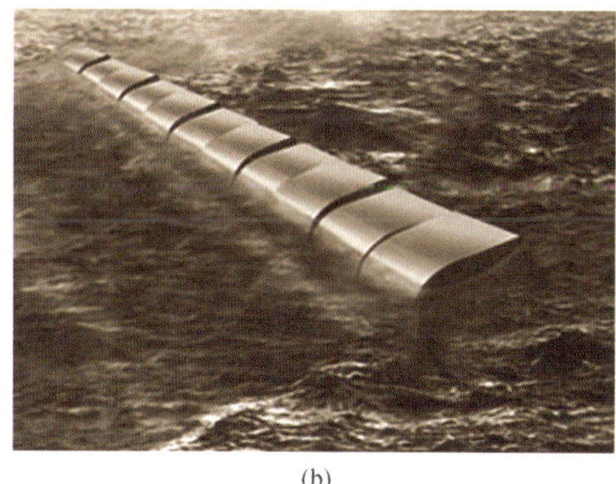

图 2.8　索尔特鸭

(a)单个单位　(b)作为终结线吸收器

式中，C 是静水压恢复时刻；I_y 是惯性矩；I_{55} 是加速时刻围绕脊柱轴线的惯性（见图 2.9）。目的是将这个频率与主流波的频率匹配以获得谐振响应。波浪引起的纵摇力矩对线路吸收器的普通圆柱形脊柱起反作用。数学分析和实验室测试表明，捕获入射波能量的效率高达 90%；预计在现实的海洋环境中效率会降低。

衰减器波能转换器的例子包括 Hagen-Cockerell raft，Pelamis，McCabe Wave Pump，Sea Power Platform 和 Wello。Pelamis 涉及与终结器类似的脊柱布置，但平行于波浪方向。衰减器跟随通过波浪的运动。该装置的每个元件都由入射波从波峰到波谷进行运动。衰减器的浮动元件通常位于合适的动力输出模块的任一侧。当波浪通过时，它们会在每个元素

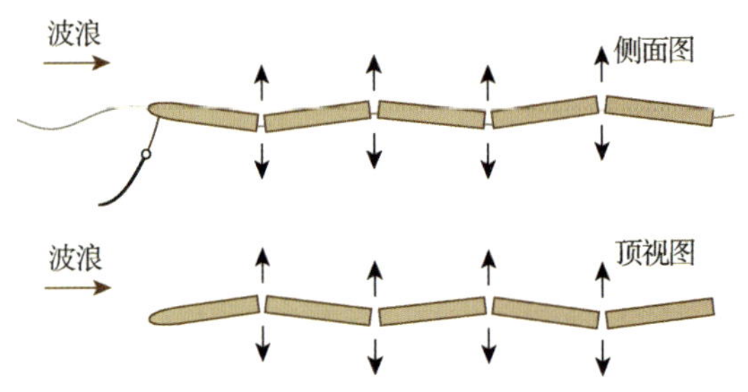

图 2.9 波浪中的帕拉米斯运动

之间产生相对运动。相对运动通常通过液压回路或合适的机械齿轮系转换成动力输出模块中的机械动力。Pelamis 的铰接接头的运动受到液压油缸的限制，液压油缸将流体泵入高压蓄能器，后者吸收波动力。通过控制泵送动作，当波浪很小时，功率的吸收达到最大，并且风暴的响应最小化。

2.1.6 越浪装置

越浪装置将由入射波驱动的海水捕获到海平面以上的水库，并通过涡轮机将水排回大海(见图 2.10)。这类设备的例子包括 Wave Dragon，TAPCHAN，Seawave Slot-Cone Generator 和 Floating Wave Power Vessel。Wave Dragon 使用一对大型弯曲反射器来引导与波浪有关的流动，在坡道上流动，并在顶部进入一个凸起的水库，水从中通过一些低水头涡轮机并返回海中。

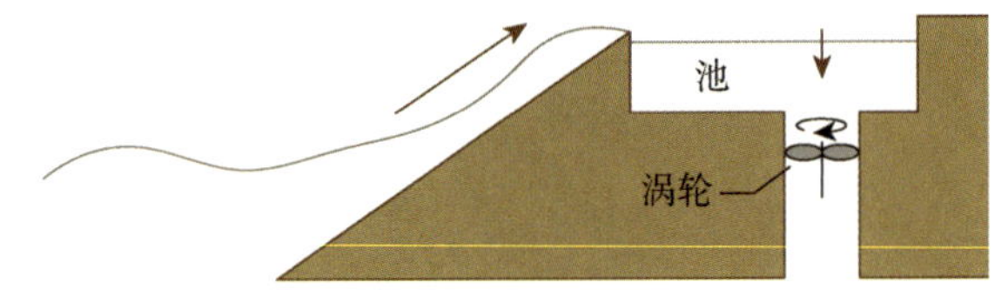

图 2.10 越浪装置

2.1.7 其他先进的理念

Burfoot 和 Taylor 以及 Taylor 提出了压电晶体将波浪诱导压力波动转化为电能的应用，利用压缩压电材料响应压力产生电压差的特性。该概念由堆叠在一起的压电薄膜系统组成。此外，Salomon 和 Harding 提出了一种波能转换器的质子传导方法，包括通过多孔导电电极从一个腔室到另一个腔室通过波浪引发的运动泵入氢气，气体将电子沉积在电极上，从而产生电气电流在外部电路中。McCormick 提供了关于这些和相关主题的进一步细节，另见文献[2.36]。Alam 已经提出开发一种用于吸收波浪能的人造海底地毯，其基础是泥泞的海底有效地跨越波浪的几个波长范围内的海浪。地毯驱动水力发电机，将波浪能转化为电力。Ronald Yeung 教授和他在伯克利的团队报告了一种高效的系绳伯克利楔形点吸收器的发展，该吸收器利用其非对称形状吸收波能，在规则波中实现约 90%的效率。

附录 2.A 中描述了几种商业波能转换器系统。

2.1.8 控制

如上所述，将波能转换器振荡的固有频率与入射波频率相匹配对于最佳能量捕获是重要的。否则波浪能量捕获能力通常会迅速衰减。因此，随着波的频率随时间变化，需要控制波能转换器固有频率和相对于入射波相位滞后的能力来优化在各种海况下捕获的功率。改变波能转换器的固有频率的过程称为调谐，包括调整以下一项或多项：器件形状、尺寸、质量、刚度或阻尼。有三种类型的调谐：固定调谐、慢调谐和快速调谐。

固定调谐是一种被动控制，涉及波能转换器这些特性的设计过程中的优化，这些特性可能不适合于改变后面的构建。该优化旨在提供波能转换器响应与该地区主流波谱的良好整体匹配。

慢调可在几分钟到几小时内进行，并可能涉及改变波能转换器特性以匹配现有波浪条件或海况。例如，点吸收器浮标的缓慢调整可以通过经过压载改变其浮力来实现，从而改变其质量和刚度。慢速调谐从长远来看是有效的，并且通常通过实时测量来确定峰值波功率特性的识别。

快速调谐是一种理想的控制系统，可以改变波到波的波能转换器响应特性。它涉及预测入射波的高度和频率，使波能转换器特性可以充分快速地改变，以便在波到达设备时优化响应。快速调谐在实时预测波形特性以及最大限度地减少在设备上实现所需更改所需的时间方面都提出了重大挑战。

实际上，鉴于挑战，波能转换器控制系统需要在波能转换器控制系统中实施固定，慢速和快速调谐的组合，以优化波能转换器性能。

正如 2.1.1 节讨论到的，最佳能量吸收对应于谐振条件，振荡幅度使得吸收功率等于设备在振荡时辐射到海上的功率。由于理想化的最优控制系统本身可能涉及向海洋辐射能量，因此系统可能会耦合，使得难以将吸收的功率与辐射功率相匹配。由 Budal 和 Falnes 最初提出的次优控制策略是锁定控制；还研究了一种称为解锁的变体以及锁定和解耦的组合。参照消失点吸收浮标，锁定控制涉及控制波浪强迫与浮标响应速度之间的相位。正如在 2.1.1节中指出的那样，这是基于识别的，当浮标的固有频率与波浪的固有频率相匹配并导致共振时，浮标的速度与波浪强迫同相。目标是当波能转换器的固有频率与波浪强迫频率不匹配时达到近似最佳相位。这可以通过在设备的摆动速度变为零并且实际上浮标位移最大并在一段时间间隔后释放它的瞬间将波能转换器锁定在固定位置来实现；这是通过使用刹车来促进的。时间间隔的长度是离散问题中的单个参数，其值被确定为系统的控制策略的一部分。特别是锁定的目的是当浮标的固有频率高于波浪强迫频率时，减缓浮标的自然振动响应，以使浮标和波浪力的波动速度同时达到最大值。锁存是一种离散控制策略。锁紧大大增加了吸收功率。

Clément 和 Babarit 展示了如何将单色规则波的分析扩展到真正的不规则海域，假定线性并将波面作为谐波分量的总和。但是，这种方法需要预测事件不规则波。在 2.1.1 节中，波特性可以预测得越好，转换功率越接近正常海域确定的最佳功率。

2.2　动力输出系统

波能转换器装置的能量捕获方法一般分为机械式、涡轮式、液压式、气动式或线性发电机。波能转换器设备的典型动力输出组件已在文献[2.1]中列出，并在图 2.11 中提供。机械驱动方法通常涉及高速旋转发电机。点吸收器和线路吸收器不直接与这种旋转电机兼容，并且液压传动系统通常用于将装置与发电机连接。下面介绍这些不同类型的动力输出。

每个波能转换器系统都涉及波浪装置相互作用的特定方法（如起伏、倾斜或波动），可能

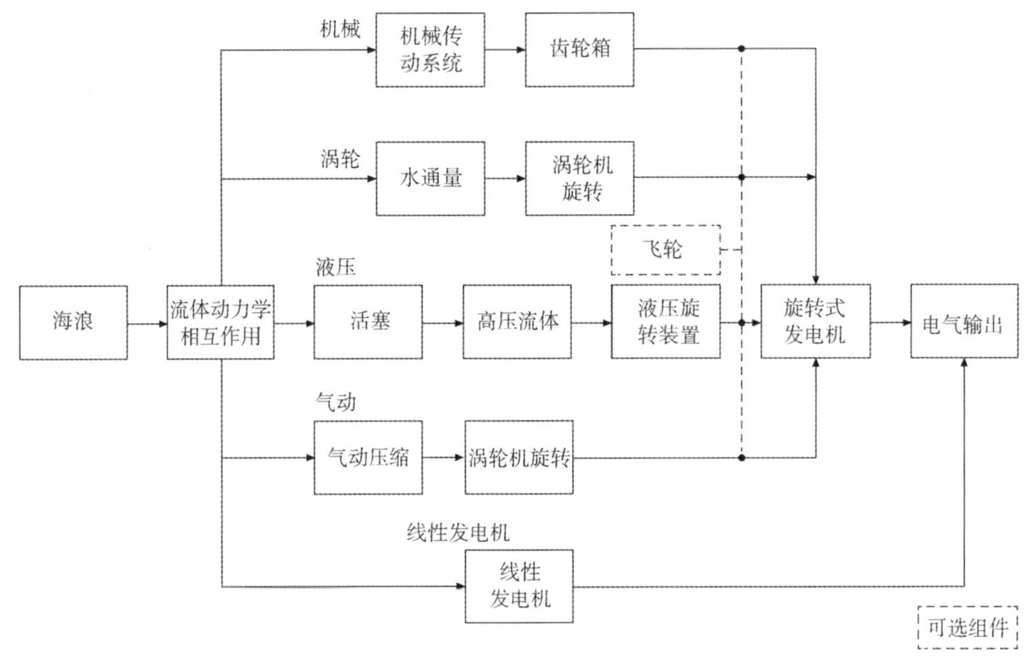

图 2.11 用于 WEC 设备的 PTO 系统

需要机械、气动、液压或线性发电机动力输出。一些动力输出系统比其他系统更适合于特定的主波能量捕获系统。这会有一些变化。Grimwade 等人提供了一个临时指南，如表 2.1 所示。

表 2.1 各种形式一次能源捕获的首选动力输出系统

波能转换器主要能源捕获系统	动力输出:传输机械能
波能转换器	气动涡轮机
衰减器	液压回路
点吸收器	液压/液压回路，直接驱动
超越设备	低水头水轮机
振荡波浪涌转换器	液压/液压回路
潜水压差	液压回路/直接驱动

2.2.1 机械传动动力输出

一种机械传动系统，包括齿轮，用于点吸收器波能转换器，如 2.1.1 节所考虑的。可以用图 2.12 说明，该图显示了一个连接在垂直轴上的圆柱形点吸收器，在其右侧安装有齿轮。这些齿轮与发电机轴上的链轮连接。在规则的单色波浪中，共振条件下的起伏浮标和齿轮轴的垂直速度由式(2.7)给出，其中 $a_z=\pi/2$ 并且为了简单起见设置 $\gamma=0$，同样的

$$\frac{dz}{dt}=\omega Z_0\cos(\omega t) \tag{2.35}$$

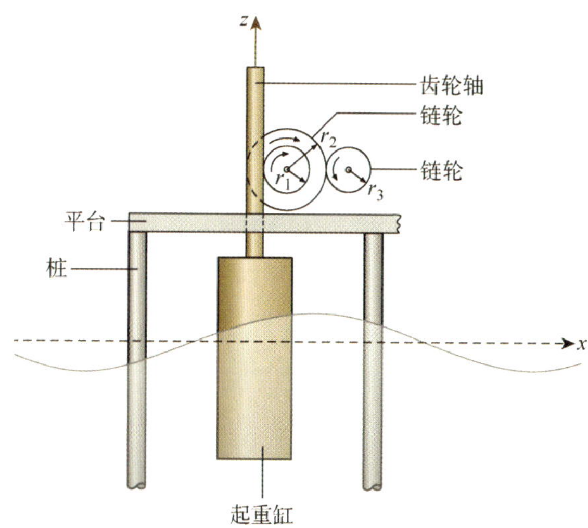

图 2.12　齿轮链轮发电机动力传动系收获波动

式中，Z_0 是起伏幅度而 ω 是波的角频率。

然后，假定齿轮和链轮之间没有滑动，则齿轮的链轮的角速度半径 r_1 是由

$$\omega_1 = \frac{\omega Z_0}{r_1}\cos(\omega t) \tag{2.36}$$

给出，这随时间而变化。让半径为 r_2 的链轮与半径为 r_1 的链轮刚性联锁，以便它们以相同的角速度转动。然后半径为 r_3 的链轮的角速度 ω 由

$$\omega_3 = \frac{r_2}{r_3}\omega_1 = \left(\frac{r_2}{r_1 r_3}\right)\omega Z_0\cos(\omega t) \tag{2.37}$$

给出，其中 ω_3 超过 ω_1 乘以因子$(r_2/r_1 r_3)$。半径为 r_3 的链轮连接到发电机的轴上，这将提供由下式给出的瞬时功率输出：

$$P = EI = E_0 I_0 \mid \sin(\omega_3 t) \mid\mid \sin(\omega_3 t + \phi) \mid \tag{2.38a}$$

式中，$E = E_0 \mid \sin(\omega_3 t)$ 为瞬时整流电压；$I = I_0 \mid \sin(\omega_3 t + \phi) \mid$ 为瞬时电流，并且 ϕ 是电压和电流之间的相位滞后，使用式(2.37)。

$$P = E_0 I_0 \left| \sin\left[\left(\frac{r_2}{r_1 r_3}\right)\omega Z_0 t\cos(\omega t)\right]\right| \times \\ \left|\sin\left[\left(\frac{r_2}{r_1 r_3}\right)\omega Z_0 t\cos(\omega t) + \phi\right]\right| \tag{2.38b}$$

瞬时功率输出因此在幅度和频率上变化。所以它非常复杂，需要进行处理和调整以便传输到电网。供应的平均频率由下式给出：

$$\hat{f} = \frac{\hat{\omega}}{2\pi} = \frac{1}{2\pi}\frac{1}{T}\int_0^T \left(\frac{r_2}{r_1 r_3}\right)\omega Z_0 \left|\cos\left(2\frac{\pi t}{T}\right)\right| \mathrm{d}t = \frac{1}{\pi^2}\left(\frac{r_2}{r_1 r_3}\right)\omega Z_0 \tag{2.39}$$

2.2.2　气动和水力涡轮机

在典型的波能转换器系统中由波动引起的流体(海水或空气)的流动驱动涡轮机，涡轮机直接耦合到发电机。使用涡轮机的波能转换器设备的类型包括振荡水柱和越浪设备。在

气动涡轮机中使用空气作为工作流体有助于将与波动相关的低速增加到高速气流。气动涡轮机的缺点是效率低(尽管这可以通过桨距控制来改善),与传统涡轮机相比,起动不良,辐射噪声和高轴向推力。使用的典型气动涡轮机是自整流涡轮机,也就是说,它们为双向气流提供单向扭矩。它们包括威尔森涡轮机和脉冲涡轮机。Takao 和 Setoguchi 对各种汽轮机技术进行了全面的综述。

1)气动涡轮机

基本的威尔森涡轮机有一个由径向翼型组成的转子(见图 2.13)。通过转子的气流产生提取功率的切向力和与翼型上的阻力有关的轴向力。转子叶片关于叶片横截面的弦线对称。空气沿轴向流动,垂直于转子叶片。然而,由转子旋转引起的流动导致叶片上的入射角度。攻角足够小,刀片无失速运行。翼型上的流动产生与表现流动方向垂直的升力和在流动明显方向上的阻力。升力的切向分量超过了阻力的切向分量,导致有一个扭矩驱动转子。鉴于涡轮的对称性,扭矩的符号即使在维修时也能保持流过涡轮机的气流反转,使得振荡气流被转换成整流的单向扭矩,其值取决于叶尖速度比,$\lambda_{TSR}=\pi nD/V$,其中 n 是 s^{-1} 中的转子角速度,D 是转子直径,V 是气流的轴向速度。涡轮机不是自启动的,并且需要外部源来启动旋转。有关威尔森水轮机的详细信息,参见文献[2.46]。威尔森水轮机的缺点:运行流量范围有限,起动条件差,感应噪声大,轴向推力大。用于振荡水柱的威尔森涡轮机的应用示例是 Pico 和 Limpet。威尔森涡轮机的一个变体是 Dennis-Auld 涡轮机。与威尔森涡轮机相反,叶片在最大叶片厚度位置的横截面上对称,而不是围绕弦线。涡轮机仍然是自校正的,但有利于变桨距角度以实现最佳迎角。Takao 和 Setoguchi 讨论了威尔森涡轮的其他变体。

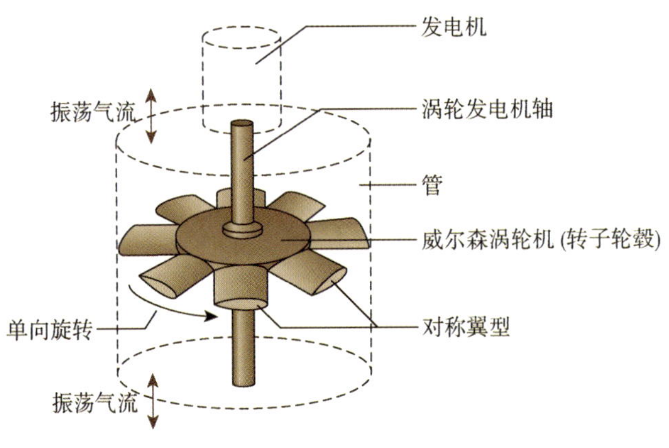

图 2.13 井式水轮机

在脉冲空气涡轮机中,气流是通过导向叶片切向偏斜(见图 2.14),从而通过将气流的动能传递到转子而直接产生转子叶片上的切向力。脉冲涡轮机通常可以在比威尔森涡轮机更宽的流速范围内运行。它具有更好的启动特性,并且噪声更小。导叶可以固定或倾斜,后者的俯仰机构可以通过气流或另一个主动机构来控制。带有可移动导向叶片的脉冲涡轮机的一个缺点是它具有更多的运动部件,每天必须承受大量的振动。振荡水柱 波能转换器使用脉冲涡轮机的例子是位于印度喀拉拉邦 Vizhinjam 的一家工厂。

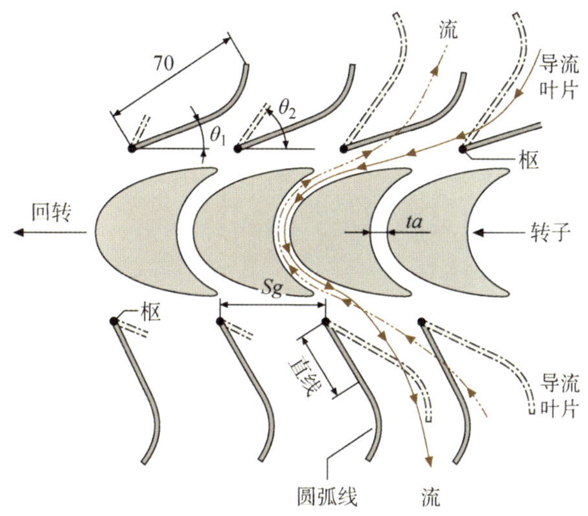

图 2.14　具有自调节导向叶片的脉冲涡轮机

2）水轮机

对于越浪波能转换器设备的应用，已经使用了各种成熟的水力涡轮机，其被归类为水力反应式涡轮机或水力脉冲式涡轮机。弗兰西斯和喀拉拉邦设计是水力反应式涡轮机的例子，而佩尔顿是水力脉冲式涡轮机。水力反作用涡轮机包括完全浸入水中并被封闭在压力容器内的旋转元件。另一方面，水力脉冲涡轮转轮在空气中运行，并且由高速水射流驱动，所述高速水射流通过允许低速水通过喷嘴；涡轮机的旋转叶片偏转射流以使叶片上的力最大化。卡普兰涡轮机适用于越浪波能转换器设备（见图 2.10），波浪诱发的水流被捕获并通过斜坡导向位于海平面以上较高位置的储水池，产生的水压头是通过卡普兰涡轮机以受控方式释放，在此过程中产生动力。在 Pelton 砂轮中，喷嘴将水流引向安装在转轮边缘的勺形戽斗。随着水流入戽斗，水的方向会跟随其轮廓，从而对戽斗和轮子施加压力。然后水减速并以低速流出桶的另一侧。在这个过程中，水的动力传递到涡轮机。

2.2.3　液压动力输出系统

液压技术能够将直线运动的机械能转化为液压能和液压能转化为机械旋转，从而转换为电力。因此，在许多波能转换器设备中使用液压动力输出系统，特别是海蛇式 波能转换器。这种系统可能的介质或许是海水或其他流体，如密封系统中的淡水或油。图 2.15 举例说明了一个典型的液压动力输出系统，该系统是针对于海蛇式用于浮体浮点吸收器的动力输出系统。由表面波引起的浮标的起伏运动驱动低速活塞或泵来回运动，将液压油泵送通过发电系统周围的管道回路。控制歧管中的电子控制阀控制液压活塞和液压回路之间的流体流动。控制阀用于促进不同组合室之间的油流过以提供最佳效果。例如，尽管活塞中的直线运动是摆动的，但控制歧管中的阀门会调节来自低速活塞的油液流量，使其成为单向的。油流过平滑的蓄能器，可以在有压力环境下储存。然后以受控的速率将其供应给驱动发电机发电的液压马达。回路中的蓄能器不仅有利于储能并保持恒定流量到液压马达，而且还可以使液压活塞与马达分离，从而阻止液压泵捕获的能量的脉动特性并且对动力传输具有平滑作用;这有利于泵转矩的变化,以支持在发电机以稳定的速率驱动时捕获来自波动的压力输送的最佳能量。低压蓄能器提供小的增压压力,以降低低压侧汽蚀的风险。在海蛇式的情况下,衰减器的每个单元都有其自己的密封动力输出系统,包括发电,其使用可生物降解的变压器油作为液压流体。波浪激发衰减器每个关节的运动,从而激发液压泵。动力输出液压回路与如图 2.15 所示的类似。回路中的加压室直接用储油罐来换油。

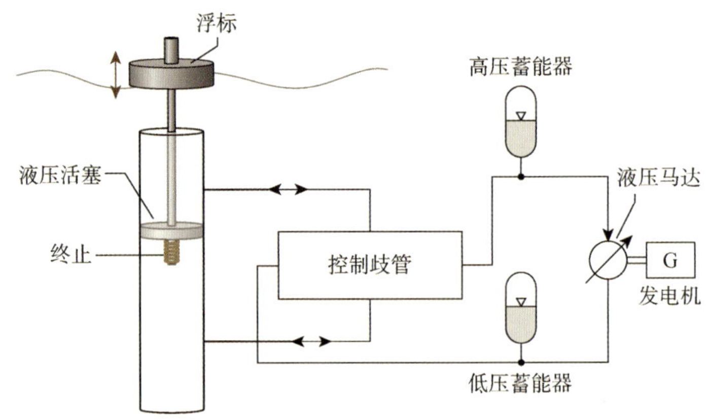

图 2.15　典型液压动力输出系统

多个波能转换器设备可以连接到一个密封的液压回路和发电机。同样,单个液压回路可以为多个液压马达和发电机提供液压动力,这些液压马达和发电机可以根据需要接合或脱离服务。重要的是,对于浮动装置,液压回路提供电机和发电机安装的灵活性,包括岸上。

液压动力输出系统存在一些挑战:

(1) 油液在回路中的密闭度很重要。因此需要采取特别措施来减少泄漏。使用可生物降解的液压油可以最大限度地减少对海洋环境的危害,因为在泄漏时液体会生物降解。

(2) 液压系统的工作循环维护涉及多个运动部件,携带液压流体的管道以及摩擦磨损的密封件,这些部件在显着的循环载荷下可能因疲劳而失效(根据波浪气候,每天数千个周期的顺序),再加上苛刻的海洋环境所提出的维护要求是一项重大挑战。特殊的设计考虑因素,就布局,材料选择,耐腐蚀涂料,电子控制系统的选择以及其他影响维护要求的因素。将液压动力输出系统放置在水面上的驳船或浮标上或近海陆上可能会减轻部分维护要求。其中一个例子是海蓝宝石号的蚝式波能转换器,其中动力输出系统位于近海陆上。

(3) 液压缸的可压缩性,轴承和密封摩擦以及通过阀和管道的流动损失是低效率的原因。通过精心设计,可以将影响降至最低,其中包括制定最佳控制策略。

(4) 极端的条件。需要采取特殊措施,以尽量减少在极端负载下损坏系统的潜在风险,包括使用终点停止在吸收波浪能的液压泵或活塞上,以便液压油缸不会损坏泵。

液压马达有助于响应可用功率进行可变排量操作,并在驱动发电机时提供高速输出。它们不需要与主要能源设备处于相同位置,并且可以放置在最佳位置以考虑重量影响。可采用的液压马达类型包括轴向或径向柱塞马达,用于高速应用的叶片马达和齿轮马达。有关更多详情,可参阅海事网报告及其参考资料。

2.2.4　线性发电机

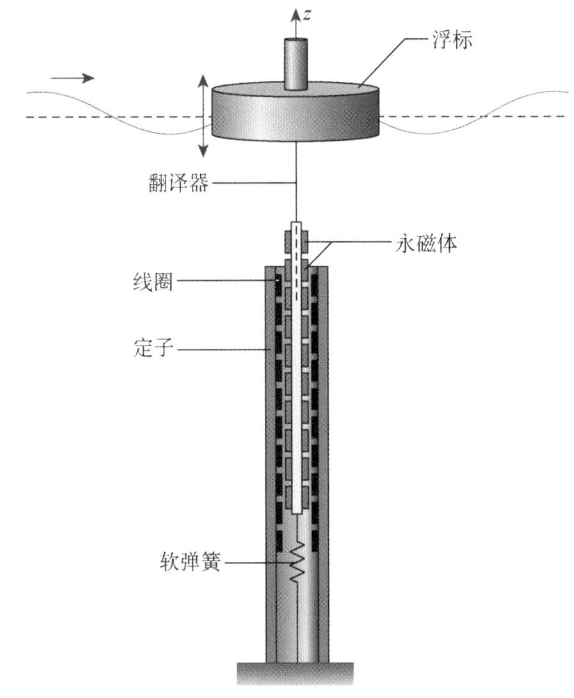

图 2.16　典型的线性发电机动力输出系统

使用电机作为波能转换器的动力输出系统提供了将机械能直接转换成电能的可能性。与典型风力涡轮机引起的旋转运动相反，与主波能量吸收装置相关联的线性机械运动意味着需要用于波能转换器的线性发电机直接驱动电机。这种机器涉及通过一个或多个永久磁体的发电，所述永久磁体被设置为通过主能量捕获装置移动通过线圈。基本概念如图 2.16所示，一系列具有交替极性的磁体被安装在直接耦合到浮标上并且移动通过包含线圈绕组支撑结构的定子上的转换器上。支撑结构可以固定在海床上或者连接到大的阻力板或惯性板上。当转换器响应于主波能量捕获装置（图中的消波点吸收器）的波动引起的运动而振荡时，在定子绕组中感应出电流。

如果转换器以垂直速度 V_T 移动并且定子固定在海床上，则产生的电功率可以通过

$$P_e = \mathbb{Z} V_T^2 \tag{2.40}$$

预估，其中 $\mathbb{Z}$ 取决于绕组匝数，磁场强度，导线长度和导线回路电阻。对于纯粹以常规波浪起伏的浮标，由于转换器与浮标一致移动，V_T 可以由

$$\frac{dz}{dt} = -\omega Z_0 \sin(\omega t + \gamma - \sigma_z) \tag{2.41}$$

预估，其中 Z_0 由式(2.3)～式(2.6)与

$$F_R = -(m_{LG} + m_{33})\ddot{z} - R_m\dot{z} - K_{LG}z \tag{2.42}$$

给出，$R_m\dot{z}$ 是机械阻尼力，部分与抵抗平移器运动的电磁力有关；m_{LG} 和 K_{LG} 分别是为质量和刚度翻译系统中的转换器；m_{33} 由于它的存在而产生的额外附加质量。振荡的固有频率：

$$\omega_z = \sqrt{\frac{\rho g A_{wp} + K_{LG}}{m + m_{LG} + a_{33} + m_{33}}}$$

系统地相应修改。

然后电功率时均值可预估为

$$\hat{P}_e = \frac{1}{T}\int_0^T P_e dt = \frac{1}{2}Z\omega^2 Z_0^2 \tag{2.43}$$

直驱式直线发电机的使用意味着无刷机器，更少的运动部件，可能的低维护要求以及更高的效率。线性发电机特别适用于点吸收器和潜水压差装置，并且已经考虑并证明了其在几种波能转换器装置中的应用，包括 AWS 潜水压差装置和海基 AB 装置。但是，存在一些

挑战。这包括对长寿命润滑的需求。如果系统充分运行以避免严密密封的要求并提供改进的冷却,则需要解决防止磁体腐蚀的问题。输出电压随频率和幅度而变化。机械应变非常高,功率因数低。对于 $V_{Tmax}=2$ m/s 的峰值速度,发电机需要克服剪切应力的空气(或水)间隙可能性非常大。此外,需要解决能源链中电力储存和平滑的可能性。

2.2.5 其他注意事项

其他海洋能源如海洋热能转换(OTEC)的其他注意事项和要求包括电力传输,包括水下电力电缆,电缆功率调节和储能。这些要求是成本的重要推动因素。电力传输结束长距离是一种选择,并且涉及考虑配置,电缆的选择和利用电力来开发海上产品的传输损失,例如氢气,氨,合成燃料和铝等等。相关人员已经提出在大型锂电池中储存和运输电力。进一步的设计考虑包括系统的模拟和实验测试。

2.A 附录:波浪能量转换技术的实际应用

波浪能转换(WEC)的一个重要优势是支持技术可以位于岸上,近岸或海上。在过去的四十年中,已经开发了几种专利的波能转换方法和技术。2.1 和 2.2 节讨论了概念的实用和商业应用,这些专利产生的结果相应地分为五组。

(1) 点吸收系统。

(2) 振荡水柱系统。

(3) 衰减器。

(4) 振荡波浪转换器。

(5) 越浪系统。

2.A.1 点吸收系统

点吸收系统背后的原理在 2.1.1 节讨论。以下是一些已经开发的众所周知的点吸收系统。这里有一些著名的商业点吸收装置(见表 2.2)。

表 2.2 采用点吸收器的重要波能转换技术

技术/工厂名称	公司	国家	一次能源捕获	PTO 系统
电源浮标	海洋能源技术	美国	点吸收器	液压回路
海基	海基 AB	瑞典	点吸收器	线性发生器
CETO III	卡内基波能源有限公司	爱尔兰	点吸收器	液压回路
波星	波星能量	丹麦	点吸收器(多点)	液压回路
AquabuOY	Finavera(Aquaenergy)	加拿大	点吸收器	液压回路

1) 电源浮标

动力浮标由三个主要部分组成:一是浮标;二是翼梁;三是波浪板(见图 2.17)。浮体的波浪诱导运动导致晶石上下摆动。升沉板确保了翼梁保持相对静止的位置。浮筒相对于翼梁的这种相对振荡对于翼梁本身内的机械子系统起着原动机的作用。该机械子系统作为往复式发动机中的曲柄机构,因为它将浮子的直线运动转换为旋转运动。旋转机械子系统将运动传送给电力发电机,这些电力发电机可以通过潜水电缆为现场有效载荷或附近的海上用途供电。

OPT 的电源浮标可以容纳两种完全不同的输出范围:高达 350 W 和高达 15 kW。OPT 的 APB350 可能扮演不间断电源(UPS)的角色,甚至可以从波浪中自行充电。APB350 为船载有效载荷或海床仪器提供不间断电源。它还与偏远的沿海地区保持实时数据传输流和电信。

PB40 是一种适用于功率需求较高的应用系统。

2）**海基波能转换器**

海基波能发电机是利用部署在海床上的线性发电机动力输出的点吸收器(见图 2.18)。瑞典的海基 AB 公司已经开发出这些发电机。线性发电机通过线路与波浪能捕获表面浮标相连。该系列波能转换器连接到中央变电站,从中可以将电流以交流电的形式传输到电网。线性发电机被封装并固定在海床上。

3）CETO

以希腊女海神命名,CETO 提供收获海浪能量的潜力。

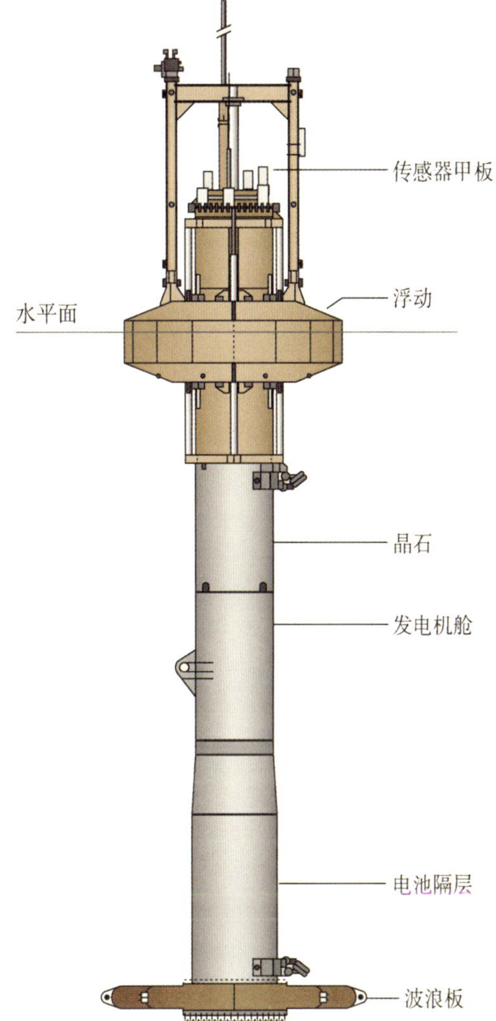

图 2.17　Ocean Power Technologies 开发的 PowerBuoy 设备

CETO 系统与其他波浪能收集概念并不相似(见图 2.19),因为它的功能被淹没在安全保护的地方,如风暴以及从海岸最小可见的地方。作为系统组件的一部分,位于水下的浮标可作为位于海上的抽水机和发电机组的原动机;最后,电力通过海底电缆传输到海岸。

第一次针对 CETO 的努力是在 1999 年。CETO 系统演示的开发始于 2003 年的第一个原型。CETO I 模型验证了它可以从海浪中提供清洁能源和淡水。

在 2006 年至 2008 年期间,CETO 2 原型机在西澳大利亚州弗里曼特尔的水域被开发并在卡内基专用波能研究机构进行测试。这些大约是 1 千瓦的原型,并提供了新的商业设计理念。自那时以来,更多的原型已经被建成并取得了进展。

4）WaveStar

这个系统由航海爱好者尼尔斯和凯尔.汉森于 2000 年构思而成。其目标是发展一种稳

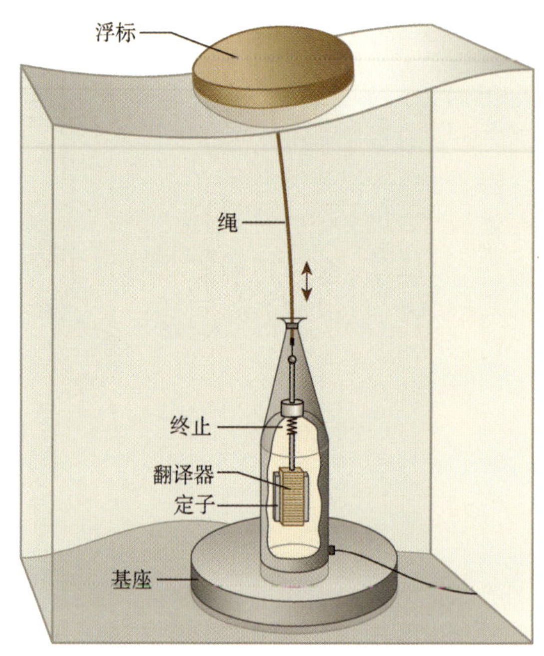

图 2.18 乌普萨拉 海基 AB 波能转换器

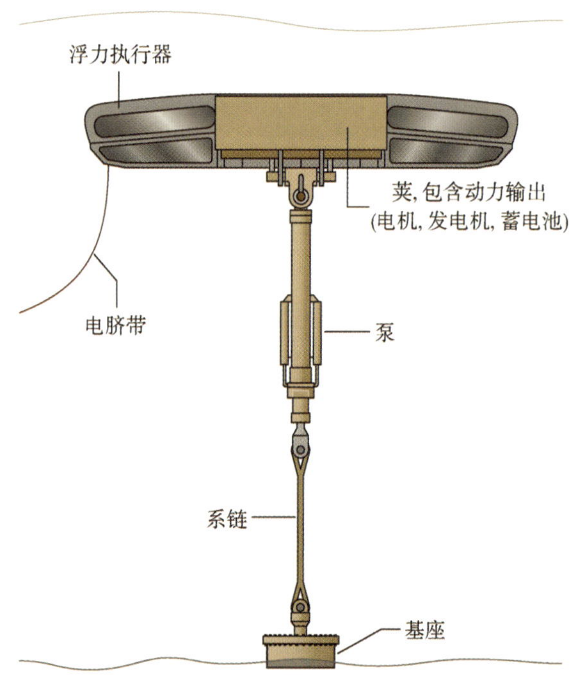

图 2.19 由卡内基波能源有限公司开发的 CETO 6 系统

定的力量,由海浪和海峰驱动,间隔 5 秒 10 秒。这可以通过一系列半潜浮标来实现,这些浮标随着每个波的穿过而出现并下沉,从而产生如图 2.20 所示的特征 Wavestar 设计。尽管入射波表现出周期性，但这样的设计能够以连续的方式产生能量。

图 2.20　两个浮标行的 Wavestar 中心桥

该机器独特的风暴防护系统，是设计中众多专利元素之一，并确保其生存能力。此外，它本身就是波浪能收集系统设计的重点。

Wavestar 系统可以与风力涡轮机一起构建，例如高级设计。这样的概念可以提高效率并降低初始成本。

2004 年，相关人员进行了 1∶40 模型的罐体试验活动。目标是优化设备的基本概念架构，并记录普通北海波浪气候条件下的电力输出。

2005 年，第一台 1∶10 型原型机被采购，安装并连接到 Nissum Bredning 水域的电网。在这个位置，波浪大约是北海波浪的 1∶10。研究继续进行着，并于 2009 年下半年在汉斯特霍尔姆建立并使用了 1∶2 比例模型进行试验。

5）LabBuoy

LabBuoy 是一种用于波浪能收集的浮动系统，其具有连接在防浪堤或码头上的动力传输和转换子系统。以这种方式，由于在防浪堤表面产生的波浪反射以及更可靠和更安全的操作，使得更高的功率输出成为了可能。

整个欧盟资助的项目已经开展，以调查 LabBuoy 的概念。该项目的主要目标是评估拟议系统在欧洲经常遇到的一系列海洋国家的可行性，社会经济和环境足迹。此外，LabBuoy 项目涉及岸上作业波能量采集系统的模型测试。系统是浮动的，而输电和转换子系统位于海面上的坚实基础（防浪堤或码头）上，如图 2.21 所示。

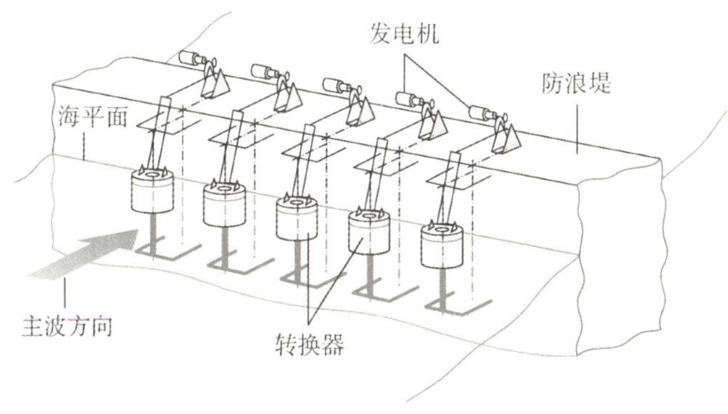

图 2.21　雅典国立技术大学开发的 LabBuoy 概念

在雅典国立技术大学的波浪箱中制造并部署了由5个串联的转换器组成的1∶15比例模型,并且在各种波浪条件下进行了许多实验。规模实验的中心目标是验证设备的数值模拟模型。

直流电机连接到每个型号臂的后端,通过齿形带为手臂运动提供可控的阻力矩。每个电机都由带编码器反馈的控制器控制。可以控制电机将浮子激发至特定的运动,例如强制正弦振荡。每个模型转换器都配备了用于测量垂直浮力的力传感器;用于测量模型臂的瞬时位置的角度位置传感器,以及光学编码器,用于测量模型臂的瞬时转速。

另外,与模型特性同时,瞬时波高由六个重要位置的波传感器检测。

数据采集和数据管理系统能够进行实时测量,即独立于主机操作系统工作,因此不受数据传输速率限制的影响。该系统由一个控制器、一个D/A转换器、一个模拟信号调节器、一个应变仪信号调节器、一个A/D转换器和一个计数器卡组成。

虚拟仪器(vi)已经在LabView软件环境中开发,用于控制数据采集和数据管理系统的多种功能:传感器校准;调整硬件配置文件(扫描速率,通道识别,放大和过滤等);调整PTO(动力输出)控制系统(工作模式,PID参数等)的配置文件;传感器的校准和零点调整;数据转换为物理单位;在线数据显示数据;数据存储;vi的HMI(人机界面)。

vi可以在互联网上提供给远程合作伙伴,从而实现监控和操作。通过在项目过程中开发的附加FTP模块,也可以将数据传输到远程位置。

通过上述设备进行了大量的实验:

(1) 在各种感兴趣的波浪条件下用固定浮标进行衍射测量。这一系列实验包括测量各种高度H和周期T的规则波作用在浮标上的垂直力以及各种有效波高Hs和能量周期Te的不规则波。实验在两个不同的波入射角(0°和30°)下进行。

(2) 自由振荡测量;这一系列实验包括测量浮标在从潜水位置释放后自由振荡期间的浮标运动和力以及浮标辐射波的平行测量。这个实验系列提供了有关系统惯性和浮标辐射系数的信息。

(3) 强迫振荡测量:在这个实验中,浮标被迫关于其均衡状态的谐波振荡。运动由直流电机驱动。实验系列包括在各种振荡频率和幅度下测量运动,力和辐射波。

该项目进行的其他研究涉及该设备的技术和经济可行性,欧洲大规模技术实施的前景以及预期的经济和环境影响。

通过对原始设计进行一些修改,LabBuoy技术预计将提供高效,经济,安全和环保的能源。LabBuoy技术的主要环境问题是典型的岸上/海上工作波功率设备:光学和声学入侵,岸上改造以及对动物群的影响。

光学和声学入侵预计易于管理。与大多数波浪能转换技术一样,在后续项目中必须仔细研究后两种影响。LabBuoy防波堤很容易在海港,港口,造船厂,炼油厂等沿海工业区建成。在这种情况下,能源转换阶段产生的噪音水平也可能成为低优先考虑因素。

最后,图2.22显示欧洲海岸线暴露于可开发的波能气候(虚线)。这条海岸线的总长度估计至少为30 000千米。假设欧盟(包括冰岛和挪威)用于设备部署的初始可用海岸线总共180千米,这相当于23 500台直径为2米4的浮动设备的市场。这个市场相当于一个19 200人年的熟练技术人员的就业市场,不包括操作,维护和修理。项目开发的劳动力约为700～1 000人年的工程师和管理人员。

图 2.22　潜在的欧洲市场
注:设备部署的候选区域用虚线表示。

2.A.2　浸没式压力差分装置

如 2.13 节描述的,这些设备通过设备上的波浪用压力差建立。这里有一些著名的商业水下压差装置(见表 2.3)。

表 2.3　采用水下压差的重要波浪能转换技术

技术/工厂名称	公司	国家	一次能源捕获	PTO 系统
AWS I	TeamWork	葡萄牙	潜水压差	线性发生器
CETO I	PIPO System SL	西班牙	潜水压差	水轮机
PYSIS	Wavebob AB	爱尔兰	潜水压差/点吸收器	机械

获得专利的 AWS 是一个水下波浪能量收集浮标。它可以为沿海居民点和海上设施提供可靠和负担得起的电力。波浪翼响应波浪驱动的海水柱压力波动。该动作通过直驱式发电机转换为电力。该概念适用于超过 25 米的海水深度,通过匹配和选择适当的比例,可用于 25 至 250 千瓦的额定功率。

AWS 实际上是一种进入空气的水下活塞,随着海水柱压力因波浪而波动,空气随之膨胀或收缩。系统的两个部件的相对运动通过直线发电机转换为电力。因此,该系统展现出可调共振,即使在实时情况下,该共振也可以与一个区域内的主波谱相匹配。

这个概念也于 2004 年在葡萄牙近海进行测试。自那次活动以来,波浪翼已经进一步改进,以更贴近客户的需求。

2.A.3 振荡水柱系统

如 2.1.2 节所描述的，这种方法的操作原理是一个几乎完全封闭的腔室，在底部开放，以便海水波可以进出，并且开口朝向放置在空气涡轮机的顶部。具体来说，入射海浪迫使系统室内的海水柱垂直振荡，使空气分别流出和进入涡轮机转。表2.4 是已知的商业振荡水柱设备。

表 2.4 采用振荡水柱的重要波能转换技术

技术/工厂名称	公司	国家	一次能源捕获	PTO 系统
Limpet	WaveGen	英国	振荡水柱在岸	空气涡轮机
Pico	OWC Wave Energy Centre	葡萄牙	振荡水柱在岸	空气涡轮机
WECA system	Daedalus Informatics Ltd.	希腊	振荡水柱近岸	空气涡轮机
AWS III	AWS Ocean Energy Ltd.	英国	振荡水柱浮动	空气涡轮机
Mutriku	WaveGen EVE	西班牙	振荡水柱在岸	空气涡轮机
Port Kembla	Oceanlinx	澳大利亚	振荡水柱近岸	空气涡轮机
OE Buoy	海洋能源公司	爱尔兰	振荡水柱浮动	空气涡轮机
OWEL	海洋波能能源有限公司	英国	振荡水柱浮动	空气涡轮机

1）Limpet

1998 年，贝尔法斯特女王大学与 Wavegen Ireland Ltd.，Charles Brand Ltd.，Kirk McClure Morton 和 IST Portugal 合作开展了基于振荡水柱发电概念的陆上发电厂的开发和测试。该系统被命名为 LIMPET，是陆地安装的船用电力能源变送器的首字母缩略词。它建立在离苏格兰西海岸的艾莱岛上。

它于 2000 年 11 月开始运营。自那时起，工厂运行并通过遥控操作。它为英国供电。该电厂成功的无人操作已公开显示了海浪能量可能对国家能源组合产生的潜力。

该系统采用三个海水柱，在混凝土建造的房间内振荡，其内部尺寸为 6×6 m，相对于平静的海面平面倾斜 40°，实际上，水面总共 169 m^2 如图 2.23 所示。所有三个腔室的上部分（大气被截留）彼此互连，使得机电能量转换可以由单个涡轮发电机组而不是三个进行。

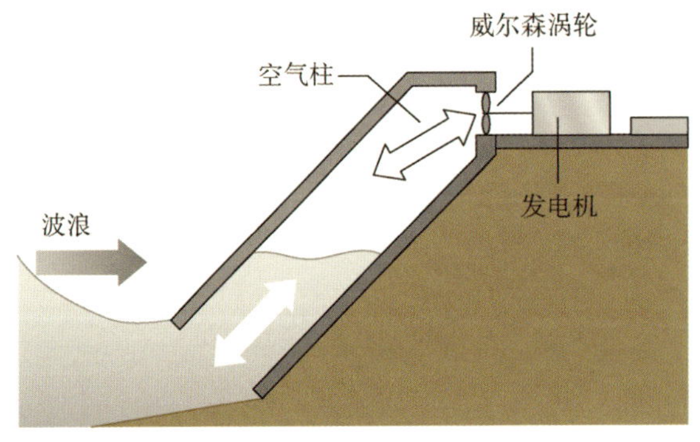

图 2.23 LIMPET 发电厂的运行原理

该系统采用的空气涡轮机类型是威尔森，因此它可以与空气流动方向无关的相同方向连续转动。LIMPET 发电厂由两台级联安装的威尔森涡轮机组成；两台涡轮机均由不锈钢制成，直径为 2.6 米。每个威尔森涡轮机的叶片直接安装在经过特殊修改设计的感应发电机上。由于每台发电机的容量为 250 千瓦，LIMPET 发电厂的总额定功率为 500 千瓦。使用感应发电机可实现变速运行，同时最大限度地减少维护要求并最大限度地提高可靠性。该系统的转速范围为 700 至 1 500转/分钟，为了连接需要恒定速度和频率的电网，需要进行整流和反转；这些过程是 VFD(变频驱动)类型的电力电子驱动的一部分，该类型也用于运动控制应用的标准感应电机中。

利用 SCADA(监督控制和数据采集系统)对 LIMPET 工厂的运行情况进行实时监控。同时，主要由于受限于通过涡轮机的空气流而产生的声音噪音可通过中断特殊设计的声响动力装置核心与环境之间的混响室。

通过使用 SCADA 系统和压力传感器，已收集海底海洋波不同位置的数据。此外，通过使用压力传感器和探测表面传感器，设施室内壁上的波浪载荷与海水柱级振荡一起被记录下来。

尽管所有发电技术都对周围环境和整个环境有一定的影响，但人们普遍认为，陆上波浪能收集是环境友好的一种。从本质上讲，它们对植物群或动物群没有任何问题；只是一种轻微的视觉干扰。

2）Pico 工厂

葡萄牙的波浪能研究早在 1978 年就已在许多国家基金会开展，并与该国政府的工业和技术机构合作开展。1991 年，通过 Joule 计划，欧盟委员会开始寻找一个能够沿欧洲海岸线收获合格波浪能量的场址。其中一个选址是 Porto Cachorro 在葡萄牙的亚速尔群岛的皮科岛上。在 1993 年和 1995 年，与欧盟委员会的合同已经签署，并且要进行项目的研究，设计和建设。由于其具有 13.4 kW/m 的潜力，以及它可以从陆地轻松访问，因此选择了该地点。

所采用的技术又是能够提供高达 400 千瓦的振荡水柱。该腔室的尺寸为 12 米×12 米，建立在水深 8 米的岩石海床上。此外，开发电厂的主要目标之一是用作涡轮机，发电机，控制设备和阀门等动力输出设备的测试场地。

建在岩石海床顶部的混凝土结构的设施，跨越一个小的沟壑，使该地区成为海浪的焦点。振荡水柱的横截面积为 12 米×12 米。水平轴井式水轮机在驱动发电机。如果需要，还可以安装另一台涡轮发电机组。采用安全阀以减轻气室内的正压或负压偏移。用这种方式，使由于转子叶片失速导致的空气动力损失在系统的涡轮机中大大降低。

从波到线的动力系仿真结果被用来规定涡轮机和安全阀。设计标称值为 120 Pa s/m^3 被选为涡轮机阻尼系数。该涡轮机预计将提供 560 千瓦的轴最大瞬时功率，最高效率为 80%。安全阀的有效横截面积为 0.8 m^2。

工厂的空气涡轮机，发电机和电力电子设备包位于工厂主要裹入气室背面的 10 米×12 米的房间内。电气，控制和监测装备的其余部分安装在涡轮机壳体下方的两个房间内。

为了摆脱面向大海的设施一侧的海底岩石和巨石，实施了大量的土木工程合同。然而，在 1997 年夏季发现了该结构前墙的损坏。这种损坏是由于 1996 年使用的水下混凝土浇筑过程质量较差。

1998 年夏天进行了一些维修工程。结构方面包括住房装备和设备的空间以及房屋顶部的建造；工程于 1998 年 8 月完成。

1996 年进行了威尔森涡轮机空气动力学方面的开发。涡轮机，相关管道和两个空气控制阀由 Applied Research and Technology(ART，Inverness，Scotland)。两个不同的阀门用于处理穿过涡轮机结构的气流。定位在由 PLC(可编程逻辑控制器)控制的涡轮机附近的快动阀调节机器的启动和停止。第二个阀门位于通风管的远端，工厂的舱室与涡轮相遇，可以在暴风雨或维修期间关闭风管和机械子系统。

采用跨越 750 至 1 500 rpm 范围的变速发电机被认为是该系统的关键设计元素。包含先进电力电子和控制的这种非传统电子子系统的配置需要大量的开发工作和设计工作。传统和非传统电气设备的供应商是 EFACEC Engenharia SA(葡萄牙)。

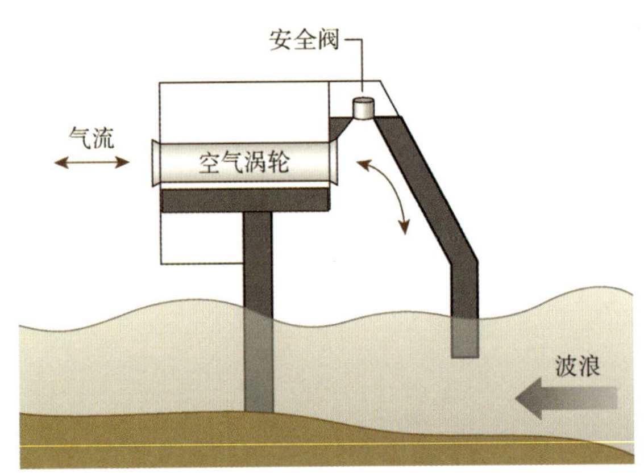

图 2.24　Pico 发电厂

Pico 振荡水柱工厂的概念如图 2.24所示。完整的发电厂于 1998 年夏天完工。1998 年 9 月 5 日，发生意外的洪水灾害，当时在设施下部的住房空间安装了一些标准电气设备。这些受影响的装备，如 630 千伏安变压器和主交流电面板后来被运回制造设施进行维修或更换。这一事故导致该设施不允许在 1998 年 10 月之前开始运作。最后，直到 2005 年才开始进行第一次试验，并揭示了原始设计的主要局限性。从 2006 年到 2008 年，改进措施导致了工厂的可用性和功率输出增加。2009 年的进一步改进导致涡轮机经历的振动水平显着降低。在增加了一个辅助安全电路后，2010 年全自动化工厂的安全运行成为可能在 2010 年 9 月至 12 月期间录得的运行时间为 1 450 小时为 45 兆瓦时。

2011 年，制定了测试涡轮机的第二个平台的准备工作。在欧盟资助项目 MARINET 的框架下，Pico 发电厂被视为重要的海浪能量收集基础设施。但是，额外投资至少需要 1.5～2 百万欧元。

3）WECA 系统(波浪能量转换执行器)

希腊的 Daedalus Informatics Ltd. 开发了一项采用振荡水柱概念的技术，该技术可附加在位于海岸，浅水甚至深水的现有基础设施上。该系统采用楔形形式将入射波场聚焦到内部腔室；那里增强的波浪作用导致气压波动被蓄能器利用。系统全尺寸高 6 米，宽 7 米，预计满负荷时生产 20 千瓦的电力。

4）Oceanlinx 蓝光波—绿光波

Oceanlinx 自 1997 年以来一直位于澳大利亚。经过多次实验性活动，他们将其设计归结为采用振荡水柱概念的两个主要提案。尽管两个提议的工厂具有相似的设计(见图 2.25)，绿光波更适合浅水应用；相比之下，蓝光波则适用于更深的水域应用。

绿光波可安装在海床深度不超过 10 米的海域；在大多数情况下使用混凝土或钢材是合格的。选择基础配置以匹配安装现场海床的形态。由于该系统原本是防水和漂浮的设计。

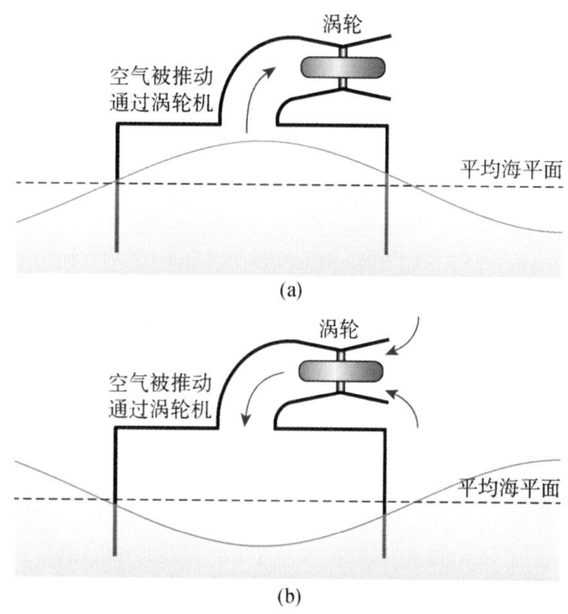

图 2.25　(a)绿光波　(b)蓝光波

被拖到安装现场后，防水功能被去掉，系统最终部分浸没。离岸的距离取决于海床的坡度。典型的绿光波系统包含一个振荡水柱单元。功率输出在很大程度上取决于安装地点的波浪潜力；一个 20 米宽的绿光波模块可以输出高达约 1 兆瓦的电力，用于发电或海水淡化或两者兼用。

与绿光波模块相比，蓝光波模块的一些主要区别在于前者必须使用专门的不锈钢构建，并且该系统包含六个振荡水柱。它适用于 40 到 80 米之间的水深，适当的系泊和锚定。功率输出可以达到约 2.5 兆瓦。

Oceanlinx 的两个概念都采用了专利设计的空气涡轮机电波。这个概念是对已有的 Denniss-Auld 涡轮机设计的修正。正因为如此，空气波的水平位置明显高于水线，并且运动部件数量较少。与其他相关涡轮机设计相比，其效率指数得到显着提高；以这种方式，Oceanlinx 动力总成的整体波—线效率也很高。

大多数空气涡轮机设计只能用于单向流动。在研究振荡水柱的概念时，单向流设计无法完全利用资源。早期的涡轮机设计努力克服这种概念上的不匹配定期伴随着严重的效率降低和其他技术难题。相比之下，空气波设计实现了更高成功的目标，因为无论海况高低如何，它都利用空气压力。

空气波 E 涡轮机的主要设计修改包括首先 100%双向作用。然后压力下降发生在一个单独的阶段，导致显着提高的效率。最后，结合机器以几乎恒定的 RPM 运行的事实，适当的锁定控制和定时方案能够实现最佳的发电。

就环境足迹而言，该系统不包括任何污染物或治疗，以减轻海上生命的增长。另外请注意，由于在水下不需要移动部件，因此对于海上来说这将是相当容易和安全的生活在这个系统内部和周围。此外，该系统的行为就像一个天然的水下洞穴，预计它对其直接生态系统的影响将相当小，事实上在通过扮演人造珊瑚礁的角色而有利于活生物体繁荣的条件下。考虑到这些系统的开发将安装在距离海上很远的地方，预计会产生微不足道的视觉影响。预计该系统的行业噪音水平排放量不会增加海上敏感哺乳动物和鸟类的风险。

5）SPERBOY

SPERBOY 是由 Embley Energy 构思并获得专利的系统。它是一种浮动动力传动系统，可通过振荡水柱机制实现波浪能量转换。包埋在室内的空气由一个或多个振荡水柱驱动，而振荡水柱又由入射波驱动，然后通过涡轮发电机组。其设计需要在海上 8 至 12 英里的大型阵列中进行部署，以便 SPERBOY 能够以相当有竞争力的成本输出大量的能源。Embley 能源有限公司成立于 1998 年，自 2002 年以来实施了海浪能源研究项目，可能导致该系统的商业化。

SPERBOY 实际上是一个振荡水柱系统，在顶部有一个漂浮浮标和一个水下完全封闭的柱子。在浮标和振荡水柱上，一个上层建筑拥有机器，如发电机和空气涡轮机，以及动力总成装备的其余部分。工作原理与固定振荡水柱在海岸线和永久性结构上的部署基本相同。然而，引入了以下关键区别：①该系统可以部署在深水中以最大化功率输出；②整个发电厂处于浮动状态，维持与主导波动波场的水动力相互作用的最佳条件，并以低成本发电.

部署 SPER-BOY 的步骤和要求相当简单。主要的子系统可以在安装地点附近制造。然后它可以由适当的船只运输和安置。我们需要知道实际的安装地点来决定需要哪些基础设施。迄今为止的研究已经调查了 10 个系统的农场的发展情况。然而，这个数量或尺寸对于商业发电并不是最佳的。相邻单元之间的间距约为 350 米，取决于海底测深。一个全面的农场可能包括 1 000 个系统，跨越 10～15 千米。

最少甚至零日常维护是采用模块化设计理念的目标 SPERBOY。这些特性使 SPERBOY 在振荡水柱类型的发电厂中具有竞争优势，因为该系统简单，易于构建，维护要求低，设计长期运行，并且具有极具竞争力的低发电成本。这里指出，在欧洲的大西洋沿岸，每个系统估计能够提供约 1 兆瓦的额定容量。目前掌握的估计，SPERBOY 的预计发电成本范围为每兆瓦时 50～140 英镑。SPERBOY 波浪能量收集概念的简单性以及极具竞争力的发电成本使其成为波浪能收集技术的先锋。

2.A.4 振荡波浪转换器

该类别包括可能漂浮或放置在海床上的系统，并且随着海浪甚至水流经过诱导的水平运动（浪涌）驱动泵送一些作为传输动力介质的液压流体。表 2.5 是一些著名的商业 OWSC 设备。

表 2.5 采用振荡水浪的重要波浪能转换技术

技术/工厂名称	公司	国家	一次能源捕获	PTO 系统
牡蛎	AquaMarine Power Ltd.	英国	振荡波浪涌转换器	液压回路/液压涡轮
波轮	AW-Energy Oy	芬兰	振荡波浪涌转换器	液压回路
C-波	C-Wave Ltd	英国	振荡波浪涌转换器	液压回路

1）牡蛎

海蓝宝石能源的牡蛎系统可以从靠近海岸的海浪收集能量。捕获的波浪能量随后被转化为清洁的电力。实际上，牡蛎是一种由波浪驱动的泵，可以在高压下将水推送到陆上水轮机上。抽水概念如图 2.26 所示。

牡蛎的一些主要优势：

由于是具有最少数量的水下移动部件的机械式海上设备，因此非常简单。不需要自动控制器，变速箱或关闭模式，也不需要复杂的海上电子模块。

该系统还具有显着的生存能力，这是由于铰接翻板能够在超过一定高度的波浪下进行鸭式结合系统的近岸位置和坚固设计的支撑结构。一个实验性的 Oyster 系统已经在苏格兰奥克尼群岛的海上进行了测试。

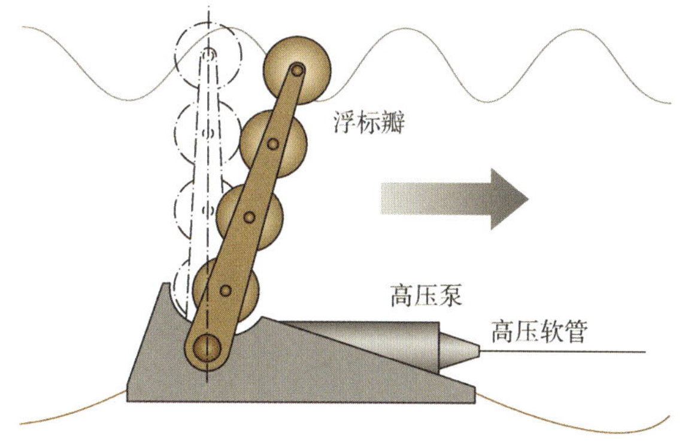

图 2.26 Pelamis 系统的衰减器波能转换器件

2）WaveRoller

WaveRoller 是一个可以收集波浪能量并产生电力或其他形式的可用能量的系统。该系统可以在靠近海岸的地方工作（离海岸大约 0.3～2 千米），深度在 8～20 米之间。根据当地的普遍情况，它部分或全部在水下并停泊在海底。独立的 WaveRoller 模块（一个面板）可以产生 500 至 1 000 千瓦之间的功率。

WaveRoller 的概念受到芬兰专业潜水员 Rauno Koivusaari 的启发，他同时还探索沉船。他观察到船体的一个相当大的平坦部分来回往复运动，受到入射波引起的海水表面涌浪之下强大的水运动的激发。

WaveRoller 的响应方式与最初引起 Rauno 注意的那部分海难相似。波浪引发的水的往复运动使复合板运动。由于模块因海浪作用而发生振荡，液压活塞泵连接到面板上，将闭合回路内的液压油推出。系统的所有组件均在适当的腔式内密封。最后，高压流体流动驱动液压马达，液压马达继而作为发电机的原动机。

3）bioWAVE

bioWAVE 是澳大利亚 BioPower Systems 公司的一种系统，可通过海浪发电。bioWAVE 可以在波浪中起作用，在海面和水下都可以获得能量。这是一个安装在海床上的俯仰结构。预计建设中的生物波浪原型将在约 30 米深的水域中运行。预计 1 兆瓦的商业单位将能够在 40～45 米的水深下运行。

bioWAVE 附着在海床上，靠近底部。浮力浮体或叶片的布置与摆动表面（势能）和次表面往复水运动（动能）相互作用。实际上，枢转模块与入射波同步地水平摆动。这个动作通过一个内置的独立液压系统（称为 O-Drive）转换为电力。

2.A.5 衰减器

这一类别的运作原则将在 2.1.5 节讨论。这些转换器围绕模块化浮动结构构建，其中的部分通过机械连接头进行连接。波浪引发的运动压缩封闭循环系统中的液压流体，以将动力传递给可用于驱动发电机等负载的液压马达。表 2.6 是一些众所周知的衰减器波能转换器件。

表 2.6 采用衰减器的重要波能转换技术

技术/工厂名称	公司	国家	一次能源捕获	PTO 系统
麦克波波泵	海姆科技有限公司	爱尔兰	衰减器	液压回路
海蛇	Pelamis Wave Power Ltd.	英国	衰减器	液压回路
海上力量平台	海力有限公司	爱尔兰	衰减器	液压回路
宏岛	宏岛芬兰	葡萄牙	衰减器	液压回路

1）海蛇

Pelamis Wave Power 的 Agucadoura 波浪农场是位于葡萄牙 Agucadoura 海岸 5 千米处的商业波能收集发电厂。自 2008 年 9 月起，该农场通过采用三个 Pelamis 模块生产 2.25 mW 的电力(见图 2.27)。

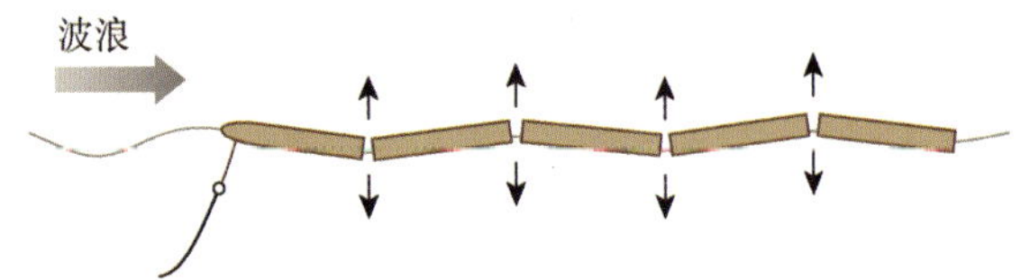

图 2.27 Pelamis 系统的衰减器 WEC 器件

导致 Pelamis 的技术的波能收集是由 Salter's Duck 发起的由爱丁堡大学的 Stephen Salter 教授发明)。Pelamis 为圆柱形，由通过铰链连接在一起的核心管段组成。该系统长 140 米，直径 3.5 米。它可以在容量系数 0.25～0.4 时产生高达 750 kW 的额定功率。

在 Pelamis 的设计和开发过程中，我们特别注意生存能力的最大化。该系统的小横截面积和流线型船体结构以及符合自限性流体静力负载的顺应系泊，当波浪高度变得太大而无法安全运行时，可减轻功率吸收。

Ross Deeptech 在斯通黑文制造了葡萄牙站点的系统模块。电动液压取力器系统投入运行完成后，模块被转移到刘易斯。在这个位置，他们与 Camcal 制造的主管段连接。这些部件于 2006 年 3 月运往佩尼切港。他们在葡萄牙北部离 Póvoade Varzim 附近 5 千米的地方进行组装，调试和安装。

2）DEXA

DEXAWAVE(简称 DEXA)(由丹麦 DEX-AWAVE 提供)波浪能量收集概念很容易建造。它包括两个刚性浮桥，使用专利铰链铰接在一起。这些浮桥中的每一个都可以相对于另一个枢转。设备顶部的液压动力输出系统可以提供高达 250 kW 的功率。

就像 Pelamis 一样，DEXA 的起源可以追溯到早期的一种装置，即在 20 世纪 80 年代早期开发的 Cockerel's Raft。但是，DEXAWAVE 开发团队想出了一个改进的设计。具体而言，Cockerel's Raft 中的想法是，如果其中一个端部完全脱离水面，则一个远离平衡的漂浮物体将试图通过等于其总重量的 44%的力恢复。通过将重量分成两个相同的浮动浮标与几乎没有重量的梁连接，恢复力可以增加到总重量的 50%，同时建筑材料的数量也大大减少。

由于 DEXA 转换器的机械结构简单，作为浮动浮筒的结构，转换器可以安装得相对简单，快速。只需一艘拖船，并用一台简单的链式起重机漂浮即可。不需要潜水员，遥控潜水器,起重机平台等。

DEXAWAVE 波能转换的比例模型目前正在丹麦水域和马耳他进行测试。

2.A.6　越浪设备

这一类别的运作原则将在 2.1.6 节讨论。越浪系统带有一个海水池或水箱,当海浪破裂时,水池或水箱会充满。然后,陷入池中的海水通过低水头水轮机发电的通道返回海洋。为了聚焦或以其他方式增强从波场收获的能量,额外的装置通常用于越浪系统,如收集器。表 2.7 是一些著名的商业越浪设备。

表 2.7　采用超越设备的重要波浪能量转换技术

技术/工厂名称	公司	国家	一次能源捕获	PTO 系统
波龙	波龙有限公司	丹麦	漫溢	水轮机
TAPCHAN	Norwave AS	挪威	漫溢	水轮机
海波槽锥发生器	WAVEnergy AS	挪威	漫溢	水轮机
浮波电力船	海力	瑞典	漫溢	水轮机

波龙是一种漂浮式波浪能量收集系统,具有松弛系泊。该概念允许部署在波龙模块的独立模块或农场中;后者可以建立起来以匹配传统电站的输出功率,例如与煤或碳氢化合物燃料一起工作。这种类型的设施是公用事业电网的一部分,位于丹麦的 Nissum Bredning。正在进行长期试验旨在评估性能,包括在全部运行条件下的可用性和发电量。

波龙使入射波能够沿着斜坡的方向聚焦。位于舷梯旁边的一个相当大的水箱收集了超过发展的海水,从而达到了水头价值。然后通过安装水轮机的通道将水箱中的海水排出水箱,以利用水箱内水位与海面之间的水头。

某个波龙的大小是优化过程的结果,以便将其与安装现场的波浪气候相配。

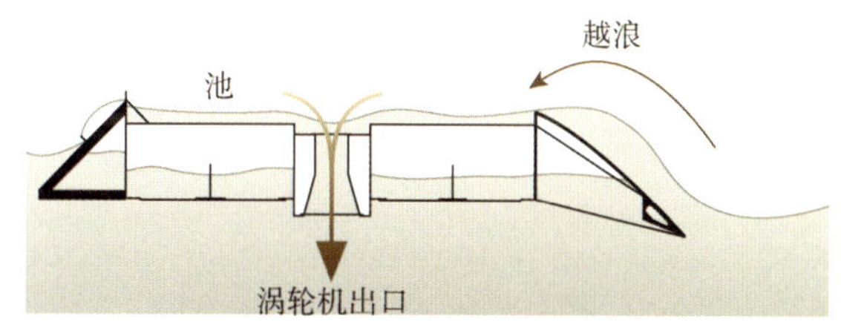

图 2.28　波龙电厂的工作原理

设计变量包括主体宽度,反射器长度,整体重量,系统数量和涡轮机尺寸等。Nissum Bredning 的波龙的建造目的是匹配一个相当温和的波浪气候,大约在 0.4 kW/m。该系统仅用于试用目的,并不适用于全面部署。为了使海水溢流能力最大化,已经开发了由波反射器和具有双弯曲的斜坡组成的联合系统,并且获得了专利,如图 2.28 所示。

参考文献

2.1　J. Grimwade, D. Hails, E. Robles, F. Salcedo, J. Bard, P. Kracht, J.-B. Richard, D. Schledde, A. R. Årdal, J. I. Marvik, N. A. Ringheim, H. Svendsen, M. Molinas: D2.03 Review of Relevant PTO Systems, Tech. Rep., MARINET (2012) http://www.fp7-marinet.eu/public/docs/D2.03_Review_of_relevant_PTO_systems.pdf

2.2 A. F. O. Falcão: Wave energy utilization: A review of the technologies, Renew. Sustain. Energy Rev. 14(3), 899-918 (2010)

2.3 B. Drew, A. R. Plummer, M. N. Sahinkaya: A review of wave energy converter technology, Proc. IMechE A:J. Power Energy 223, 887-902 (2009)

2.4 R. W. Yeung, A. Peiffer, N. Tom, T. Matlak: Design, analysis, and evaluation of the UC-Berkeley waveenergy extractor, Proc. ASME 29th Int. Conf. Ocean, Offshore Arct. Eng. (OMAE), Shanghai (2010)

2.5 J. Falnes: Ocean Waves and Oscillating Systems: Linear Interactions Including Wave-Energy Extraction (Cambridge Univ. Press, Cambridge 2002)

2.6 S. H. Salter, D. Jeffrey, J. Taylor: The architecture of nodding duck wave power generators, The Naval Architect Jan, 21-24 (1976)

2.7 J. Falnes: Ocean Waves and Oscillating Systems: Linear Interactions Including Wave-Energy Extraction(Cambridge Univ. Press, Cambridge 2004)

2.8 J. N. Newman: The exciting forces on bodies in waves, J. Ship Res. 6(3), 10-17 (1962)

2.9 K. Budal, J. Falnes: A resonant point absorber of ocean waves, Nature 256, 478-479 (1975)

2.10 D. V. Evans: A theory for wave-power absorption by oscillating bodies, J. Fluid Mech. 77, 1-25 (1976)

2.11 J. N. Newman: The interaction of stationary vessels with regular waves, Proc. 11th Symp. Naval Hydrodyn. (Mechanical Engineering Publications, London 1976) pp. 491-501

2.12 K. Budal: Theory for absorption of wave power by a system of interacting bodies, J. Ship Res. 21, 248-253 (1977)

2.13 M. E. McCormick: Ocean Wave Energy Conversion(Dover Publications, Mineola 2007)

2.14 A. P. McCabe, A. Bradshaw, J. A. C. Meadowcroft, G. Aggidis: Developments in the design of the PS Frog Mk 5 wave energy converter, Renew. Energy 31, 141-151 (2006)

2.15 T. V. Heath: A review of oscillating water columns, Phil. Trans. R. Soc. A 370, 235-245 (2012)

2.16 A. F. O. Falcão, J. C. C. Henriques: Oscillating-watercolumn wave energy converters and air turbines: A review, Renew. Energy 85, 139-424 (2016)

2.17 H. Martin-Rivas, C. C. Mei: Wave power extraction from an oscillating water column along a straight coast, Ocean Eng. 36, 426-433 (2009)

2.18 A. J. N. A. Sarmento, A. F. O. Falcão: Wave generation by an oscillating surface-pressure and its application in wave-energy extraction, J. Fluid Mech. 150, 467-485

(1985)

2.19 D. V. Evans: Wave power absorption by systems of oscillating surface-pressure distributions, J. Fluid Mech. 114, 481-499 (1982)

2.20 M. E. McCormick: A modified linear analysis of a wave-energy conversion buoy, Ocean Eng. 3(3),133-144 (1976)

2.21 M. G. De Sousa Prado, F. Gardner, M. Damen,H. Polinder: Modelling and test results of the archimedes wave swing, Proc. Inst. Mech. Eng. 220,855-868 (2006)

2.22 R. P. F. Gomes, M. F. P. Lopes, J. C. C. Henriques,L. M. C. Gato, A. F. O. Falcão: The dynamics and power extraction of bottom-hinged plate wave energy converters in regular and irregular waves, Ocean Eng. 96, 86-99 (2015)

2.23 T. Whittaker, M. Folley: Nearshore oscillating wave surge converters and the development of Oyster,Phil. Trans. R. Soc. A 370, 345-364 (2012)

2.24 J. H. Milgram: Active water-wave absorbers, J. Fluid Mech. 42, 845-859 (1970)

2.25 R. G. Dean, R. A. Dalrymple: Water Wave Mechanics for Engineers and Scientists (World Scientific, Singapore 1991)

2.26 J. Falnes: A review of wave-energy extraction, Mar. Struct. 20, 185-201 (2007)

2.27 A. Mynett, D. Serman, C. Mei: Characteristics of Salter's Cam for extracting energy from ocean waves, Appl. Ocean Res. 1(1), 13-20 (1979)

2.28 A. D. Carmichael: An Experimental Study and Engineering Evaluation of the Salter Cam Wave Energy Converter. Report No. MITSG 72-22 (MIT, Cambridge,1978)

2.29 P. Haren, C. C. Mei: An array of Hagen-Cockerell wave power absorbers in head seas, Appl. Ocean Res. 4, 51-56 (1982)

2.30 R. Yemm, D. Pizer, C. Retzler, R. Henderson:Pelamis: Experience from concept to connection,Phil. Trans. R. Soc. A 370, 365-380 (2012)

2.31 Pelamis Wave Power Downloads. Retrieved from Pelamis Wave Power Ltd. (2012) http://www. pelamiswave. com/upload/document/PWPbrochure-online. pdf

2.32 M. Jasinski, W. Knapp, M. Faust, E. Fris-Madsen:The power takeoff system of the Multi-MW Wave Dragon Wave Energy Converter, Eur. Wave Tidal Energy Conf. (2007)

2.33 J. C. Burfoot, G. W. Taylor: Polar Dieletrics and Their Applications (Macmillan, London 1979)

2.34 G. W. Taylor: Piezoelectric Power Generation from Ocean Waves, Tech. Report. (Princeton Resources,Princeton 1979)

2.35 R. E. Salomon, S. M. Harding: Gas concentration cells for the conversion of ocean wave energy, Ocean Eng. 6(3), 317-327 (1979)

2.36 N. I. Xiros: Nonlinear control modeling for arrays of coupled mechatronic transducers, Proc. IMECE2012,Houston (2012), doi:10. 1115/IMECE2012-89424

2.37 M. R. Alam: Nonlinear analysis of an actuated seafloor-mounted carpet for a high-performance wave energy extraction, Proc. R. Soc. A 468, 3153-3171 (2012)

2.38 F. Madhi, M. E. Sinclair, R. W. Yeung: The "Berkeley Wedge": An asymmetrical energy capturing floating breakwater of high performance, Mar. Syst. Ocean Technol. 9(1), 5-16 (2014)

2.39 J. P. Ruiz-Minguela, M. Santos, P. Ibañez, J. L. Villate, F. Salcedo: Control techniques of ocean wave energy converters, Int. Conf. Energy (IADAT-ICE), Bilbao(2008)

2.40 K. Budal, J. Falnes: Interacting point absorberswith controlled motion. In: Power from Sea Waves, ed. by B. Count (Academic Press, London 1980)

2.41 S. H. Salter, J. R. M. Taylor, N. J. Caldwell: Power conversion mechanisms for wave energy, Proc. Inst. Mech. Eng. M: J. Eng. Maritime Environ. 216, 1-27 (2002)

2.42 A. H. Clément, A. Babarit: Discrete control of resonant wave energy devices, Phil. Trans. R. Soc. A 370,288-314 (2012)

2.43 M. A. Mueller, N. J. Baker: Direct drive electrical power take-off for offshoremarine energy converters,Proc. IMechE A: J. Power Energy 219(A3), 223-234(2005)

2.44 T.-H. Kim, M. Takao, T. Setoguchi, K. Kaneko, M. Inoue:Performance comparison of turbines for wave power conversion, Int. J. Therm. Sci. 40(7), 681-689 (2001)

2.45 M. Takao, T. Setoguchi: Air turbines for wave energy conversion, Int. J. Rotating Mach. 2012, 717398(2012) doi:10.1155/2012/717398

2.46 S. Raghunathan: The Wells air turbine for wave energy conversion, Prog. Aerosp. Sci. 31, 335-386(1995)

2.47 T. Finnigan, D. Auld: Model testing of a variablepitch aerodynamic turbine, Proc. ISOPE, ISOPE-I-03-053, Honolulu (2003) pp. 25-30

2.48 T. W. Kim, K. Kaneko, T. Setoguchi, M. Inoue: Aerodynamic performance of an impulse turbine with self pitch-controlled guide vanes for wave power generator, Proc 1st KSME-JSME Thermal Fluid Eng. Conf. , Vol. 2 (1988) pp. 133-137

2.49 R. Henderson: Design, simulation, and testing of a novel hydraulic power take-off system for the Pelamis wave energy converter, Renew. Energy 31(2), 271-283 (2006)

2.50 Carbon Trust Report: Guidelines on design and operation of wave energy converters, Tech. Rep. (Carbon Trust, Det Norske Veritas 2005) http://www.glgroup.com/pdf/WECguideline_tcm4-270406.pdf

2.51 T. Omholt: A wave activated electric generator, Proc. Oceans '78, Mar. Technol. Conf. , Washington (1978)pp. 585-589

2.52 N. I. Xiros, C. S. Edrington, S. Balathandayuthapani:Nonlinear modeling of linear induction machines for analysis and control of novel electric warship subsystems, ASNE Electr. Mach. Technol. Symp. EMTS10.1.21 (2010)

2.53 H. Polinder, M. E. C. Damen, F. Gardner: Linear PM generator system for wave energy conversion in the AWS, IEEE Trans. Energy Convers. 19(3), 583-589 (2004)

2.54 L. Jonsson, M. Krell: Evaluating the Potential of Seabased's Wave Power Technology in New Zealand, Tech. Rep. UPTEC ES11 002 (Uppsala University, Uppsala 2011)

2.55 N. I. Xiros, I. K. Chatjigeorgiou: Nonlinear identification and input-output representation of themodal dynamics of marine slender structures, J. Offshore Mech. Arct. Eng. 129(3), 188-200 (2007)

2.56 D. C. Kazangas, N. I. Xiros, I. K. Chatjigeorgiou: Reduced-order, nonlinear approximation of catenary riser dynamics using frequency domain identification, Proc. IMechE M 227(4), 343-356 (2013)

2.57 N. I. Xiros, E. Logis, E. Gasparis, S. Tsolakidis, K. Kardasis: Theoretical and experimental investigation of unmanned boat electric propulsion system with PMDC motor and waterjet, J. Mar. Eng. Technol. 8(2), 27-43 (2009)

2.58 M. I. Xiros, N. I. Xiros: Remarks on wind turbine power absorption increase by including the axial force due to the radial pressure gradient in the general momentum theory, Wind Energy 10(1), 99-102 (2007)

2.59 S. H. Salter: Wave power, Nature 249(5459), 720-724(1974)

2.60 D. Serman: Theory of Salter's Energy Wave Energy Device in a Random Sea, MS Thesis (Department of Civil Engineering, MIT Cambridge 1978)

2.61 P. Haren: Optimal design of Haren-Cockerell Raft, MS Thesis (Department of Civil Engineering, MIT Cambridge 1878)

第3章 海流能量转换

Howard P. Hanson, James H. VanZwieten, Gabriel M. Alsenas

潮汐流、西边界流以及河流中的洋流与风一样都具有发电的潜力。随着人们对可再生能源关注度日益增高，开发洋流发电潜能的研究应运而生。本章对洋流能源转换进行介绍，重点介绍风能与洋流能之间的差异，并讨论与这一尚未开发的可再生能源有关的一些独特挑战。

除表面波之外，可用作可再生能源来源的海洋运动包括各种时间和空间尺度范围内的洋流系统。本章的主题是介绍这些海洋水动能的来源以及获取这些海洋能的最常见的旋转技术。

海流有三种主要的强制机制。

海水密度的差异与温度和盐度的全球分布有关，密度的差异推动了温盐环流，这种环流有时被称输送洋流；这一环流的大西洋盆地部分是大西洋经向翻转环流（AMOC）。温盐环流本身太慢，不能用于可再生能源。

大气中的风对海洋表面施加压力，当热带偏东信风向中纬度西风带过渡时，由于纬度差异从而在海洋表面形成扭矩。这种扭矩加上地球的自转及其接近球体的形状，在各种海洋盆地形成了大规模的风驱涡旋，在这些海洋盆地中，摩擦的影响（在内部可以忽略不计）在大陆边界的东海岸形成西边界流（如常见的大西洋的墨西哥湾流和太平洋的黑潮）。这些海流在某些地区的流速不低于2米/秒，确实有可能提取到海洋可再生能源（MRE）。

最后，当地球在月球下方旋转时，月球的引力会引起海洋潮汐，海平面的这些变化会引起5米/秒甚至更大的强大潮流，特别是在大海湾的入口处。这些也是能源开发商感兴趣的。量化这些强海流开发的潜能为讨论能量提取技术奠定了基石。

对于用作发电的水流而言，还应注意到许多河流同样具有发展可再生能源的潜力。虽然本章的重点是海洋可再生能源（MRE），这里的大部分背景也同样适用于河流的情况。

鉴于风力发电行业的成熟，本节后面的大部分内容是以我们熟悉的大气环境领域为重进行讲解。然而，由于MRE是一个相对年轻的领域，因此本章仅对使用旋转设备实现海流发电的一些基本原理进行介绍，重点强调海洋发电与大气风力发电的异同。

3.1 基本原理

当考虑地球的形状和自转的影响时，海洋和大气一样，都是牛顿流体。然而，这里的分析不需要考虑复杂因素，因此在下面将忽略它们。

流体行为由运动方程描述，对于海洋来说，这是一组闭合的非线性偏微分方程组，包括牛顿第二定律(纳维尔斯托克斯方程),质量守恒定律和组分守恒,此外,若有必要,可通过热力学第一定律计算热能。在目前的情况下,只需要三个纳维尔斯托克斯方程(每个正交方向各一个,x; y; z,这里 z 的方向为垂直向上,始终与重力的方向相反)和表示质量守恒定律的连续性方程。这些方程完整的三维表达式如下:

$$\rho\frac{DU}{Dt}=\rho\left(\frac{\partial U}{\partial t}+U\frac{\partial U}{\partial x}+V\frac{\partial U}{\partial y}+W\frac{\partial U}{\partial z}\right)=-\frac{\partial p}{\partial x}+\frac{\partial}{\partial x}\left(\mu\frac{\partial U}{\partial x}\right) \tag{3.1a}$$

$$\rho\frac{DV}{Dt}=\rho\left(\frac{\partial V}{\partial t}+U\frac{\partial V}{\partial x}+V\frac{\partial V}{\partial y}+W\frac{\partial V}{\partial z}\right)=-\frac{\partial p}{\partial y}+\frac{\partial}{\partial y}\left(\mu\frac{\partial V}{\partial y}\right) \tag{3.1b}$$

$$\rho\frac{DW}{Dt}=\rho\left(\frac{\partial W}{\partial t}+U\frac{\partial W}{\partial x}+V\frac{\partial W}{\partial y}+W\frac{\partial W}{\partial z}\right)=-\frac{\partial p}{\partial z}+\frac{\partial}{\partial z}\left(\mu\frac{\partial W}{\partial z}\right)-\rho g \tag{3.1c}$$

$$\rho\frac{D\rho}{Dt}=\frac{\partial\rho}{\partial t}+U\frac{\partial\rho}{\partial x}+V\frac{\partial\rho}{\partial y}+W\frac{\partial\rho}{\partial z}=-\rho\left(\frac{\partial U}{\partial x}+\frac{\partial V}{\partial y}+\frac{\partial W}{\partial z}\right)=0 \tag{3.2}$$

式中,速度在 (x,y,z) 方向上分别是(U,V,W);t 表示时间;ρ 表示流体密度;p 表示压力;g 表示重力系数(9.81 ms^{-2});μ 表示流体粘度,此处忽略。

在式(3.1)中,这些项从左到右,速度分量随流动的变化($D[\,]=Dt$ 表示材料或总的导数);其定义为速度分量相对于时间的局部变化与表示流场沿其梯度向上的速度平流的三项之和;其等于作用在流体上的力的总和,在这种情况下为压力梯度力和通过粘度表示的摩擦效应。垂直运动方程(3.1c)还包括右手侧的重力。连续性方程(3.2)中的项是密度随流量变化的时间速率;其由表示局部时间变化率和密度平流的总导数的四项定义(所有这些都适用于可压缩流体),其等于流场的收敛(即负散度)乘以密度。

所有的海洋环境条件都可假定流体为不计摩擦、不可压缩的理想流体。在这里,式(3.1)中的摩擦项将被去掉,而式(3.2)中密度 ρ 的导数将消失。

定义单位体积动能是有用的,$E\equiv\rho/2(U^2+V^2+W^2)$。它的守恒方程可由式(3.1)通过分别将式(3.1a)、式(3.1b)、式(3.1c)乘以 U、V、W,将这三个方程相加并重新排列项而导出。这导致(对于除重力之外没有物体力的无摩擦流动)

$$\frac{DE}{Dt}\equiv\frac{\partial E}{\partial t}+U\frac{\partial E}{\partial x}+V\frac{\partial E}{\partial y}+W\frac{\partial E}{\partial z}=-\left(U\frac{\partial p}{\partial x}+V\frac{\partial p}{\partial y}+W\frac{\partial p}{\partial z}\right)-\rho gW \tag{3.3a}$$

因此,动能随流动的变化与压力梯度力的作用或地球重力场势能的变化有关。将式(3.2)的不可压缩形式乘以 E/ρ 并将其与式(3.3a)相加,得到动能方程的通量形式

$$\frac{\partial E}{\partial t}=-\left\{\frac{\partial(UE)}{\partial x}+\frac{\partial(VE)}{\partial y}+\frac{\partial(WE)}{\partial z}\right\}-\left\{U\frac{\partial p}{\partial x}+V\frac{\partial p}{\partial y}+W\frac{\partial p}{\partial z}\right\}-\rho gW \tag{3.3b}$$

上式表明,动能的局部变化是能量通量收敛与压力场和重力功之和。

这种动能通量值得进一步讨论。如果 x 方向与流动方向一致(x 下游为正),则 V 和 W 可以忽略,动能通量的大小变为

$$UE=\frac{\rho}{2}U^3\equiv\Psi \tag{3.4}$$

UE 是一个非常重要的量,它表示流动的功率密度,即垂直于流动方向的每单位面积流动的功率($\mathrm{W\ m^{-2}}$)。注意功率 $P\equiv DE/Dt$ 与功率密度 Ψ 之间的区别。功率是能量的(总)时间导数,正如加速度是速度的时间导数,而功率密度需要不同的解释。就式(3.3b)而言,能量随时间的局部变化等于功率密度的下游梯度加上其它做功项。在物理术语中,与流动正交的面积 A 中的功率密度是可用于将流动的动能增加一定量 $P=A\Psi$ (单位时间)的功率。但

是，其他考虑因素会阻止使用所有这些功率，这将在下一节中看到。

使用简单的数量级分析，在大气和海洋中进行能量密度分析是很有用的，因为这两种媒介都是流动的（在风和洋流中），而且都可以用涡轮机和其他方法来产生能量。在地球表面附近，空气密度的数量级为 $\rho_a \approx 1\ \mathrm{kg\ m^{-3}}$，海水的密度大得多，为 $\rho_w \approx 1\ 000\ \mathrm{kg\ m^{-3}}$。相比之下，风和流的特征值正好相反，在能源开发人员感兴趣的位置，风的影响比洋流要高 10 倍左右。式(3.4)中对流速的立方依赖性意味着两种介质中的功率密度通常具有相同的数量级。更具体地，使用密度的实际值，可以说 2 m s^{-1}（或 4 kt）洋流具有大风（38 kt）风的功率密度。由于潮汐通道和西部边界流的流量观测通常接近 2 米每秒，人们对海洋作为可再生能源的兴趣很高。而且，由于海洋中的这些水流可以利用与大气风（适合于水下使用）非常相同的设备进行控制，因此，海流能量转换的大部分基础来自于风力发电行业数十年的经验。接下来将通过一个例子来讲解从流中提取能量的基本限制。

3.2 贝兹极限

从物理角度来看，不可能从流中提取所有动能，因为这将使流停止运动，从而使其无法带动正在提取能量的装置（如涡轮机）。在这种情况下，它将不能继续转动正在进行提取的装置（涡轮）。相反，必须存在一些最佳点，在该点，相对于流的减速，功率提取率被最大化。

1926 年，德国工程师阿尔伯特·贝茨 Albert Betz 在一篇名为《风能及其通过风车的提取》的专著（德语）中首次考虑到了这一点；此后，许多其他出版物也详细讨论了这个问题。Betz 表明，最佳动能提取量现在称为 Betz 极限，因为不可能提取比这更多的功率，这大约是风能的 60%。为了完整起见，将在此处重新推导此公式。值得注意的是，许多关于发电超过 Betz 极限的说法都是出于市场考虑，而不是出于科学和工程考虑，因为它们不可避免地涉及漏斗状护罩和整流罩，从而允许给定涡轮机的有效面积增加，并且流量相应地加速。

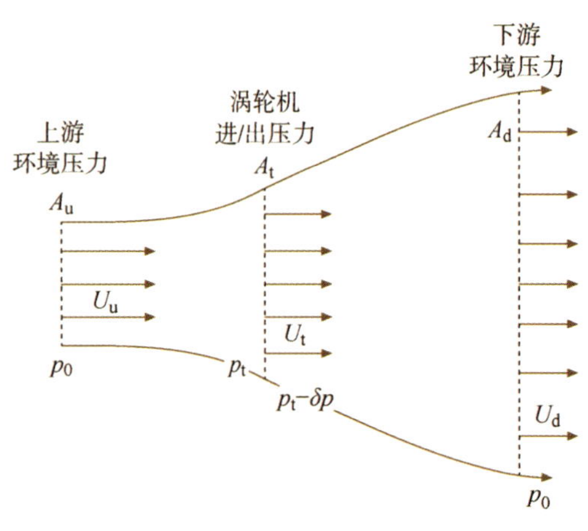

图 3.1 通过理想化涡轮的流动（在流向上不按比例绘制）

图 3.1 提供了所考虑的流动，即引入理想化涡轮的稳定、不可压缩的一维（未扰动状态）流动。通过装置的流动由限定上游区域 A_u 和下游的其他区域的两个实心流线（在图中的投影平面中）限定。在上游，流动发生在环境压力 p_0 和速度 U_u 处。在下游，其中流已经返回到环境压力 p_0，流线界定了区域 A_d，通过该区域流速为 U_d。在扫掠区域 A_t 的涡轮位置处，流速为 U_t；压力场从其（恰好）上游值 p_t 经过转子时经历压降 $-\delta p$，因此是穿过理想化涡轮表面的单位面积（下游）的力。

继续使用 x 表示下游方向（因此图 3.1 中的区域在 $Y-Z$ 平面中），式(3.1a)成为时间独立的流动：

$$\rho\frac{DU}{Dt}=\rho\left(\frac{\partial U}{\partial x}\right)=\frac{\rho}{2}\frac{\partial U^2}{\partial x}=\frac{\partial E}{\partial x}=-\frac{\partial p}{\partial x} \tag{3.5}$$

最后一个等式意味着，沿着一条不受干扰的流线，$E+p=$常量。由此满足伯努利原理，其中上下文 E 通常被解释为动态压力。单位体积的能量（$\mathrm{J\ m^{-3}=Nm\cdot m^{-3}}$）与压力（$\mathrm{Nm^{-2}}$）具有相同的单位，因此这里没有不一致之处。将此值应用于涡轮上游的流，并分别应用于涡轮下游的流，然后减去得到的表达式导致：

$$E_u-E_d=\delta p \tag{3.6}$$

注意，伯努利原理的这种恢复直接来自 Navier Stokes 方程，沿着流线的动量预算不同于许多推导，这里没有涉及能量论证。

在图 3.1 中考虑整个流动结构的动量预算也是有用的。动量预算的物理解释是，在任何域中，进入和离开域的动量通量之间的差等于域内与流动相反的力的总和（因为这些力是动量汇）。即

$$U_u\rho A_uU_u-U_d\rho A_dU_d=A_t\delta p \tag{3.7a}$$

系统中的连续性（即，没有质量损失或增益）要求 AU＝常数，并且在（3.7a）中使用它允许将其重写为

$$\rho U_t(U_u-U_d)=\delta p \tag{3.7b}$$

通过将 E 的定义代入式（3.6）并消除式（3.6）和式（3.7b）之间的 $\delta\rho$，可以显示 $U_t=(U_u+U_d)/2$；也就是说，涡轮转子表面处的速度是上游和下游速度的平均值。在下文中，将这些比率定义为 $\eta\equiv U_d/U_u$ 是方便的。

式（3.3a）和式（3.5）表明：

$$P=U\frac{\partial E}{\partial x}=UF \tag{3.8}$$

在涡轮机里，能量为

$$P_t=U_t(A_t\delta p)=\rho A_tU_t^2(U_u-U_d)=\frac{\rho}{4}A_tU_u^3(1+\eta)^2(1-\eta) \tag{3.9}$$

其利用式（3.7b）最大化式（3.9）相对给出两个解：一个是负的，因此是非物理的；另一个在 $\eta=1/3$。

通过定义一个功率系数（这个下标 B 代表 Betz）将这个最大功率与通过这个区域的未扰动流量进行比较是有用的，功率系数的定义为

$$C_B\equiv\frac{P_t}{A_t\Psi_u}=\frac{1}{2}(1+\eta)^2(1-\eta)=\frac{16}{27}\cong 0.593 \tag{3.10a}$$

因此，理想涡轮机可产生的最大功率仅小于未扰动流中可用功率的 60%。从更一般的意义上讲，将涡轮功率系数 C_P 定义为由装置产生的实际功率与未扰动流的实际功率的比率是有用的。由于内耗和叶片效率低，$C_P<C_B$ 在所有情况下都没有护罩，试验装置试验计算的 C_P 值接近0.5。根据这个定义，由给定设备产生的功率的广义表达式为

$$P=C_PA\Psi \tag{3.10b}$$

式中，C_P 和 A 是装置的特性；Ψ 是未扰动流的功率密度。

注意，U_t 和 η 的结果代入式（3.7a）中表明，$\delta p=4/9\rho U_u^2$；也就是说，图 3.1 中涡轮两端的压降（即该涡轮上的力）与流速平方成正比（系数 4/9 仅适用于贝兹极限）。将上述关于功率密度的数量级参数重新应用于该结果提供了进一步的见解。大气和海洋的类似比较表

明，对于相同的功率密度，作用在海洋中物体上的力大约比大气中的力大一个数量级。这对海洋能源回收设备，特别是涡轮转子的设计具有明显的意义。

3.3 转换系统

正如一开始所提到的，本章的重点是介绍旋转能量转换系统，即在当前海洋涡轮机(OCTs)的一般描述下的设备。尽管 MRE 是一个年轻的领域，但它的许多组成领域正在取得进展；特别是，OCTs 的设计要求开始标准化了。本章的目的不是详细讨论这些标准；相反，这里的讨论是为了进一步发展 MRE 开发的背景。

与所有 OCTs 以及风力涡轮机相关的一个重要概念是特定设备的接入速度。这仅仅是最小流速，通常根据未扰动流或此处术语中的 Uu 来定义，其将转动系统的转子并产生功率。有效的转子叶片和装置的最小内摩擦将降低切入速度，从而允许 OCT 在较低水流速度下工作，并且对于所讨论的位置具有较高的容量因数或系统设计输出的一部分。

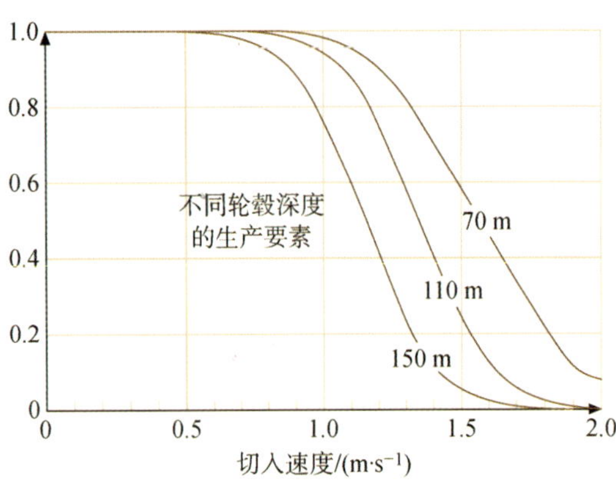

图 3.2　作为系统切入速度函数的势能产生部分变化曲线

与此同时，如图 3.2 所示，在现实世界洋流中存在收益递减点。在这个图中，生产因数是安装在三个轮毂深度处的各种切入速度的假设系统相对于如果切入速度不是因素的潜在量将产生的能量的量（生产因数不同于容量因数，因为容量因数使用系统的设计功率输出作为分母，并且不考虑切入速度以上的水流变化，而生产因数考虑）。请注意，在此位置，通过潜在昂贵的设计和制造改进，将切入速度降低到 1 m S^{-1}以下，几乎无法获得什么好处。这突出了在选择要安装的设备之前仔细研究位置特征的重要性。

这是来自劳德代尔堡附近佛罗里达海流的一个例子。根据 2009 年 3 月至 2010 年 3 月在 26°N 佛罗里达海流的声学多普勒海流剖面仪 ADCP 数据。

这样的站点特征将自然地包括在该位置处可用的功率量的估计和可以提取的内容的二次估计。切入速度在这种情况下也是有用的。例如，Hanson 等人处理了 1980 年代使用飞马座浮标在 27 穿过佛罗里达海峡获得的佛罗里达海流海洋学测量结果以表明在流量中总功率约为 20 gGW（$=10^9$ W），但在特定切入速度下及以上可用功率随切入速度显著降低（见图 3.3）。

在这种背景下，有可能讨论能够利用这种功率的设备。

3.3.1 轴流系统

图 3.4 显示了东南国家海洋可再生能源中心(SNMREC)为进行 OCT 特征和部件的海上研究而设计和制造的轴流 OCT 的主要部件。这种与其他系统的轴向流动的指定是合适

的，因为这种概念与沿着转子旋转轴线的流动对齐。注意，与许多风力系统不同，该系统设计成转子在后面。包括齿轮箱和发电机的内部部件以及其它电气部件容纳在机舱内(见图 3.5)。

该系统设计为在系泊到锚上时在 50±100 m 处浮动。后一种变型是负浮力的，如图 3.5 所示，从船上展开。在这两种方案中，两个吊舱都起到稳定作用，由 A 字架产生的力矩臂提供抵抗转子扭矩的阻力，以防止涡轮滚动。作为这种稳定的替代方案，一些系统设计成具有两个反向旋转的转子，这两个转子通过类似于机翼的框架连接，如图 3.6 所示。在这个概念中，机翼可以为系统产生升力，提供深度控制的手段。

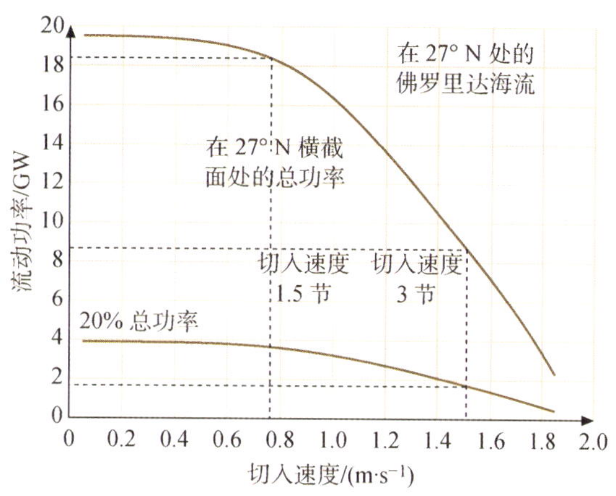

图 3.3　作为切入速度的累积函数在 27°N 处的佛罗里达海流截面中的功率

注：假定可提取功率包括净效率为 40%（C_P=0.4)的装置，该装置以特定速度占据一半的横截面面积。

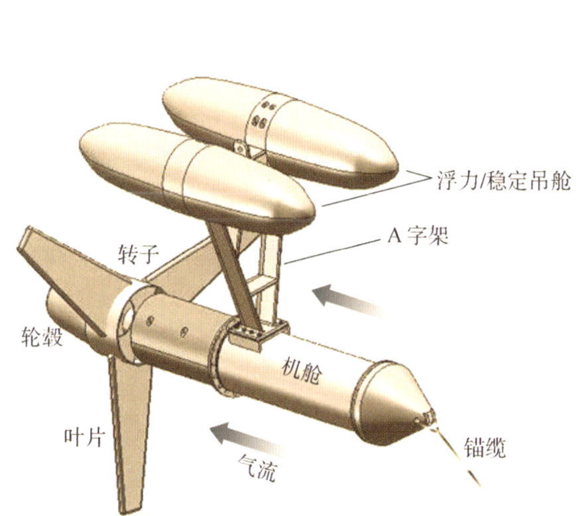

图 3.4　20 kW SNMREC 试验涡轮机的正浮力型式

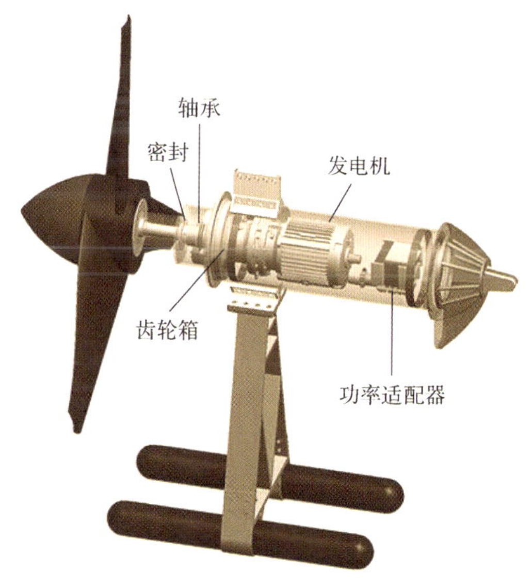

图 3.5　涡轮系统的负浮力型式的内部部件

轴流转子设计中的一个重要概念是叶尖速比（*TSR*)。这是转子叶片尖端的速度与未扰动流速 U_u 的比值。给定直径为 D 的转子以频率 f 旋转(通常表示为每分钟转数或 *RPM*，但形式上具有 S^{-1} 的单位)，那么 *TSR* 为

$$\lambda = \frac{2\pi f(D/2)}{U_u} \tag{3.11}$$

一般来说，对于如图 3.4～图 3.6 所示的三叶片转子，最佳 *TSR* 在范围 $6 \lesssim \lambda \lesssim 7$。对此的物理解释提供了对此参数重要性的洞察。

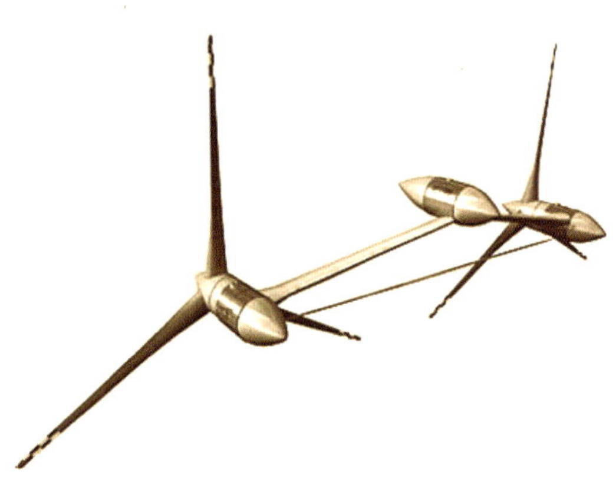
图 3.6 阿坎提斯(Aquantis)C-平面双转子设计

当无扰流作用在转子叶片上时，转子叶片的水动力效率最高。因此，必须是这样的情况，λ 不能太大，因为对于给定的流线，由给定的叶片产生的湍流将没有时间在下一个叶片到达之前清除转子轮盘。另一方面，λ 的值越小，将产生的功率越小(如果 $\lambda=0$，则转子不转动并且不产生功率)。

考虑总功率系数接近贝兹极限的高效涡轮机，即 $C_P \approx C_B$。从上一节的分析中可以很容易地看出 $U_t=2/3\ U_u$。带叶片的转子转动两个叶尖之间的距离所花费的时间是 $\Delta t_r=(nf)^{-1}$。在此期间，图 3.1 中涡轮机上游的未扰动水将行进距离 Δx，即

$$\Delta x = U_t \Delta t_r = \frac{2}{3}\frac{U_u}{nf} = \frac{2}{3}\frac{\pi D}{n\lambda}$$

这意味着，对于在 $\lambda = 6.5$ 旋转的 3 叶片转子，其 $\Delta x \cong 0.1D$。如果转子轮毂的尺寸与叶片长度相比被忽略，则叶片的长度大约为 $D/2$，那么在这种情况下 Δx 大约是 20% 的叶片长度。由于转子叶片的横截面为箔片形，因此叶片长度远大于叶片宽度，这称为叶片弦长。因此，Δx 比叶尖的宽度大得多。这意味着，至少在靠近叶片尖端处，如果尖端的弦长小于根部，来自叶片通道的湍流可以在下一个叶片到达之前清除转子平面，并且相对未扰动的水可用于提升每个叶片并转动转子。请注意，保持 Δx 的相似值要求 TSR 与转子叶片的数量成比例的减少。

先前使用的数量级分析在这里也是令人感兴趣的。回想一下，对于 10 倍于水流速度的风速，空气和水的功率密度大致相同，但作用在水中结构上的力是 10 倍。另一方面，对于相同的 $TSRs$，叶尖速度在水中少了 10 倍，这是因为，U_u 比风速小 10 倍时，相同直径的转子在海洋中的转动速度慢 10 倍。此外，较慢的叶尖速度降低了空化的可能性，因为产生的空化数在 5～15 范围内。

转子叶片的设计，特别是风力发电的设计，是一个成熟的领域，有着丰富的文献，包括整个教科书，在这里对它的全面处理超出了本章的范围。在根本意义上，转子叶片的功能与飞机机翼的功能基本相同，如图 3.7 所示。横截面是关于其中心线对称的箔片，相对于流动以合适的迎角定位。作为响应，流动不对称地扭曲，并且上部流线收敛而下部流线发散。

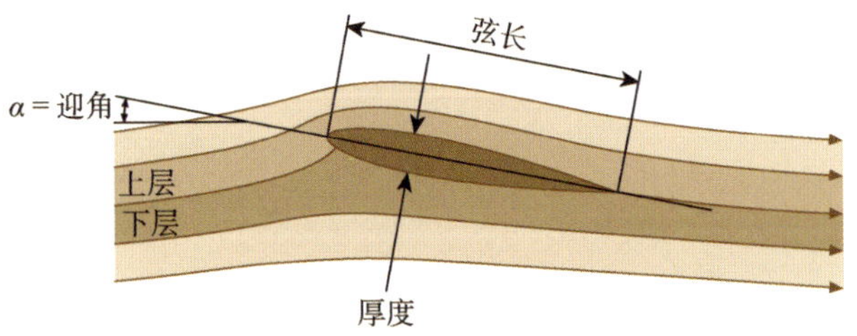

图 3.7 飞机机翼或转子叶片的横截面及其局部流场

为什么气流在机翼上方收敛而在机翼下方发散是一个令人惊讶的复杂现象，远远超出了本文的范围。只需指出，这不是由于对空气在上方和下方的同等转运时间的一般解释，而是由于更复杂的流体力学。无论如何，从观察中可以很好地记录这种收敛和发散。

通过连续性方程(3.2)，这种收敛和发散意味着气流在机翼上方加速而在机翼下方减速，并且通过伯努利原理，机翼上方的压力减小而下方的压力增大，从而产生升力，该升力与气流成直角(在图 3.7 中向上，对于飞机机翼与重力相反)。

然而，如果将图 3.7 理解为当叶片处于 12 点钟位置时转子叶片箔片的向下视图，则可以看到升力产生逆时针力(从下游看)，该逆时针力将使转子沿该方向转动。虽然平板可以产生相同的迎角效应，但仔细的箔片设计提供了改进的升力以及更好的结构完整性。

对于飞机机翼，气流由飞机的向前运动(在图 3.8 中向左)加上空气本身的任何运动产生。一般来说，对于飞机来说，前者比后者大得多。然而，在转子叶片的情况下，背景流导致叶片以显著速度移动，并且给定 6～7 左右的 *TSRs*。因此，流体相对于移动叶片的组合相对运动是叶片所看到的流动。此外，因为叶片的任何部分的速度取决于其距轮毂的径向距离，所以这种相对运动沿着叶片长度变化。

为了分析叶片性能，将升力系数 C_L 定义为每单位叶片长度的升力除以动压力 E(使用相对于叶片的速度)乘以叶片弦长是有用的。现在，如图 3.8 所示，升力随着迎角(直到箔片失速的点)以及相对流速和弦长的平方而增加。因此，转子叶片经常扭曲，使得迎角是距轮毂的距离的函数，并且也逐渐变细，以便以适应叶片结构特性的方式沿叶片长度分布升力。

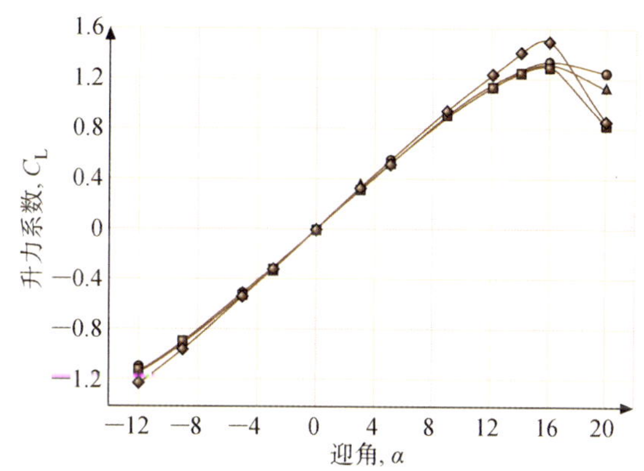

图 3.8　翼型升力系数与迎角的函数关系曲线

注：翼型开始在大约 16°处失速，在该点处实验曲线达到最大峰值，其他曲线表示来自计算机模拟的结果。

风力产业已经足够成熟，标准叶片形状已经存在。另一方面，MRE 相对较新，在本文中，OCTs 要么选择标准叶片，要么开发新的专有形状。美国能源部(DOE)国家可再生能源实验室(NREL)已经在风力工业中发挥了主导作用，以开发基于美国国家航空咨询委员会(1958 年转变为美国国家航空和航天局(NASA)标准翼型的改进版本的风力涡轮机叶片系列。箔片形状如何沿着叶片长度变化如图 3.9 所示。

除了具有如图 3.4～3.6 所示的开式转子的系统之外，还设计和布置了具有管道转子的其他轴流系统。这些系统的转子往往类似于高压涡轮的转子，而不是飞机螺旋桨的转子。例如，OpenHydro Group 有限公司将其开式中心系统部署到欧洲和北美的几个地点进行测试(见图 3.10)。如前所述，管道还可以设计成增加转子扫掠的有效面积，从而增加功率产生。

轴流系统的这些例子只是多种设计中的三种。美国能源部维持一个技术数据库，这些数据已经在文献和在线中有报道。

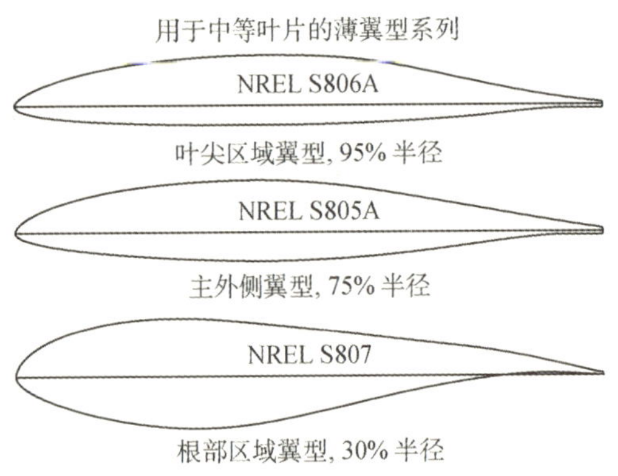

图 3.9　标准翼弦

注：翼型作为沿风力涡轮机叶片从顶部到底部、从尖端附近到叶片根部附近的位置的函数。叶片厚度在根部附近增加以获得强度，根据这种模式构造的叶片将减小朝向叶尖的弦长，并且还可以增加扭转。该系列适用于长度为 5～10 米的叶片。

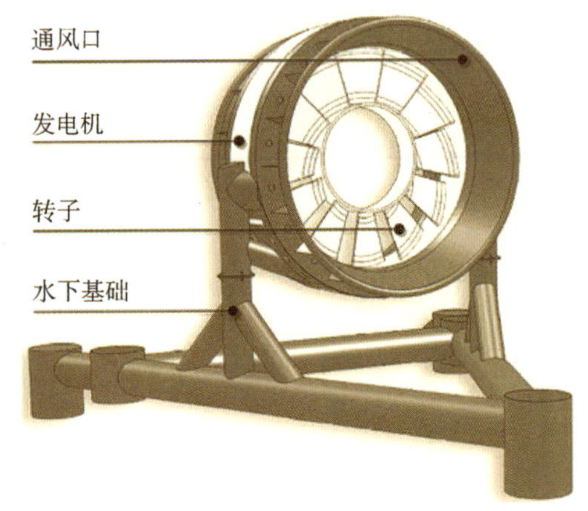

图 3.10　开放水力有限公司（OpenHydro, Ltd.）开式中心潮汐水轮机

注：轴承位于管道中，转子中心是开放的。由于用于潮汐应用，叶片设计成适应双向流。

3.3.2　横流系统

美国能源部（DOE）数据库中还包括可被视为是横流系统的其它旋转水流能量转换装置的示例。在这些系统中，涡轮的旋转轴线与流动成直角；通常，轴线定向为水平或垂直。最简单的这种转子，例如萨伏纽斯转子[见图 3.11(a)]，由运动流体的拖曳力转动。这些系统不是特别有效，因为可用于转动转子的净阻力是在两个弯曲表面上的阻力之差。凹面将捕获运动的流体并引起比凸面更大的阻力，使得转子工作得很像杯形风速计。

可以通过用叶片形式的升力面替换萨伏纽斯转子的弯曲表面来提高效率，该提升表面然后变成具有直叶片或弯曲叶片的达瑞厄斯转子[见图 3.11(b)]。通过使用螺旋叶片可以进一步提高效率，这些是当今一些更有前途的设计的基础。例如，海洋可再生能源公司的潮汐发电系统采用螺旋叶片、水平横流设计（见图 3.12）。

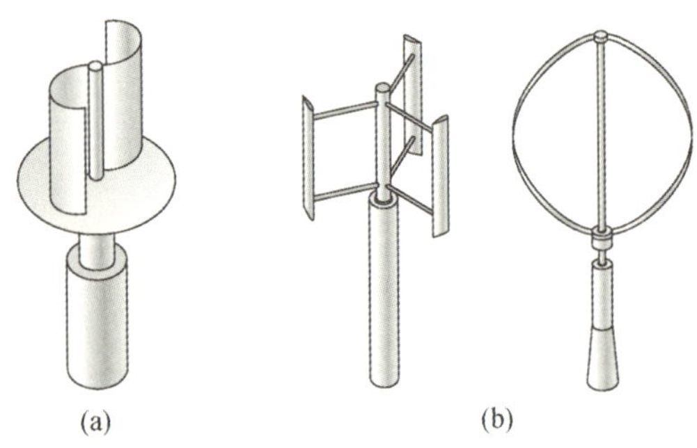

图 3.11　简单垂直式横流转子
（a）萨伏纽斯转子　（b）达瑞厄斯转子

图 3.12　海洋可再生能源公司潮汐管道系统

尽管这些横流系统似乎与轴流系统截然不同,但前面讨论的基本原则仍然适用。特别地,特定设计的功率容量取决于其尺寸(转子扫过的面积 A)、能效(体现在功率系数 C_P)和流的功率密度 Ψ,式(3.10b)适用。

在风力发电系统中,传统的轴流式设计在装机容量中占主导地位,部分原因是它们效率更高。然而,MRE 还有其他重要的考虑因素,包括结构要求、场地限制和流量变化。

回想一下,例如,比较大气和海洋能量回收的数量级分析。对于几乎相同的功率密度,海流比风速小大约 10 倍,但在这种情况下,海洋设备上的力比大气中的力高 10 倍。实际上,先前的结果表明,力/功率比与 U_u^{-1} 成正比。这表明,垂直转子达瑞厄斯涡轮,如图 3.12 所示,对于海洋应用具有更具挑战性的设计要求,因为装置上的所有的力都通过单元底部的单个轴承传递。即使围绕转子构造保持架以允许顶部和底部的轴承传力,仍然存在将系统固定到海底的问题。桅杆安装系统将呈现与图 3.11 的单轴承系统相同的挑战。

此外,从场地和流量的角度来看,水平配置可能更有利。潮汐通道可能较浅,水平轴系统比垂直系统占用的水柱少,从而最大限度地减少了对地面交通的潜在影响。并且海洋中的垂直剪切比水平剪切往往要大得多,因此图 3.11 中的系统将倾向于在更均匀的流动环境中操作。

3.3.3　潮汐/开阔洋/河流差异

如图 3.13 所示,轴流系统往往比横流系统更有效,横流系统在某些情况下提供了优势,特别是潮汐流。这是因为潮汐流每天反向两次,双向轴流转子不能利用设计良好的叶片的升力特性,使其具有潜在地效率。替代方案,例如将转子的方向反向到流动方向或使其叶片在大范围内顺桨的附加运动部件,有其自身的实际和可靠性的挑战。

然而,如果设计得当,横流系统对于任一方向的流动同样工作良好。因此,对于某些位置,相对低效的水平达瑞厄斯转子系统可能更具成本效益。当还考虑到浅水潮汐通道的深度限制时,这种优势倍增。

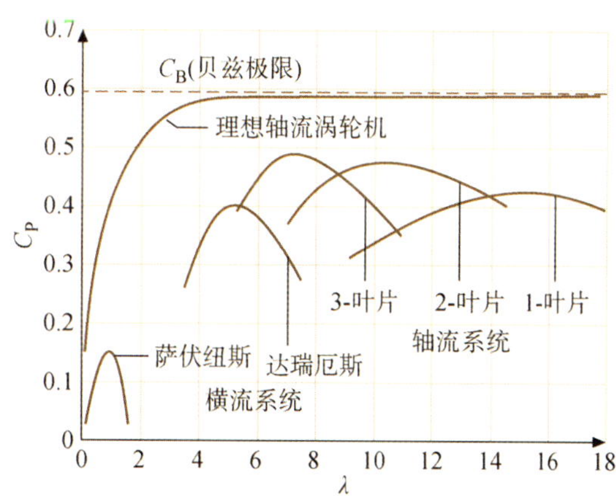

图 3.13　几种类型系统的功率系数与 TSR 的函数关系

如表 3.1 所示,海流和水深这两个因素总结了潮汐、开阔洋和河流水流之间的主要差异,表 3.1 在第三栏中指出了 MRE 装置在每种情况下的可能部署方法。每种类型的资源都有优点和缺点:潮流位置提供相对简单的部署方法,但需要管理双向潮流。开阔洋流有时是单向的,但部署是复杂的。实际上,系统必须围绕稳定系泊的要求进行设计,如下一节所述。河流水流既是单向的,也是相对较浅的,但其他考虑因素,如它们所带来的航行危险以及与废弃物的相互作用,尤其构成了额外的挑战。

当然,这两种资源之间还有其他系统性差异,如湍流程度和生态系统。特别是在一些潮汐通道中的湍流水平,对设计者来说是令人望而生畏的。需要仔细地确定位置特征,以确定这样的局部因素。

表 3.1　潮汐/开阔洋/河流的权衡

资源/问题	流	水深
潮汐流	双向	浅:打桩/平台
开阔洋流	单向	深:系泊
河流	单向	浅:打桩/平台

3.4　支撑基础结构

如上所述,有两种主要的方法来部署 MRE 设备用于当前的应用:桅杆(或打桩)和刚性固定到海床的基座,以及系泊装置,其中锚及锚链固定浮在水中的设备。对于特殊情况也存在其他可能性,例如将设备安装在桥台上或将缆绳安装到岸上以固定漂浮的驳船;后者用于许多河流条件。

3.4.1　系泊

深水位置以及在此上下文中没有对深水的严格定义通常排除使用桅杆或基地来部署 OCTs。首先,深水使桅杆不切实际;另一方面,在靠近海面的地方,开阔洋流往往最强。

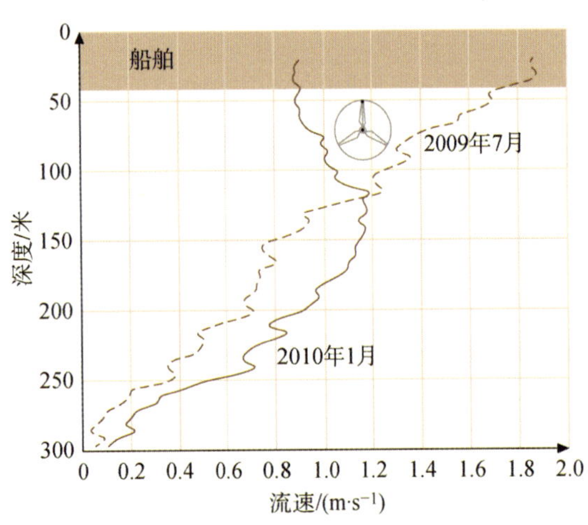

图 3.14　海流速度与佛罗里达离岸 16 km 处达尼亚海滩海流深度的函数关系

注:顶部的点状区域表示航道深度区域,符号表示(按比例)直径为 40 m 的系统,部署在 70 m 处。请注意,该层中的垂直剪切符号对于两个剖面而言是不同的。

在深水中,OCTs 需要系泊设备,其缆绳和锚能够提供足够的持力强度,并且其总体设计能够提供抵抗水流变化的稳定性。然而,由于已知水流在速度和方向上均随时间和底部上方高度的变化而变化(见图 3.14),并且由于大多数现有知识库是针对浮在表面上的结构开发的,因此在存在垂直剪切的情况下检查简单系泊/OCT 系统的稳定性是有用的。由于上述原因,系泊的 OCTs 将浮在水面以下的水中,这种系统的动力学不同于水面系统。

考虑如图 3.15 所示的受力图。从左向右流动的海流在 OCT 上产生水平拖曳力 D,该水平拖曳力 D 也受到净向上浮力 B 的影响。在稳定状态下,这两个力的矢量和系泊缆绳(锚绳)上的张力 M 平衡。

图 3.15 表示了相关系泊几何结构,其中忽略了系泊缆的悬链线,这种简化不影响此处的分析。在稳态时,很明显,系泊缆的范围 S 是 R/H,并且这也等于 M/B。

该系统的线性扰动分析将各种量作为稳态基态$[\ ]_0$和小的随时间变化的扰动$[\ ]'$之和:

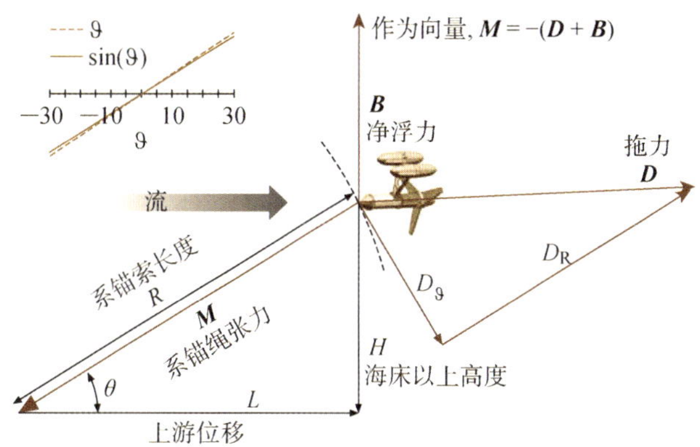

图 3.15 简单系泊装置的力学

①使用常用符号$\frac{\mathrm{d}[\,]}{\mathrm{d}t}=\dot{[\,]}$,上面 2 点表示二阶导数;②假设 OCT 具有质量 m;③忽略摩擦。

OCT 系泊的参考系泊框架在以锚的位置为原点的极坐标中适当地表示。这两个坐标是系泊索的角度,θ,和沿系泊索的径向距离。将阻力 D 投影到这些坐标上,可以得到图 3.15 所示的两个分量 D_θ 和 D_R。当 D 随流速变化时,D_R 的变化相应地改变 M 的大小,而 D_θ 的变化引起围绕锚的旋转,从而改变 θ。如果 ω 表示关于锚的旋转速率,此时,牛顿第二定律可表示为

$$mR\dot{\omega} = mR\ddot{\theta} = D_\theta = |D| \sin(\theta) \tag{3.12}$$

为了分析垂直剪切的影响,设置了扰动阻力 D'_θ $|D'|_\circ \sin(\theta_\circ) = \gamma H' \sin(\theta_\circ) = \gamma(H_\circ/R)H'$,注意 $H' = R\sin(\theta')$ 中的变化。最后,如图 3.15 中左上插图所示,作为提示,对于小角度 $\sin(\theta) \approx \theta$。把这些放在一起,得到

$$\ddot{\theta}' + \frac{\gamma}{mS_0}\theta' = 0 \tag{3.13}$$

式中,$S_0 = R/H_0$,表示系泊索的基础状态范围。

式(3.13)的求解采用形式 $\theta'\theta_1[\exp(\mathrm{i}\omega t)$,$\theta_1$ 为任意常数。这样得到特征方程:

$$\omega = \begin{cases} \varphi & 若\ \gamma > 0 \\ i\varphi & 若\ \gamma < 0 \end{cases}, \quad \text{where} \quad \varphi \equiv \sqrt{\frac{|\gamma|}{mS_0}} > 0 \tag{3.14}$$

对于水流速度(D'_θ)随底部上方的高度增加(流速在表面附近更快)的情况,小扰动将导致自由振荡,其频率取决于基态几何形状、OCT 的质量以及正剪切的强度。当然,在真正的海洋中,这种自由振荡会受到忽略的摩擦力的影响。

负剪切的情况下,$\gamma<0$,更令人感兴趣。其中流速随着底部上方的高度而减小(或者随着距表面的深度的增加而增大)。在这里,求解不再振荡。

$$\theta' = \theta_1[\exp(-\varphi t) + \exp(\varphi t)] \quad 若\ \gamma < 0 \tag{3.15}$$

第一项无关紧要,但第二项清楚地表明,在负垂直剪切的情况下,小深度扰动将呈指数增长。因此,在没有附加控制的情况下,对于系泊的 OCTs,负剪切本质上是不稳定的。

值得再次强调的是,这一结果取决于净浮力 B 恒定的假设。因此,可以通过可变(净)浮力来控制这种不稳定性,这可能涉及从 OCT 控制表面的可变升力。

不稳定性的物理基础可以用简单的术语来描述，因为（对于这里的假设）流动扰动影响阻力，而净浮力保持不变。相对于平衡基态，缓慢流动扰动将产生（正）浮力的不平衡，导致OCT上升；快速流动扰动将产生额外阻力的不平衡，从而产生相对于基态平衡的浮力不足，导致OCT下降。如果OCT分别上升或下降到更快或更慢的水中，那么失衡将得到修正。另一方面，如果缓慢流动、上升的不平衡将OCT放入更慢的水中，不平衡将被放大，就像快速流动的不平衡将OCT浸入更快的水中一样。换句话说，系泊索的配置使得它将OCT拉向与不稳定情况下的初始扰动具有相同意义的水。

注意，不稳定性的强度，时间常数 ψ 的大小，与系泊的基本状态范围成反比：较长范围的系泊，具有较长的时间常数，对扰动不太敏感，因此更适于控制过程。当然，由于系泊索的成本，这些系泊装置也更昂贵。

在讨论与水流垂直剪切相关的不稳定性的背景下，适当的做法是在放宽其中一个假设的情况下，定性地研究两个对底部系泊的OCTs的次级影响。如果没有特定OCT及其系泊的动态模型，这些影响是无法量化的，但在设计中有某些定性方因素会影响稳定性问题

注意，在图3.15中，所考虑的系统的基本力平衡包括净浮力 B（尽管它是矢量，但可以假定只有垂直分量）。该净浮力是浮力和OCT设计产生的任何升力的总和；先前的结果依赖于净浮力 B 是常数的假设。实际上，升力可能取决于当前速度和OCT的迎角。这两种依赖关系都在垂直剪切的讨论中起作用。

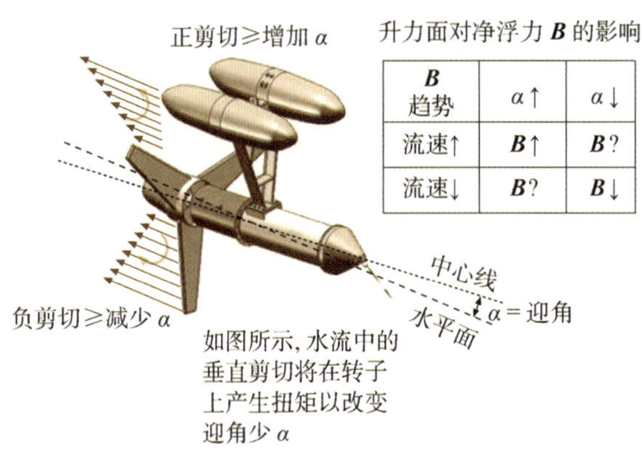

图3.16 垂直剪切对升力的影响

首先考虑垂直剪切对迎角的影响（见图3.16）。在升力面失速极限以下，迎角的增加将增加升力。如果存在由垂直剪切引入的横向转子转矩，则迎角成为剪切的整体效应的一部分。对于前导边转子系统和后随边转子系统，正剪切将倾向于引起机头向上的俯仰，从而增大迎角；负剪切会发生相反的情况。正垂直剪切增加升力，负垂直剪切减小升力。后者会加剧与上述负垂直剪切相关的不稳定性。

对水流速度提升的影响也是相关的。一般来说，增加速度会增加升力（再次假设系统的迎角低于失速极限）。在正垂直剪切的情况下，这里的整体效应将与迎角变化的整体效应相同。然而，在负垂直剪切的情况下，它们将是相反的，倾向于抵消基本不稳定的加剧。如果不考虑系统的详细模型，就不可能量化这两个升力组成的净效应。然而，这一结果主张主动提升表面，以便能够控制这些影响。

3.4.2 桅杆、底座和平台

浅潮汐通道尽管可能出现较高湍流水平，但消除了与上述浮力系统相关的挑战。这些通道允许以刚性方式将设备直接安装在海床上，如图3.10和3.12所示，或者在使用桅杆将设备安装在更高的水柱中，其示例如图3.17所示。

图 3.17 SeaGen 潮汐发电系统

因此，大多数潮汐和河流入流流体动力学装置要么刚性地固定在航道底板上，要么附接到浮式平台上，如驳船。驳船安装涡轮机的例子是在 Ruby 和 Eagle 阿拉斯加部署的相对小尺寸的垂直轴装置，其安装在系泊双体船的中心。这种安装结构将电子设备保持在水线上方，从而使设备和维护成本最小化。这种安装方法的缺点包括安装易于看见，并且电力电缆在到达海岸之前通常需要从浮动平台延伸到河床，从而使它们暴露于可能的缠结当中。

底部安装的装置可以部分或完全浸没，潮汐装置与单桩相连，控制室位于水面上方。系统上的两个水平轴转子可在正常操作期间下降到水中或从水中缩回以进行维护。虽然这种方法确实具有表面存在，但它比从浮动平台安装系统小得多。或者，许多底部安装的潮汐装置完全浸没。虽然这样的系统由于许多原因而具有吸引力，但是维护和监控可能具有挑战性的。

单独的装置设计通常由现场特定的要求驱动，包括水深和流动特性。如上所述，流体类型（潮汐与非潮汐）是一个重要考虑因素。非潮汐流几乎是单向的，因此装置被优化以利用已知的流动方向。在河流中，这些流量的大小是由融化的雪或降雨驱动的，因此更具季节性和事件驱动性。由于特定事件对这些流量的大小有贡献，因此电力的可预测性不如潮汐流。然而，对于河道内水电来说，大多数大型河流系统将能够全年发电。相反，布置在潮汐流中的装置通常被设计成从来自两个离散方向的流产生电力。垂直轴系统通常不受流动方向的影响，其性能在这些流动中不会降低。轴流式涡轮机更受改变的流动方向的影响，因此这些装置通常具有不管流动方向如何都具有相似效率的转子，或者旋转使得转子总是定向在最佳方向上。由于潮汐周期是这些水流的主要驱动力，因此这些装置的功率潜力更可预测。然而，在潮汐流中运行的系统在没有电力产生的潮汐周期之间确实有一段时间。

桅杆、基座和平台的设计和性能是远远超出本章范围的主题；本卷其他部分将讨论一些考虑事项。然而，必须考虑的一个因素是，由于 OCT 转子上的力而施加到桅杆和基座的海床上的附件上的扭矩。如前所述，后者比风力系统大一个数量级，设计必须考虑到这一点。

3.4.3 其他组件

OCT 系统基本上是一种用于将海洋或河流的动能转换成电能的机器。通过如上所述的水流转动的转子最终驱动某种类型的发电机，并且所产生的电压被传输或存储。在图 3.5 中仅描述了与该过程相关联的最明显的系统组件。尽管这些组件中的大多数以及未示出的组件并不是 MRE 世界独有的，但是在 OCT 系统中使用它们存在挑战。

如前所述，OCTs 的一个优点是它们的旋转速度相对较慢，叶尖速度比在相同功率密度下运行的风力系统慢大约 10 倍。然而，发电机在高转速下运行效率最高。这意味着齿轮箱的设计和完整性对于有效的 OCT 操作至关重要

一旦转子的扭矩已经通过齿轮箱传递，它就驱动某种设计的发电机。交流发电机和直流发电机已被提出并设计成 OCT 系统，它们各有优缺点。交流(AC)发电机效率更高，特别是对于大功率应用，相对简单，但直流(DC)通过海底电缆传输效率更高。两者之间的转换效率始终低于 100%，因此，与安装方法和总体系统设计一样，必须根据具体的现场要求做出选择。

类似地，到陆地电网的电缆传输或本地使用所产生的电力以产生更便携的燃料，也是取决于资源的性质及其相对于负载中心的位置的折衷。佛罗里达海流沿佛罗里达东海岸向北流动，离岸约 25 千米，相对靠近东南佛罗里达大都市地区的主要负荷中心，因此直接输送到该地区的电网可能是合适的。相反，沿阿拉斯加海岸的许多海湾和入口都有大量潮汐资源，但附近没有负荷中心来利用产生的电力。因此，将电力用于产生氢气(通过电解海水)或另一种便携式燃料可能更经济可行，所述氢气或另一种便携式燃料可被输送到需要的地方。

在此还需要注意的是，单个 OCTs 不太可能捕获特定位置处可用功率的很大一部分，因此 OCTs 阵列可能部署在商业安装中。这就提出了具体的部署策略问题，即如何设计组成 OCTs 的阵列和其中的位置，以最有效地获取资源的功率。虽然从风电场的经验中可以学到很多东西，但也需要进行很多研究。同样，解决方案将随着特定站点部署战略的制定而出现。

3.5 非工程问题

MRE 回收需要无缝集成本卷中讨论的许多海洋工程主题，尤其包括流体动力学、结构、腐蚀和生物污损、声学和仪器以及水下控制系统。它还需要明确了解通常被认为不属于工程学科的许多主题。与海流 MRE 相关的因素：① 环境影响—从海床到海面，包括项目的上下游；② 用户冲突—包括娱乐、军事和商业实体；③ 公众认知—由于仍有许多未知因素，教育和告知公众是一个项目获得公共土地用于能源生产的必要方面。

所有这些都包含在与项目特定地点相关的法律和监管流程和程序中。规划过程往往需要在许可之前对环境影响进行正式研究，与所关注的专题有关的各种问题都需要处理。

特别是，对公众看法的预估评判是十分重要的，因为它影响到处理与环境影响有关的技术问题的现有进程，并且严重影响到与用户冲突有关的问题。至关重要的是，成为公众对某一特定项目意识一部分的最初印象往往极难改变。租赁和许可程序一般包括公开听证等活动。

3.6 总结

将洋流动能转换成其他形式动力的设备与风力发电系统之间存在许多共同点，但应用方面存在着重大差异。特别是，虽然海洋中的功率密度往往与大气中的功率密度相同，但作用在海洋设备上的力往往大了一个数量级。另一方面，对于在此讨论的旋转装置，旋转速率则慢了一个数量级。此外，动物侵袭，特别是当濒危或受威胁的物种存在时，这将是海洋能源转换面临的重大环境问题之一。

因为海洋能源开发系统尚处于初级阶段，因此这里仅进行了一般性讨论。

参考文献

3.1 R. H. Stewart: Introduction to Physical Oceanography (Texas A & M University, College Station 2008), available online at http://oceanworld.tamu.edu/home/course_book.htm

3.2 C. Wunsch: What is the thermohaline circulation?, Science 298(5596), 1179-1181 (2002)

3.3 T. Burton, N. Jenkins, D. Sharpe, E. Bossanyi: Wind Energy Handbook (Wiley, Chichester 2001)

3.4 A. Betz: Wind Energie und ihre Ausnutzug durch Windmühlen (Vandenhoeck and Ruprecht, Göttingen 1926), Wind energy and its extraction through windmills

3.5 A. Betz: Introduction to the Theory of Flow Machines (Pergamon, Oxford 1966), tranls. by D. G. Randall

3.6 A. S. Bahaj, A. F. Molland, J. R. Chaplin, W. M. J. Batten: Power and thrust measurements of marine current turbines under hydrodynamic flow conditions in a cavitation tunnel and a towing tank, J. Renew. Energy 32, 407-426 (2007)

3.7 IEC: Marine Energy-Wave, Tidal and Other Current Converters. Part 2: Design Requirements for Marine Energy Systems (International Electrotechnical Commission, Geneva 2013) TC114/PT 62600-2

第 4 章　通过流动来获取能量包括运动

Michael M. Bernitsas

海洋流体动力(MHK)能源是清洁的、可再生的,在全世界都可以获得。它有两种形式:波浪中的垂直形式和水流、潮汐和河流中的水平形式。除了少数几个主要洋流外,大多数洋流的流速小于 3 kn,大多数河流的流速小于 2 kn,这使得通过定常升力技术(涡轮)获取 MHK 能量具有挑战性。水平 MHK 能量也可以利用交变升力技术(交变升力技术)。鱼类利用交变升力在水中有效地推进,无论是作为个体还是在鱼群。工程结构——钝体,如圆柱体和棱柱,或细长体,如水翼——可能在准稳定均匀流中产生交变升力。当这些结构具有尺度相关的柔性时,可能会引起严重的流固耦合(FSI)现象。在典型的工程应用中,FSI 现象是破坏性的,因此,通过设计或使用过度阻尼或附件来抑制 FSI 现象。如果 FSI 海洋流体动力学(MHK)能量被增强,它们可能导致物体剧烈的流致振动(FIM),导致 MHK 能量在机械振荡器中转换成势能和动能。水翼可以通过颤振获得 MHK 能量,这是一种经过深入研究和理解的不稳定性形式。另一方面,钝体,如圆形或矩形截面柱体,可能在单独或群中,表现出几种形式的 FIM,已经广泛研究但对于抑制或增强还没有很好理解。这些 FIM 包括涡激振动(VIV)、驰振、抖振以及多体相互作用中的间隙流动。当增强时,即使来自低速水平流,它们也可以将 MHK 能量转换成具有高功率密度(功率重量比)的机械能。本章概述了 ALT s 的概念、基本物理原理、用于研究相关 FIM 的可用实验和计算方法、已克服的研究挑战和未来的研究挑战、现场部署进展、技术开发和台架试验。

海洋和河流中可用的海洋流体动力(MHK)能源自中世纪以来一直被认为是清洁可再生能源的主要潜在来源,当时在北欧使用潮汐水车碾磨谷物。波能转换器的第一项专利于 1799 年提出。尽管起步如此早,但在整个 1980 年代,利用这一宝贵资源的工作一直受到限制。直到 20 世纪 90 年代初,美国能源部(DOE)支持海洋能源各个方面的工作。经过 15 年的资金缺口,能源部在 2008 年开始支持新 MHK 能源技术的发展。由于海洋环境的恶劣、实地部署的成本以及导致最近的破产和项目取消的开创性设备的失败,商业设备的发展道路非常困难。

几项研究估计了波浪和洋流、河流或者三者中的可用 MHK 能量。这些估计数差别很大,因为关于获得能源和技术性能、推测和效率的假设差别很大。尽管在估算中存在不确定性,但与过去和预测的全球能源生产和消费,特别是电力的比较表明,MHK 能源只要能以具有竞争力的能源成本或 LCOE 生产,就不能忽视。

MHK 能量有两种形式,波浪中的垂直形式和流,潮汐和河流中的水平形式。本章介绍了通过水平准定常均匀流利用水平 MHK 能的研究。大多数洋流小于 3 kn,大多数河流小于 2 kn,这使得涡轮或水车获取其 MHK 能量具有挑战性。

涡轮机和水车是基于稳定流的升力面，从而产生稳定升力。在下文中引入术语“定常升力转换器”或“定常升力技术(SLT)”，后文指的是涡轮机和水车。定常升力由空气中的升力面产生的，例如鸟翅膀、飞机翅膀、帆船的帆和风力涡轮机的叶片。水平MHK能量也可以利用交变升力转换器或交变升力技术(ALT)。鱼类利用交变升力在水中有效推进，无论是作为个体还是在鱼群中。SLT对人类来说更适合，因为我们生活在空气中。然而，海洋环境的情况却完全不同，因为鱼几乎完全使用交替升降来有效地在水中移动。

具有非流线型横截面的工程结构(例如圆柱体和棱柱)或细长结构(如螺旋桨和水翼)可在均匀流中产生交变或振荡升力。当这种结构是柔性的或者是刚性的但安装在柔性支撑上，并且具有在振荡升程的频率范围内的一个或多个固有振动频率时，可能引起显著的流固耦合现象(FSI)。在典型的工程应用中，FSI现象具有破坏性，因此，通过设计避免或使用过度阻尼或附体抑制FSI现象。如果它们被增强，FSI可能导致物体剧烈的流致振动(FIM)，导致MHK能量在机械振荡器中转换成势能和动能。水翼可以通过颤振获得MHK能量，颤振是一种经过深入研究和理解的不稳定性形式。

另一方面，非流线型物体，例如圆形或矩形截面柱体，可以单独地或在多柱体串并列中表现出几种形式的FIM，这些FIM已经进行了广泛研究，但是对于抑制或增强还没有很好地理解。产生FIMs有五种情况。

(1) 涡激振动(VIV)：VIV是一种非线性振荡，范围广泛，同步现象之间的振荡升力由交替冯·卡尔曼涡街在非流线型物体尾流产生的，物体是弹性的。涡激振动是一种振幅自限制现象。一些研究人员将其解释为宽范围的锁定现象，而另一些研究人员将其解释为在相同宽范围的流速上的非线性共振，这是由于可变的附加质量，这可以通过实验测量。但是应当注意，附加质量对相对速度和加速度分量的依赖比莫里森方程中通常使用的简单项复杂得多。

(2) 驰振：这是一种不稳定现象，由物体横截面几何形状造成的几何不对称或上游紊流造成的流动引起。它导致无限振幅响应，直到弹性结构随着流速的增加而损坏。

(3) 涡激振动和驰振共存：根据流速、物体几何形状和振荡器参数，这两个FIMs可以共存于它们之间的过渡区域中，可以重叠，也可以分离。在前两种情况下，可以建立非线性振荡器，其使用VIV从低速开始具有高振幅响应，并且使用驰振没有流速上限。

(4) 抖振：这是一种不稳定现象，甚至比驰振更强大，因为上游涡量撞击振荡器。然而，抖振本质上是随机的，不能用于设计和构建可靠的能量转换器

(5) 多体相互作用中的间隙流动：当多个圆柱体串联或紧密交错形成时，它们之间的相互作用可能比单个圆柱体的FIMs更强。通过适当地设计和定位多个物体，引起阵列/群中的所有弹性体的剧烈振荡，从而导致在振荡器中将MHK能量更高效地转换成机械能。

在稳定流动中具有细长横截面的细长体，例如水翼和翼型，通常受到垂直于流动方向的稳定升力。根据支撑的相对位置和压力中心，这种结构的运动可能变得不稳定，导致颤振不稳定。这种运动将流体动能转化为机械能，随后转化为电能，这一过程已获得各种形式的专利。

在稳定流动中具有非流线横截面的细长体(如圆形或矩形圆柱体)通常经受垂直于流动方向的交变升力。它们可以展示上面列出的所有五种形式的FIM。这些FIMs在振荡器中将流体动能转换为机械能，随后转换为电能，这一过程也已获得专利。

VIVACE 转换器是密歇根大学海洋可再生能源实验室 MRELab 开发的一种独特的交流变频转换器。它的名字是“vortex-induced vibrations for aquatic clean energy”，首字母缩写，因为它最初是作为一种增强 VIV 的装置，以将 MHK 能量转换为振荡器中的机械能量。那时起，它已按照专利中的定义发展为包括其他几种形式的 FIM，如“4.2.1 节基本概念”所述。VIVACE 是由贝尼特斯等人提出，并从此开式广泛发展模型试验，现场试验，计算流体动力学(CFD)，数学模型。VIVACE 使用一个或多个圆柱形无源湍流控制(PTC)振荡器或平滑圆柱来利用 MHK 能量并使用具有高功率密度比的可再生能源装置 将其转换成电能。它利用几种形式的 FIM 在非常广泛的水平流速范围内产生交变升力。它也可以使用更复杂的横截面形式。第 4.2 节介绍了 VIVACE 专利的基本概念，以及 VIVACE 专利在运作和发展过程中所遵循的基本物理原理。

这一新概念的发展涉及几个设计参数，包括具有非流线横截面的一个或多个细长体、FIMs、多体耦合、扰流激化装置、尾流结构、可变阻尼、刚度和质量比、将振荡体置于各种流动状态的可变流速、剪切层的相互作用、上游涡量尾流和剪切层对下游体的 FIM 的影响、多个振荡器的可变串列间距和交错、能量转换和功率转换的优化。所有这些都使得 VIVACE 的产品开发成为一个挑战，需要在流体动力学、FSI 和控制的许多领域进行开拓性研究。在交互升力转换器的研究和开发中，以及在理解复杂的相关物理过程中，使用了大量的工具。这些工具包括密西根大学的 MRELab 的低湍流自由表面水(LTFSW)通道、两个拖曳水池、实现所需线性或非线性阻尼和刚度模型的虚拟振荡器、流动可视化以及使用激光和氧化铝颗粒的涡流跟踪、密西根州休伦港圣克莱尔河和荷兰运河的现场测试、由 MRELab 开发和验证的专用 CFD 工具、用于数据后处理和分析的数学模型以及在 MRELab 中开发的用于减少由不同装置和实验收集的数据的方法。

作为一种能量产生装置，设计 VIVACE 比设计螺旋桨更为艰巨。第一个螺旋桨是阿基米德设计的，大约在公元前 200 年。第一个螺旋桨是詹姆斯瓦特在 18 世纪末提出的。螺旋桨的最佳设计产生于 20 世纪 70 年代。振荡器即使设计成相同的，也不等同于螺旋桨中的叶片，这处决于它们在一组圆柱体中的相对位置。流固耦合是问题的核心，而不是高阶修正。在 VIVACE 转换器的研究和开发中遇到的挑战包括高阻尼、用于能量管理的 FIM、克服流动转变、通过 PTC 增强 FIM、将各种形式的 FIM 背对背放置以创建广范围、高响应振荡器、以及使用多个物体的协同 FIM 来优化 MHK 能量转换。

柔性圆柱结构或安装在弹性支撑上的刚性圆柱所表现出的所有 FIM 现象都具有高度可扩展性。在雷诺数的整个范围内，除了三种流动变化模式：$Re < \approx 40$,；涡内的流动转变$\approx 150 < Re < \approx 400$；边界层从层流到紊流的转变$\approx 300\ 000 < Re < \approx 500\ 000$，与渔网丝一样小或与 Spar 海上平台一样大的圆柱体都会受到涡激振动(VIVs)的影响。因此，可在非常广泛的应用中开发 ALTs，并将其配置为满足地形和流动细节以及功率输出要求。最重要的是，它们甚至可以利用来自低速流的水动能，在低速流中，可再生能源技术在经济上是不可行的。

在第 4.1 节中，水平流动中的海洋流体动力学(MHK)能量被认为是可再生能源的来源。讨论了在利用水平 MHK 能量、将其转换为机械能以及满足成功的商用转换器要求方面所面临的挑战。MHK 能源技术基于稳定升力或交变升力进行分类。在第 4.2 中，ALTs 采用 VIVACE 转换器作为案例研究，因为它以多种形式的 FIMs 运行，以在非常广泛的水平流速范围内产生交变升力。介绍了 VIVACE 专利的基本概念，以及在运行和发展过程中实施的基本物理原理。第 4.3 节介绍了交变升力变换器研究和开发中使用的工具库，以及如何使用这些工具来理解复杂的相关物理现象。这些工具包括密歇根大学海洋可再生能源实验室(MRELab)的低湍流自由表面水 LTFSW 通道、两个拖曳水池、实现所需线性或非线性阻尼和刚度模型的虚拟振荡器、使用激光和氧化铝颗粒的流动可视化和涡流跟踪、在密歇根州休伦港圣克莱尔河现场测试、由 MRELab 开发和验证的专用 CFD 工具、用于数据后处理和分析的数学模型、以及在 MRELab 中开发的用于将不同装置收集的数据以及实验模型和技术减少为等效 FIM 数据的方法。介绍了所克服的挑战和今后的挑战以及解决这些挑战的研究方法。其中包括用于能量利用的高阻尼 FIM、克服流动转变、通过 PTC 增强 FIM、背对背放置各种形式的 FIM 以创建广泛、高响应振荡器，以及使用多个主体的协同 FIM 以优化 MHK 能量转换。讨论了目标和基准。本章最后总结了该领域的研究现状、结论和未来的发展趋势。

4.1　水平流中的水动能

水动能被定义为流动水中的动能。“海洋可再生能源”是指由波浪、潮流、开阔洋流、河流、海洋温差和盐度梯度产生的能量。利用这些可再生资源的技术称为 MHK 能源技术。水平水动能通常是指潮汐、开阔洋和河流水流中的水动能，尽管其他海洋可再生能源也有一些水平能量。特别是在其他海洋可再生能源中存在一些垂直能量，垂直水动能是指波浪中的水动能。

太阳能可以被认为是所有这些形式的 MHK 能量的原始来源。太阳向地球输送 174 PW 的能量。在大气、云和地球表面反射能量之后，89 PW 的能量被陆地、大气和水吸收。然后，这些能量就会在大气中辐射，或者直接从地球表面反射回太空。在此过程中，海洋环境(主要是海洋)吸收 9 PW (285 ZJ/年)，风捕获 0.19 PW(6 ZJ/年)，生物量捕获0.057 PW (6 ZJ/年)。这些估计是基于现有技术的假设，没有机械效率造成的损失，也没有获得的限制。

鉴于可再生能源的巨大来源和预期的环境效益，可再生能源的总体方向上面临压力。美国有 37 个州引入了可再生能源组合标准(RPS)，根据该标准，公用事业公司必须从可再生能源中获取一定比例的电力，以减少碳排放。随着新发电技术的发展，设定的目标将在不久的将来提高。可再生能源使用预计将从 2012 年的 9%增加到 2040 年的 12%，以响应 RPS 和联邦税收抵免[见图 4.1(a)]。2012 年后，可再生能源发电预计每年增长 1.9%[见图 4.1(b)]。太阳能、光伏发电和风能主导了可再生能源能力的增长。

在图 4.1 所示的统计数据中，不包括 MHK、蒸汽内水力发电和混合太阳能热联合循环。这一快速审查的相关结论是，MHK 能源行业尚未达到能够为国家或国际可再生能源投资作出贡献的成熟水平。

4.1.1　*海洋水动力能源*

MHK 能源，也称为海洋能源、海洋可再生能源和海洋能源。MHK 能源行业目前还处于起步阶段。已经提出了许多概念，但几乎没有技术融合。实际上，MHK 能源概念的数量

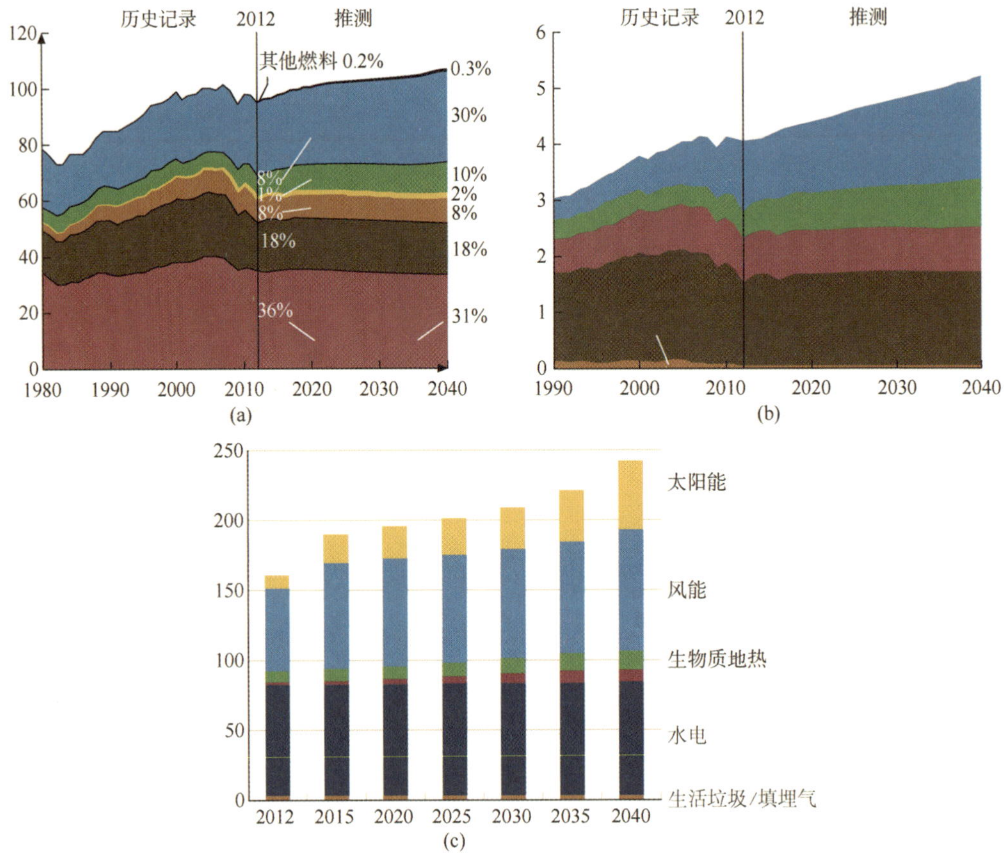

图 4.1 MRELab VIVACE 转换器模型的规格

(a)美国的能源需求：1×10^{12} BTU 燃料的一次能源使用量 (b)美国电力需求：按 1×10^{9} kWh 的燃料发电 (c)美国发电量按 GW 计算

可能高于风能产业早期阶段的风能概念的数量。全世界安装的 MHK 装置的容量相当小，只有几十兆瓦，不包括潮汐堰电站，这些装置通常是工程原型试验装置或小型几个单元示范波浪和潮汐项目。

另一方面，海洋环境每年吸收的能源量巨大。海洋热能占绝大多数，约 200 万 TWh，盐梯度能 23 000 TWh，潮汐能 22 000 TWh，波浪能约 18 000 TWh。从这些数字来看，世界每年的耗电量约为 19 000 TWh，而世界总能源消耗量约为 132 000 TWh。因此，尽管很难准确估计可利用的海洋能源，甚至更难估计可利用的能源，但显然海洋可再生能源是一种巨大的资源，应该继续开发或充分利用。必须开发能够有效利用 MHK 能源的技术，即使能源具有较低的功率密度，这些技术也要以经济上可行和环境上兼容的方式从较容易获得的地区获得。

美国国家可再生能源实验室（NREL）发表了关于可再生能源的有用报告，它提供了有关美国 MHK 能源规模的信息。以下是对资源估计和可提取潜力的一些数据。

1）自然波能

（1）理论上的全球自然波能资源，包括动能和势能（由于波的上升），估计在 18 000 和

295 00 TWh/a 之间。

（2）美国自然波能资源总潜力估计在 2 100 至 2 640 TWh/a 之间。

（3）实际可萃取潜力由 Bedard 等人估算，260 TWh/a，为包括夏威夷和阿拉斯加在内的美国全境提供 30 000 MW 的平均功率输出。他们假设将 15%的波浪能转换为机械能，动力传动效率为 90%，电厂利用率为 90%。如果电厂容量系数为 33%，则装机容量约为 90 000 MW。由此产生的波浪能约占 2010 年美国年发电量的 6.5%。

2）自然潮汐能

（1）理论上的全球自然潮汐和目前的能源资源合计估计为 22 000 TWh/a。

（2）美国的自然潮汐能资源潜力，贝达德等人估计为 115 TWh/a，哈斯等人估计为 111 TWh/a。这两个消息来源都认为绝大多数资源都在阿拉斯加。

（3）Bedard 等人估计了实际可提取的潜力，只适用于三个地区：华盛顿的普吉特海湾；加利福尼亚的金门大桥；缅因州的西部通道。这些来源的潮汐能是 6 TWh/a。该研究假设 15%的潮汐动能转化为机械能，典型的动力传动系统效率为 90%，电厂利用率为 90%，从而产生 0.73 TWh/a 的可用功率。

3）自然洋流能源

洋流是由作用于平均流上的力所产生的海水的连续定向运动，如破浪、风、科里奥利力、温度和盐度差以及潮汐力。美国国家可再生能源实验室（NREL）的结论是，在美国，高动能潜在洋流资源主要存在于佛罗里达洋流中，因为它的高核心速度约为 2 米/秒。其他洋流的流速低得多，被认为不能用于发电。佛罗里达海流表面附近相对恒定的能量密度约为每平方流动面积 1 kW。

（1）对于佛罗里达的洋流来说，它的洋流能量估计为 175 TWh/a。

（2）目前还没有确定切实可行的海流能量提取限度。如果将用于潮汐能的相同工程假设应用于佛罗里达海流场，则可提取能量势约为 21 TWh/a，或平均功率约为 2.4 GW。

基于上述讨论，以下结论是合理的：

① MHK 能源是一项丰富的资源，值得通过开发新技术来探索。

② 目前的技术无法以具有竞争力的成本有效地获取绝大多数 MHK 能源。

③ 对可用的全球 MHK 能源资源的估计是困难的。

④ 对实际可提取 MHK 能量的估计是近似的，并且在很大程度上取决于对当前正在开发的技术的性能的推测。

4.1.2　潜力，要求和挑战

尽管 MHK 能源行业还处于起步阶段，而且今后的挑战很多，但 MHK 能源有可能成为寻求可再生和环境兼容能源的主要参与者。下面对 MHK 能源的潜力、成熟的技术要求以及未来的挑战做些概述。

1）潜力

在评估 MHK 能源的潜力时，除了以具有竞争力的成本提供电力的最终产品外，还需要考虑以下因素：

（1）水是最大的天然储能介质，密度高；功率容积比。

（2）世界各地都有流动的水，大约50%的美国人口居住在离海岸50英里以内。这减少了对昂贵的电力存储和运输的需要。

（3）如果能够开发出能够在低流速资源中利用MHK能量的环境兼容装置，则环境效益将是巨大的，如表4.1所示。由表4.1可以看出安装先进技术转换器所避免污染的估计值。选择了三个案例来说明节省的潜力：161 MW（用35%的效率取代461 MW的已安装低功率/低水头容量）、1 700 MW（开发的低功率/低水头资源的22.6%）和3 700 MW（包括低功率/高水头）。

表4.1　先进技术提供了避免严重污染的机会

抵消资源/兆瓦	161	1 700	3 700
煤/千吨	341	3 600	7 850
天然气/亿立方英尺	2.3	24	52
避免污染			
硫化物/吨	7 700	81 300	177 000
氮化物/吨	4 580	48 300	105 000
颗粒物/吨	3 050	32 200	70 000
温室气体/二氧化碳当量	3 150	33 300	72 500

注：①基于美国平均发电组合的抵消资源；②避免污染。

（4）水平MHK能量是可预测的，因此可分配给电网。

（5）水平MHK能量对人们来说是不显眼的，因为即使资源靠近岸边，技术仍然会一直处于淹没状态。

2）要求

为了使海洋可再生能源，特别是水动力能源，有助于解决世界能源挑战，必须发展以可持续方式发电的技术。这有两个特点：一是利用清洁和可再生能源，MHK能量满足这一要求；二是使用环境兼容技术。

这两个属性可以扩展到以下需求：

① 对替代能源和常规能源具有成本竞争力。

② 不引人注目，如在任何时候都不可见。

③ 与海洋生物不冲突，如通过模拟鱼类推进或自然现象。

④ 具有可容忍的噪声和电磁干扰水平。

⑤ 具有高能量密度源。

⑥ 是可预测的，因此可调度到电网。

⑦ 易于构建、维护、部署和检索。

⑧ 可靠且简单，维护成本低。

⑨ 可扩展，因此在各种环境条件下有效应用。

⑩ 模块化、可重新配置且可根据现场地形进行调整。

⑪ 对环境变化具有鲁棒性，从而即使在流速变化时也能有效地起作用。

⑫ 对漂浮的碎片和海洋污垢具有鲁棒性。

⑬ 对环境负荷具有鲁棒性，因此其寿命至少为 20 年。

这些需求导致了一系列的挑战。

3）**挑战**

MHK 能源产业面临的挑战可分为研究突破、技术挑战、监管障碍和市场问题。

（1）研究突破。在分析水平 MHK 能源时，MHK 能源界的基本假设是可行技术所需的最小速度为 2 m/s（≈4 节）。电力研究所（EPRI）的结论是，为了使涡轮技术在经济上可行，要求平均流速为 5～7 kn（2.5～3.5 m/s）。在美国只有 7 个地域符合此要求。此外，研究实际上将海流资源限制在：佛罗里达洋流。由于绝大多数水流低于 3 节（≈1.5米/秒），而一般的河流速度低于 2 节（（≈1 米/秒），所以技术上的突破对于开发水平 MHK 能源是必不可少的。它提出了设计和构建能够以较低速度高效运行的新技术的挑战。戈尔洛夫涡轮机和阿尔特斯在第 4.1.4 节讨论了有希望的解决办法。

与化石燃料相比，低功率密度（功率与面积或功率与重量的比）是所有可再生技术的致命弱点，而不仅仅是海洋能源技术。它导致在构建、部署和检索 MHK 能源技术方面的高成本。巴巴里特等人对几种运行中的波浪能转换器进行了比较，计算出 7 种转换器的最佳功率密度范围为 0.065～0.206 4 kW/Mg。由于浮力和重量/压载之间的平衡问题，海洋结构通常较大且较重，这导致另一突破性要求。

从研究的角度来看，低功率重量比的挑战导致两个单独的挑战。第一种是增加流体力学功率输出。典型的 MHK 能量转换器包括点吸收器（浮标）、线吸收器一维（1-D）衰减器，例如海蛇号、表面吸收器二维（2-D），如振荡水柱和面积吸收器二维，如涡轮、螺旋桨、水车。在利用三维能量之前，功率密度的分子至多与二维成正比，而分母（体积或重量）与三维成正比。因此，规模的大幅度增加将导致给定操作场的较低功率密度。必须在这方面取得研究突破。第 4.1.4 节讨论的 ALTs 为这一挑战提供水动力解决方案。

低功率重量比导致的第二个挑战是 MHK 能量转换器的重量重或体积大。所有五种概念（点吸收体、越浪装置、振荡水柱、衰减器、倒立摆）的经典波能转换器可以封装得更紧密，但这不会导致真正的三维（3-D）MHK 能量转换器。将存在水动力干扰效应，其至多将导致农场的输出比独立利用电力的所有组件的输出更少。也就是说，只有当农场的支撑结构为多于一个的装置服务而质量或体积没有成比例的增加时，使装置更靠近在一起才是有益的。

（2）技术挑战。NREL 指出了一些重要的技术开发挑战：较高的资本成本；未经证实的与传统能源生产技术不具成本竞争力的技术；水中全尺寸的功能，性能和可靠性未经验证；资源数量和可变性未被很好地量化；未定义的实用要求。

（3）监管障碍。NREL 进一步确定了以下监管障碍：鼓励发展的稳定的支持性政策；

监管支持，以促进部署和监测；政策将冲突最小化，并将环境政策，税收政策，能源供应政策和能源安全中所体现的利益和优先事项统一起来；协调监管流程，最大限度地减少环境影响，同时促进负责任地部署 MHK 技术；制定适当的安全要求和应急程序；由于不确定的环境影响，需要大量的许可研究和准备时间。

（4）市场问题。NREL 进一步确定了以下市场问题：新的和陌生的技术；不具成本竞争力的技术；缺乏安装，操作和维护的基础设施，专用设备和训练有素的劳动力储备。

在上述讨论的基础上，可以得出以下结论：

① 自 2008 年以来，在美国能源部能源效率和可再生能源办公室(EERE)的支持下，MHK 能源行业在丰富的 MHK 能源前景的推动下，正在稳步走向商业化。

② MHK 能源行业必须克服技术开发，市场和监管方面的挑战，才能走向成熟。

③ MHK 能源需要研究突破来提高其功率重量比，然后才能与其他可再生能源技术竞争。

④ MHK 能源技术需要在概念上取得突破，才能利用绝大多数水平 MHK 能源，这比目前 2 m/s 的技术阈值要慢。

4.1.3 定升技术

本章中引入术语“定升转换器”或“定升技术”是指涡轮机和水车(见图 4.2～图 4.4)。定常升力是由升力面产生的，如翼型和水翼在定常流动中。潮汐涡轮机、洋流涡轮机、水车、螺旋桨都是 SLTs。潮汐涡轮机通常安装在较浅河口的底部固定塔架上[见图 4.2(a)]。海流涡轮机可安装在水翼或浮动平台上[见图 4.2(b)]或系泊在深水中，如佛罗里达海流[见图 4.2(c)]。海流涡轮机的尺寸不受限制，因此在概念上类似于风力涡轮机。

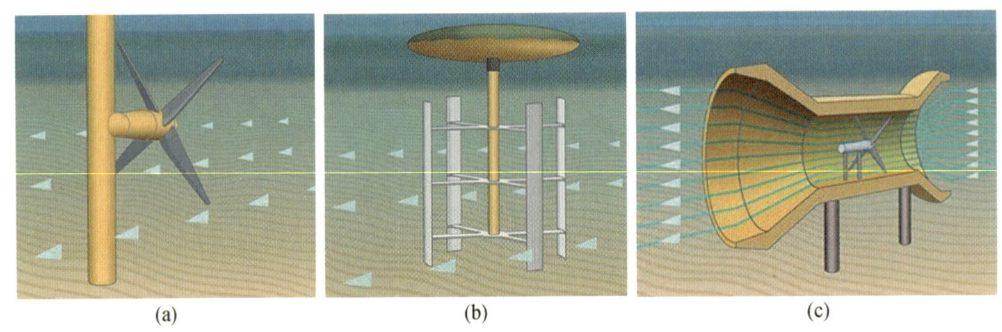

图 4.2 稳升技术：涡轮机

(a) 水平轴汽轮机 (b) 垂直轴涡轮机 (c) 涵道涡轮机

图 4.3 稳升技术：涡轮机(续)

(a) 绿意螺旋桨 (b) 海流潮流发生器 (c) 开式轮毂涡轮

定升涡轮也可分类为水平轴涡轮[见图 4.2(a)、(c)、图 4.3、图 4.4(a)]或垂直轴涡轮[见图 4.2(b)]、开式轮毂涡轮[见图 4.3(c)]和低速涡轮[见图 4.4(b)]。管道可用于加速流过涡轮的水流，从而增加转子角速度并潜在地增加发电机效率[见图 4.2(b)]。Gorlov 式涡轮也可以水平使用[见图 4.4(a)]或垂直使用。当它们的提升表面离旋转中心更远时，它会产生更高扭矩的涡轮。其他涡轮机的设计目的是减少它们对鱼类的影响，如 EPRI 的奥尔登涡轮机[见图 4.4(b)]和敞开式轮毂涡轮机[见图 4.3(c)]。

(a)

(b)

(c)

图 4.4　稳定升程技术：涡轮机
(a) ORPC 涡轮机　(b) 奥尔登涡轮机　(c) 水下风筝设计

在美国，有几家公司正在开发 MHK 稳定升力涡轮机。最值得注意的是以下几点：

(1) 2002 年至 2006 年间，verdant Power 在纽约东河测试了一台额定功率为 35 kw 的样机，直径为 5 m 的三叶片潮汐涡轮机。从 2006 年到 2008 年，Verdant 在同一地点[见图 4.3(a)]安装并测试了潮汐阵列中的六个涡轮机。

(2) 水电绿色能源正在开发一种管道式水流涡轮机，该涡轮机利用流动的水流(如河流、潮流和洋流)发电。

(3) 2010 年，阿拉斯加电力和电话公司在阿拉斯加州鹰市附近安装了一台 25 千瓦的河流涡轮机。低速垂直轴涡轮安装在浮动平台上，2012 年由新能源公司制造。

(4) 海洋可再生能源公司正在缅因州东部港口附近的科布斯克湾测试其新的商业潮汐发电系统。

更多的技术正在世界各地进行测试。许多其他技术处于工程开发的早期阶段。

关于 SLTs，可以做出以下结论/意见：

① 在利用水平水动力能量的努力中，SLTs 占据了主导地位。

② 涡轮机需要突破来挑战 2 m/s 的最小流速阈值

③ 包括涡轮机公司在内的 MHK 公司面临着各种挑战，并且经常倒闭，因为利用海洋能源比预期的要困难得多，成本也更高。

4.1.4　交变升力技术

上文引入术语交替升力转换器或交变升力技术是指采用在 FSI 现象中自然发生的交变升力的技术。鱼类利用交替的升力在水中以相对于水流的任何速度作为个体或在鱼群中有效地推进。升力面，如鱼鳍，主要用于转向而不是推进。鳍片可以作为它们整个身体运动的一部分来促进推进，这是交替的。

具有细长横截面（如水翼）或非流线横截面（如圆柱形管道）的物体通常受到 FSI 现象的影响。流体激励的尺度大约与结构横截面的尺寸相同，从而导致流体和物体运动之间的相互作用。

柔性或刚性支撑在柔性支撑上的细长结构可具有在振荡升力的频率范围内的固有频率，在这种情况下，可引起严重的 FSI 现象。FSI 现象具有破坏性，因此，通过设计或使用过度阻尼或附件来抑制 FSI 现象。当增强时，FSI 可导致身体的剧烈 FIM，从而将 MHK 能量转换成振荡器中的机械能量。

水翼可以通过颤振获得 MHK 能量，颤振是一种经过深入研究和理解的不稳定性形式。图 4.5(a)、(b)示出了两个专利，图 4.5(c)示出了用于水的相同概念。

另一方面，非流线形体，如圆形或矩形截面圆柱体，可以表现出上面定义的几种形式的 FIM。交变升力 MHK 能量装置已设计，个体（见图 4.6）或群体设计[见图 4.6(c)]，并已获得专利。VIVACE 是一种基于非流线截面圆柱体的独特 MHK 能量装置，它利用了上述所有形式的 FIM。

FIM 中的单个和多个柱体的流动力学细节将在 4.2 节中讨论。在这一点上，重要的是要介绍非流线截面柔性圆柱 FIM 中涉及的各种形式的交变升力，讨论了它们的性质及其在海洋环境中和在单个、鱼群或弹性体的 FIMs 中的作用。图 4.7～图 4.12 用于说明 FIM 的各种情况。

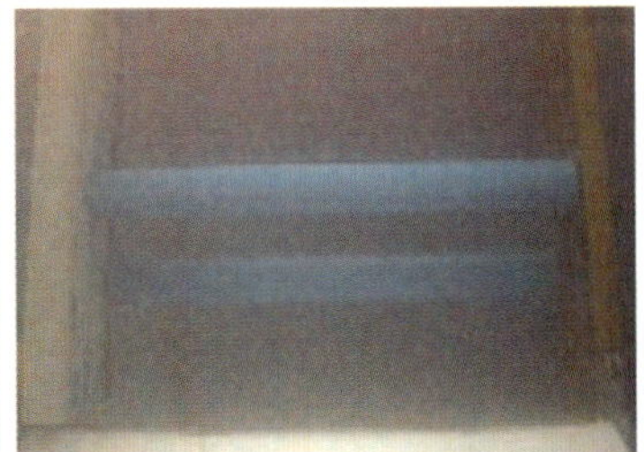

图 4.5　交变升力技术：涡激振动、驰振、间隙流动

(a) 以 VIV 为基础的歇根大学海洋可再生能源实验室（MRELab）的早期 VIVACE 模式　(b) 基于 VIV、驰振以及 VIV 和驰振共存的 OHMSETT（油和有害物质模拟环境试验水池）拖曳水池的 VIVACE 模型　(c) 基于协同多体 FIMs 的圣克莱尔河中的 VIVACE 试验：涡激振动、驰振、涡激振动和驰振共存以及间隙流增强

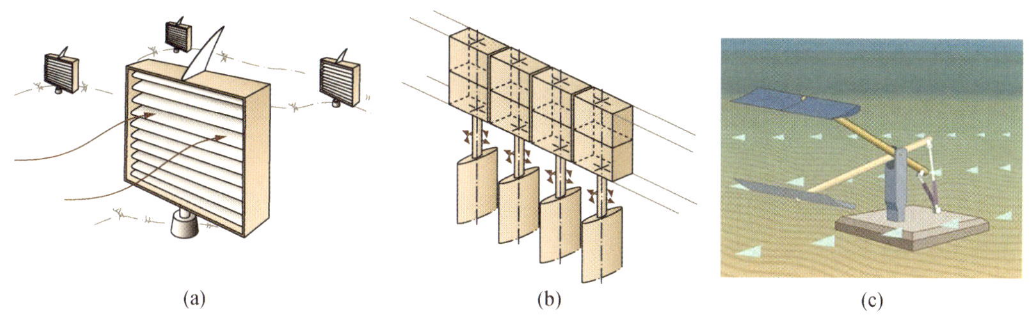

图 4.6　交变升力技术:颤振不稳定性
(a) 能量束的颤振不稳定性　(b) 能量束的颤振不稳定性　(c) 水翼颤振不稳定性

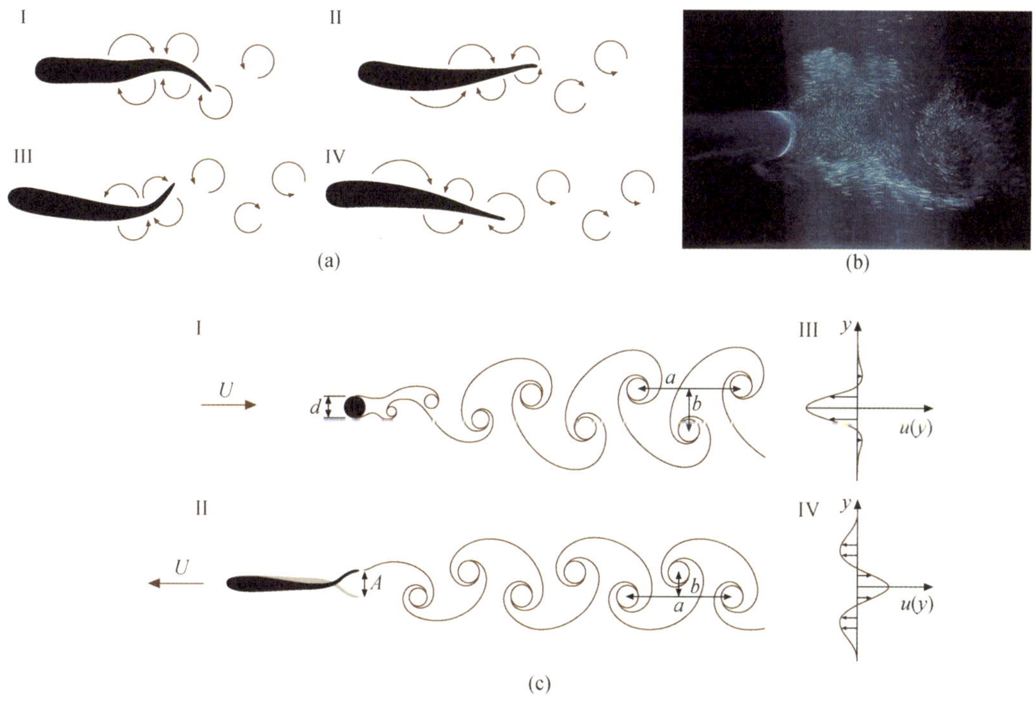

图 4.7　交变升力的意义
(a) 鱼类推进　(b)VIV 中单个 VIVACE 柱体的近尾流　(c) 稳定流中的圆柱尾迹与向前运动中的鱼尾迹

(1) 单个鱼类和旋涡脱落:鱼类主动弯曲其身体,如图 4.7(a)所示,以在凸侧收集大旋涡。然后,主动推开涡流,迫使涡流在它们沿相反方向弯曲身体时脱落,以重复脱落相反旋转涡流的循环。图 4.7(c)Ⅱ示出了尾流中形成的交替涡街。施加在鱼上的升力与环流成正比,环流主要集中在脱落旋涡中。升力随着脱落涡的交替模式而交替。这是一个推力尾流推动鱼前进。

(2) VIV 中的单个圆柱体和旋涡脱落频率:在定常流动中,在固定圆柱的尾流中形成一条交变涡街。图 4.7(b)示出了近尾流的激光可视化图,图 4.7(c) I示意性地示出了称为冯·卡尔曼街的交替涡街。这是一种阻力尾流,提供具有非零均值分量和零均值振荡分量的零均值交变升力和阻力。旋涡被动地在圆柱体的下游脱落,主要遵循杰拉德的机制,其中剪切层和无旋流在汇合点处汇合。根据库塔儒科夫斯基定理,在这个过程中,大约 60%的涡量抵消发生,导致 60%的环流和升力减少。除了三个过渡区之外,尾流在所有雷诺数上都具有主导频率。静止圆柱的旋涡脱落频率称为斯特罗哈尔频率。增加圆柱体的柔性,使其能够响应感应的交变力,可能导致非线性共振,具有非常广泛的同步范围,称为 VIV。如 4.2 节所述,使用此 FIM 现象,在振荡器中将 MHK 能量转换为机械能量。

(3) 尾流中的单个鱼:如图 4.7(c)所示,流线型体,如鱼,产生推力尾迹,圆柱形产生阻力尾迹。图 4.8(a)显示了鱼群在菱形地层中移动以利用可用于推力的涡街。已经进行了在非流线型体[见图 4.8(b)]之后放置鱼的实验。鱼以这样一种方式定位自身,即身体的拖曳尾流变成鱼的推力通道。结果,黑鱼以最小的努力维持了它在水流中的位置。

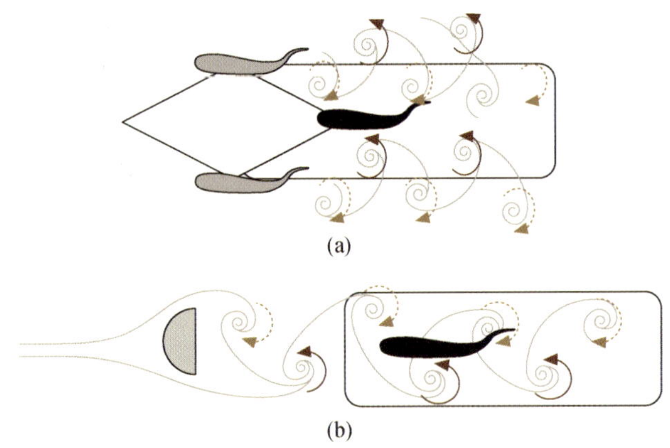

图 4.8 交变升力的意义

(a) 黑鱼利用两条灰鱼产生的反向冯·卡尔曼街(推力尾流) (b) 由倒 D 形截面柱体产生的类似尾流。鱼利用离散旋涡的能量以及在卡尔曼街的平均减速

(4) VIV 中的单个圆柱体和尾流频率:当圆柱体在 VIV 中时,随着速度的增加,每个周期脱落涡的数量也增加(见图 4.9)。因此,旋涡脱落频率变为振荡频率的更高倍数。然而,涡流成组脱落,保持主要尾流频率以保持与振荡频率相同。因此,非线性共振持续存在,并且振荡器仍然可以用作将 MHK 能量转换为机械能量的有力机构。

(5) 单个圆柱体同时 VIV 和驰振:驰振与 VIV 有着根本的区别。前者是由于几何形状或撞击流的不对称造成的升力不稳定,并导致更剧烈的升力。对于弹性支撑上的圆柱体或柔性圆柱体(例如管道、电缆),可能发生振幅甚至高于 VIV 的非线性振荡。通常情况下,驰振以比 VIV 更高的速度发生,但是取决于质量、阻尼比、绝对速度和横截面几何形状,这两种形式的 FIM 可以在过渡区域上重叠。图 4.10(a)显示,由于剪切层与振荡同步而产生的驰振机制已经生效,旋涡脱落过程仍在与振荡同步进行。此处的不对称是由连接到圆柱体上的 PTC 引起的。

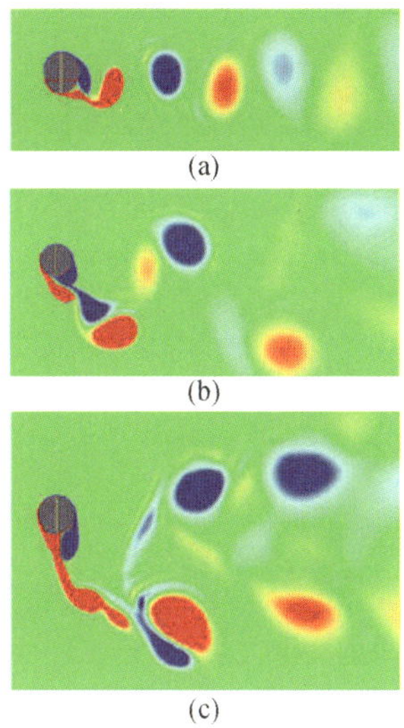

图 4.9　交变升程力的意义：VIV 中单个 PTC 柱体（TrSL3 流动状态；$D=3.5''$）
(a) 初始分支，2S（S＝单个）涡型，Re＝35 000。振幅 $A\approx1*D$　(b) 上分支，2P（P＝一对）涡型，Re＝65 000。振幅 $A\approx1.5*D$　(c) 后上分支，PSSPSS 涡型，Re＝95 000。振幅 $A\approx2*D$

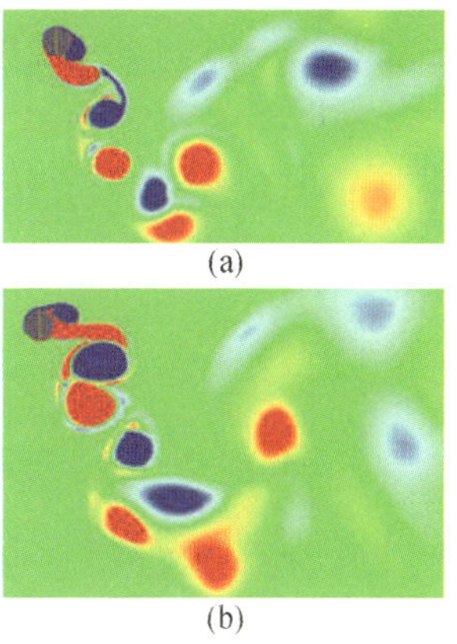

图 4.10　交变升力的意义：单 PTC 柱体在稳定流中由 VIV 到驰振过渡，驰振（TrSL3 流动状态；$D=3.5''$）
(a) SPSSPS 上部分支向驰振过渡，Re＝110 000。涡激振动机制和驰振机制并存且同步。振幅 $A\approx3*D$　(b) 2P＋8S 驰振，Re＝130 000。驰振机制驱动；涡流脱落是不同步的。振幅 $A>3*D$

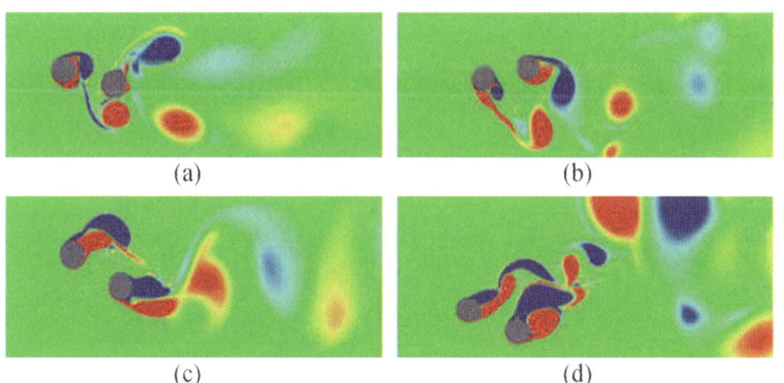

图 4.11　交变升力的意义：两个 PTC 柱体在通道中以稳定流串联（TrSL3 流动状态；$D=3.5''$）
(a) VIV，R＝30 000。在第二个柱面上的上游漩涡的时间点是这样的，它们从第二个柱体中获取相同的旋转涡流，离开第二个柱体，而没有循环和升力。抑制了第二个柱体的涡激振动　(b) VIV，Re＝59 229。第二个圆柱先行，间隙流动保持分开。因此，每个圆柱都有自己的尾流，提供交替升降，从而产生 VIV　(c) Re＝60 000。这两个柱体在 VIV 中不同步。对于 $m^*=1.68$，第二个圆柱有足够的动量穿过第一个圆柱的尾流。发生部分涡度合并，但第二圆柱维持其尾流、升力，并且 $A\approx1.5*D$　(d) Re＝90 000。这两个圆柱在 VIV 中几乎同步，由 VIV 向驰振过渡。由于涡激振动机理与驰振不稳定性同相，第二圆柱中的部分涡度聚并现象增加了升力。振幅 $A>2.5*D$

(6) 单个柱体驰振：随着速度的增加，驰振机制变得更加强大，引起更大幅度的振荡[见图 4.10(b)]。每个周期脱落的涡流数量增加，但涡流与振荡不同步。脱落的旋涡将圆柱体推开。从图 4.10(b)中可以看出，一些涡流在错误的方向上推动。也就是说，旋涡脱落继续，但无助于增加升力。到目前为止，驰振机制更强大，以驱动振荡和 MHK 能量转换到更高的水平。

(7) 鱼群里有多条鱼：图 4.8(a)显示了鱼如何在鱼群更好地利用漩涡中的能量。这种构造有效地填充了整个横截面，使得鱼群成为将 MHK 能量转换成机械能的三维装置。这是一个真正的三维机制，因为一条鱼在鱼群里比单独行动更有效。这与将任何类型的转换器紧密封装在一起是不同的。相反，设备之间的干扰效应可能导致效率降低。

(8) 多圆柱体相互干扰：当多个对 FIM 敏感的静止或弹性物体紧密形成时，如果它们被隔离，干扰效应可能支配它们的流动动力学。也就是说，涡流脱落、尾流和不稳定性可以部分地或完全地改变。在这种情况下，到目前为止讨论的 FIM 的基本形式可能不会发生或可能会得到增强，除非圆柱体在流动方向上分开多达 9～10 倍直径的距离或垂直于流动方向上分开 3～4 倍直径的距离。图 4.11(a)显示了大致对应于图 4.9(b)的初始分支的早期阶段中的两个圆柱体。两个振荡器的配置和动态细节使得第二个圆柱体在 VIV 中开始，就像第一个圆柱体一样，但是在几个循周期内，其涡流与来自上游尾流的涡流汇合并且其运动被抑制。图 4.11(b)～(d)显示了不同类型的干扰。来自上游尾流的涡流撞击第二个圆柱体的时机使得第二个圆柱体保持其涡街并且达到允许在两个圆柱之间流动的幅度，这进一步增强 FIM。

(9) 圆柱间间隙流：对于两个静止干扰圆柱体，间隙流动完全破坏涡流脱落并扭曲上游圆柱体的近尾迹。间隙流的发生区域为 $1 < L/D < 3.5$ 和 $0.2 < T/D < 0.4$，其中 L 和 T 分别为两个圆柱之间流动方向中心到中心的距离和圆柱体间的横向间距。当两个圆柱体处于 FIM 中时，间隙流可增强 FIM，并导致更多的 MHK 能量在振荡器中转换为机械能(见图 4.12)。

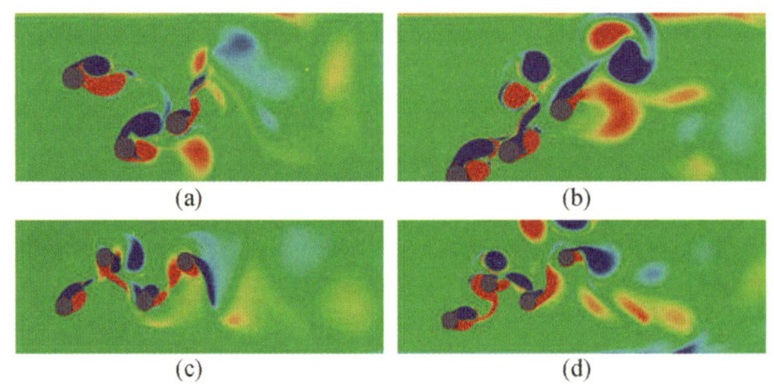

图 4.12　交变升力的意义：三个和四个 PTC 圆柱在通道中以稳定流串联(TrSL3 流动状态；$D=3.5''$，$2.5*D$ 中心到中心间距)

(a) Re=62 049。第一和第二圆柱在 VIV 振荡中异相，如图 4.8(b)所示。第三圆柱紧跟第二圆柱，如图 4.8(a)所示。$A\approx1.5*D$　(b) Re=90 254。第三圆柱跟随第二圆柱跟随第一圆柱。间距不是最佳的，因此，第二圆柱没有达到第一和第三圆柱那样高的振幅。VIV 向驰振过渡。由于涡激振动机理与驰振不稳定性同相，第二和第三圆柱的部分涡度聚并现象增加了升力。振幅 $A>2.5*D$　(c) Re=62 049。四个圆柱之间的相位发生变化。发生局部涡聚并的涡激振动。圆柱保持其尾流、升力并且 $A\approx2*D$
(d) Re=90 254。四个圆柱之间的相位发生变化。发生局部涡聚并的涡激振动。从 VIV 过渡到驰振的过程中，圆柱维持其尾流、升力并且 $A\approx2*D-2.5*D$

（10）圆柱间尾流位移：对于两个静止干扰圆柱，尾迹位移不会干扰旋涡脱落，而只会取代上游尾流。尾流位移发生在 $L/D>3.5$ 和 $T/D>0$ 时。当两个圆柱在 FIM 中时，尾流位移允许两个圆柱之间的流动，并且可以增强 FIM，并且导致更多的 MHK 能量在振荡器中转换成机械能。图 4.12(a)显示了第一和第二圆柱之间的情况。

（11）间隙流驰振：在雷诺数较高、速度较低的充分发展的驰振区内，圆柱间流动也可增强驰振，从而将更多的流体动能转化为振荡器中的机械能。图 4.13 显示两个圆柱处于完全发展的驰振区域，第二个圆柱始终跟随第一个圆柱。振荡幅度虽然周期性地变化，使得有时第一圆柱的幅度[见图 4.13(a)]或第二圆柱的幅度[见图 4.13(b)]将更大。

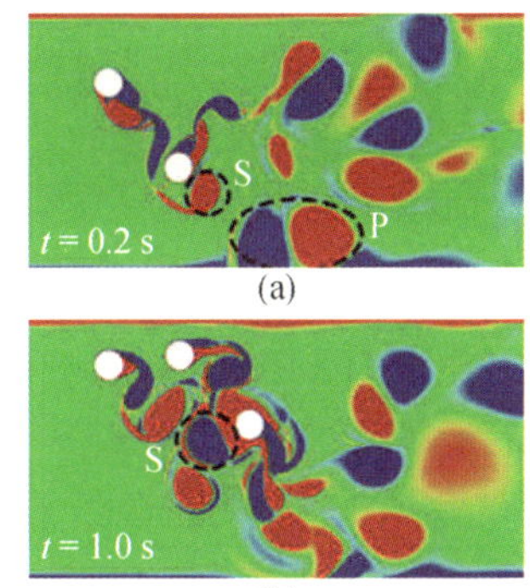

图 4.13 交变升力的意义：两个 PTC 圆柱在通道中以稳定流串联（TrSL3 流动状态；$D=3.5''$，$2.5*D$ 中心到中心间距）
(a) $Re=100\,000$。在完全发展的驰振中，第二圆柱跟随第一圆柱。第一圆柱振幅较高 (b) $Re=100\,000$。在完全发展的驰振中，第二圆柱跟随第一圆柱。第二圆柱振幅较高

关于 ALTs（交变升力技术），可得出以下结论/意见：

二维（圆柱形）物体有两种横截面几何形状，当它们是弹性或刚性固定在弹性支撑上时，可以产生交替的升力和交替的 FIM：可能颤振的细长截面水翼/翼型；由于交替涡流、驰振不稳定性、多体干涉或这些的组合而可能经受各种 FIM 的非流线横截面。

颤振失稳和驰振在工程结构中是被动发生的，海洋生物没有利用颤振失稳和驰振进行推进。

鱼类利用涡街和多体相互作用在水中有效推进。两种机制都具有高度可扩展性，几乎可以在整个雷诺数范围内进行。

通过使用涡街、触发驰振不稳定性、甚至两种机制的叠加，可以利用自然发生的交变升力，从非常慢的速度到非常快的速度的所有稳定流中，建立非线性振荡器。

当隔离时，具有非流线横截面的二维物体之间的干涉可以引起相同物体更强烈的 FIM 响应。这使得能够在振荡器中增加流体动能到机械能的转换，同时减小 MHK 能量转换装置所占用的空间。

VIVACE 转换器是根据结论 3～5 构建的，因此它具有以下特性：

① 基于海洋环境中自然出现的交变升力。

② 潜在的物理机制具有高度可扩展性，即使在非常慢的流量下也能够将 MHK 能量转换成机械能量。

③ 多体干涉能够在振荡器中将 MHK 能量更高地转换为机械能量。

④ 物体邻近减少了 VIVACE 所占用的空间，从而导致更高的转换功率密度

⑤ 通过适当地配置多个圆柱形振荡器成为紧密结构，可以设计成三维转换器以实现对所有可再生能源装置的致命弱点的影响，即功率体积比。

4.2 交变升力技术：以 VIVACE 转换器为例

在 ALTs 中，VIVACE 转换器可能是最接近商业化的，因为自 2006 年推出以来，它已经

经历了广泛的实验室测试[见图 4.5(a)(b)、4.7(b)]和几次现场部署[见图 4.5(c)]。此外，其若干组成部分和基本原则对 ALTs 是通用的。因此，在本节中，将 VIVACE 转换器用作案例研究。4.2.1 节对此进行了说明。其规模和应用情况见 4.2.2 节，基本原则在 4.2.3 节中作了说明。

4.2.1 概念、规模和原则

从物理上来说，VIVACE 转换器是一个简单的机器。简单性是一项在海洋环境中可靠运行要求。该转换器具有较少的部件，并且可以构建成承受环境载荷并且具有较低的维护要求。在海洋环境中操作带有移动部件的设备是一个挑战。VIVACE 原型和模型已经建立并在循环通道、淡水拖曳水池、海水拖曳水池、河流和运河中运行。尽管每个模型都不同，但基本概念保持不变，并且组件也按比例缩放以适应每个测试的设施和目标。

1）基本概念

自 2005 年成立以来，VIVACE 转换器的基本概念一直是增强 FIM，以便在振荡器中将更多的流体动能转换为机械能，随后转换为电能。弹性细长体可响应于来自水流、潮汐或河流的准稳定流或由于波浪引起的振荡流而呈现 FIM。考虑到波的间歇性，准稳态流为最终产生基本能量提供了更好的能量来源，因此被选择为 VIVACE 将面向的 MHK 能量来源。在 FIMs 中，另一个早期设计决策是仅增强涡激振动、驰振以及涡激振动和驰振的同时存在。在多个圆柱转换器中，邻近的两个圆柱之间的间隙流和尾流干扰不仅用于增强 FIM，而且更重要的是，用于实现协同操作，从而导致能量转换高于隔离的相同数量的圆柱的能量转换。

这些 FIMs 中的一些基于同步，具有大的但有界的响应，而另一些基于不稳定性，可能具有无界的响应。通过使用阻尼来利用能量，同时限制振荡器响应。当圆柱 FIMs 增强时，需要控制器来约束圆柱的响应并通过动力输出(PTO)系统来利用能量。

因此，早期作出了以下设计决定：

① 抖振，虽然是 FIM 最强大的形式之一，但由于其随机性，不应用于设计商用 MHK 能量转换器。

② 由于波激励引起的 FIM 是已知的现象，并且可以增强用于 MHK 能量转换。然而，波的间歇性以及它们的随机性使得波成为 ALTs 的 MHK 能量源的非主要目标。

③ VIVs，VIV 和驰振的共存以及充分发展的驰振在单个圆柱 ALTs 中得到加强，以便利用 MHK。

④ 在多个圆柱 ALTs 中，间隙流和尾流相互作用现象被用来进一步增强 FIMs。

2）VIVACE 转换器的描述

VIVACE 转换器的最简单形式由单个光滑圆柱体[见图 4.5(a)]或具有局部表面粗糙度的单个圆柱体[见图 4.5(b)]组成，所述圆柱体由具有控制器和 PTO 系统的弹簧悬挂。

系统。为了描述转换器，MRELab 中的最新型号作为 VIVACE 转换器的通用代表。应该指出，这是 VIVACE 转换器本身的模型，而不是理想的 FIM 测试。单独的系统用于 VIV 和驰振测试，如 4.3.8 节所述。

在早期版本的 MRELab 振荡器中，系统使用物理弹簧和阻尼器进行操作。自 2010 年起，李等人引入并实现了一种虚拟阻尼弹簧装置，称为 V_{ck} 系统。V_{ck} 使用控制反馈代替了振荡器中的物理弹簧和阻尼器。

从 2005 年到 2012 年，驰振中的振荡器将到达 MRELab 循环通道的安全停止点。为了研究振幅限制较少的圆柱体的 FIM，对通道转换器和 VIVACE 转换器进行了改造。第三代测试模型如图 4.14 和图 4.15 所示进行了设计和构建。在新的设计中，线性运动机构置于水下，导致大多数结构元件处于水下。整个线性运动系统由滑块、同步带和滑轮组成，安装在 1.5 英寸宽的细长管内。滑块通过同步带和皮带轮将圆柱连接到 V_{ck} 系统，如图 4.14 所示。

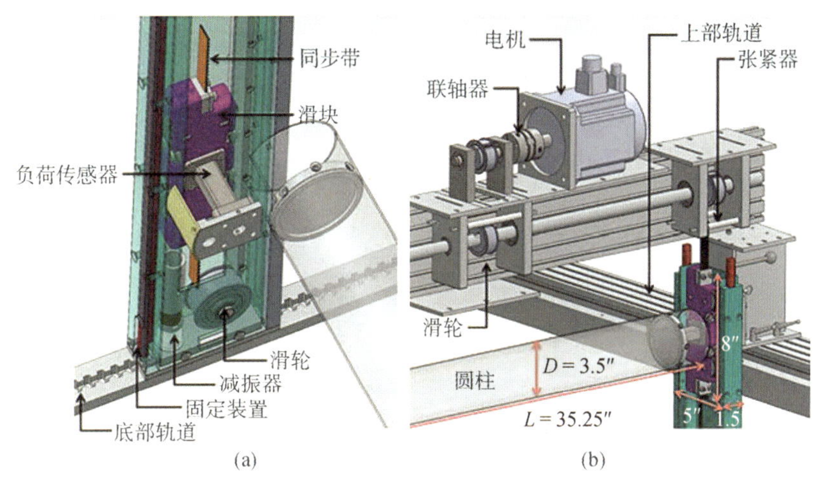

图 4.14　VIVACE 转换器的详细组成

如图 4.15 所示，可以通过将质量可变的杆放置在圆柱内来改变质量比。减震器用于圆柱行程的两端，以防止圆柱撞击水槽的玻璃底。圆柱之间在流动方向上的中心至中心距离 (d/D) 可由轨道系统以 0.5″ (0.012 7 m) 的增量在 0.429″(0.010 9 m) 和 5″(0.127 m) 之间调节。新 VIVACE 转换器的特性总结如表 4.2 所示。

这种交变升力转换器最重要的物理部件如下：

圆柱。在试验中，MRELab 循环通道中的圆柱直径 D 在 2.0 和 6.0″(5.08～15.24 cm) 之间变化，拖曳水池和现场试验中的圆柱直径 D 在 6.0 和 10.0″(15.08～25.4 cm) 之间变化。在未来的现场试验中，涡流水能公司(VHE)设计了 $D=36''$(91.4 cm) 的圆柱。在 MRELab 通道的试验中使用了多达四个串联和交错布置的圆柱。圆柱可以容易地互换(见图 4.14)，并且它们的质量比 m^* 随着质量杆插入圆柱内而变化(见图 4.15)。此转换器型号中使用的圆柱的基本特性如表 4.2 所示。

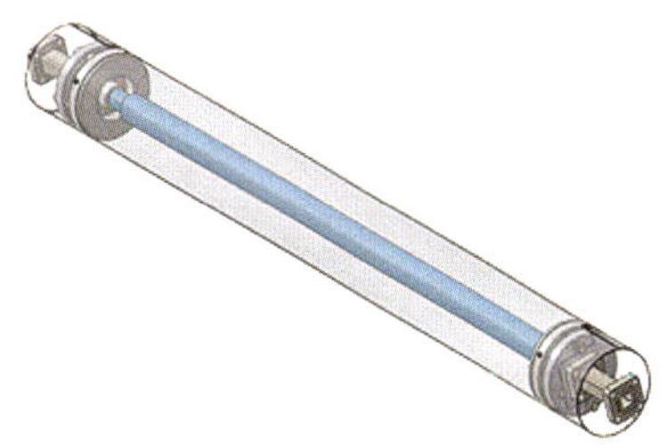

图 4.15　质量可调的可互换圆柱

弹簧。转换器中需要物理弹簧有两个原因。首先，它们为具有固有频率的振荡器的存在提供强制恢复力。第二，弹簧使圆柱的运动反向，因为振荡圆柱所跨越的面积必须是有限的，这是转换器的尺寸和/或实验室设施或现场部署中的运输工具所施加的几何限制所允许的。

表 4.2 MRELab VIVACE 转换器模型的规格

m_{osc}(kg) $0.63 \leqslant m^* \leqslant 2.00$	振荡部件的等效质量，包括物理弹簧质量的 1/3、旋转滑轮、皮带和电机的等效质量
m_d(kg)	置换流体质量
$m^* = m_{osc}/m_d$	质量比
$L=0.89535$ m$=35.25''$	圆柱长度
$D=0.0889$ m$=3.5''$	圆柱直径
$L/D=10.7$	长径比
y_{max}(m)	上下安全挡块的最大允许位移
$Y_{max}/D_{3.5''}=5.5$	圆柱直径的最大允许位移
d	在流动方向上的圆柱中心到中心间距
$1.429 \leqslant d/D_{3.5''} \leqslant 6.0$	圆柱间距与直径的比值范围

这两个原因很明显会在一个普通的振子中崩溃，而在 VIVACE 转换器中则不会。具体而言，VIVACE 是一种非线性机械振荡器，工作在非常广的速度范围内，因此，它跨越了多个 FIMs。在涡激振动中，需要一个弹簧常量 k 来建立固有频率，并实现振荡频率和涡脱落频率之间的同步。一些研究人员将 VIV 解释为一个广泛的范围，锁定现象，其他解释为在相同的流速范围内，由于可变的附加质量，水中具有可变的固有频率的非线性共振。后者可以通过实验测量。这两种方法都基于与流体相对于物体的相对加速度成比例的附加质量力的简单表达式。深入分析表明，附加质量取决于相对加速度分量以及相对速度的对流项。

然而，驰振并不是一种共振现象。这是一种不稳定现象，并不是由尾流中仍然存在的振荡涡结构驱动的。仅需要弹簧来反转圆柱运动，而不需要建立固有频率和可能的共振。如果转换器不受尺寸限制，则一旦在驰振中被激励的圆柱将继续沿一个方向移动，利用来自流的 MHK 能量并将其转换成动能，而不是在弹簧中的动能和势能之间交替。实际上，VIVACE 转换器实现的最高功率转换效率是在圆柱行程的大部分期间不使用弹簧的情况下。后者由保持振荡器的框架限定，并且等于振荡幅度的两倍。非常短的弹簧仅安装在圆柱行程的两端，以在高效过程中逆转圆柱的运动。弹簧必须小心地设计得非常短，以保持反向运动的高效率，并防止圆柱砰击在转换器框架上，从而浪费宝贵的能量。

当转换器跨越多个 FIMs 时，弹簧必须设计为适应 VIV 振荡器和换向运动，以实现驰振。这些弹簧是高度非线性的，其功能在再生制动过程中与控制器的功能协同指定。

关于弹簧的另一个注意事项是，尽管周期内的振荡性质缓慢，但是一年中有3 200万秒，这使得弹簧的疲劳寿命成为一个挑战。具有在 VIV 和驰振中同时为变换器服务的双重作用的强非线性弹簧的设计和分析是困难的，并且是最优控制器算法的一部分。

最后，应当注意，根据转换器的尺寸以及转换器是再循环通道中的模型还是现场原型，弹簧的设计不同。在前一种情况下，弹簧完全由虚拟阻尼弹簧系统 V_{ck} 代替。在现场原型中，存在非线性弹簧，并且非线性弹簧与控制器共存，以实现最佳再生制动、运动反转和最小维护。

被动湍流控制(PTC)以选择性粗糙度的形式被设计并附加在圆柱表面。PTC 以平行于圆柱轴线、关于流动对称的两条砂纸带的形式应用。PTC 起湍流刺激的作用。PTC 实现了以下目标:

(1) 改变圆柱体周围的流动,包括边界层、分离点、剪切层、形成长度、涡流卷起、流体结构相互作用、稳定性等。

(2) 启动低速驰振,使 VIV 和驰振可以背靠背到达,从而创建一个开放式高响应振荡器。

(3) 防止 FIM 在从层流到紊流边界层的流动过渡区域中受到抑制。在这种临界流动状态下,抑制了 VIV。适当应用 PTC 后,FIM 在雷诺数上没有任何间隙。

MRELab 设法建立了 PTC 到 FIM 的映射。确定了 PTC 对 FIM 的影响,包括增强和抑制。

PTC 的有效性取决于四个参数,包括起点和终点、砂砾的粗糙度以及砂纸的总厚度相对于 PTC 位置处边界层厚度的关系。表 4.3 列出了在 MRELab 的 LTFSW 通道中常规使用的 PTC 的样本尺寸。

表 4.3　粗糙条的属性

属性	商品等级				
	P60	P80	P120	P150	P180
平均砂粒高度(k/D)	3.03×10^{-3}	2.19×10^{-3}	1.42×10^{-3}	1.09×10^{-3}	0.92×10^{-3}
背衬纸的厚度(p/D)	6.50×10^{-3}	6.24×10^{-3}	4.98×10^{-3}	5.54×10^{-3}	5.38×10^{-3}
总高度 $T/D=(p+k)/D$	9.53×10^{-3}	8.43×10^{-3}	6.40×10^{-3}	6.63×10^{-3}	5.30×10^{-3}

注:圆柱直径 $D=3.5''$ (0.088 9 m);t/D 应与边界层厚度进行比较。

多圆柱的协同 FIM。这是一个关键的系统参数:转换器中应包括多少个圆柱;在刚度 k、振荡器质量 m_{osc} 和阻尼 c 方面,振荡器的相对特性应该是什么;以及它们应该被放置在群里的什么配置中。间隙流和尾流干扰不仅可用于增强 FIM,而且最重要的是,可实现协同操作,导致能量转换高于相同数量的孤立圆柱的能量转换。MRELab 中的实验设置允许:

① 在流动方向上圆柱体之间的可变中心到中心间距:$1.429\leqslant d/D_{3.5''}\leqslant 6.0$。

② 圆柱之间垂直于于流动方向的可变中心到中心的偏移量:$0.5\leqslant t/D_{3.5''}\leqslant 1.0$。

③ $D=0.088\,9$ 米(3.5″)时雷诺数可达 130 000。

④ 驰振所需的 5.5 倍直径的允许振幅。

⑤ 弹簧可变刚度 300 $\text{Nm}^{-1}<k<5\,000\ \text{Nm}^{-1}$。

⑥ 可变质量比。

⑦ PTC 的位置和属性可变。

所有上述参数对于实现最强有力的 FIM 以最大化在机械振荡器中转换成能量的 MHK 能量是重要的。

3) 线性运动到旋转运动的转换

早期的设计决定是使用现成的组件来构建 VIVACE 实验室模型和随后的现场原型。考虑了线性发电机,尽管它们在将线性振荡运动直接转换成电力方面更方便,但由于其成本高、效率低而被拒绝。取而代之的是，决定在相对低的每分钟转数(RPM)下使用高效、可商购的旋转发电机，并处理线性振荡运动到旋转振荡运动的转换。这种转换的解决方案基于滑轮皮带系统，该系统在实验室和现场都证明是可靠的。

控制器和动力输出(PTO)系统。这两个部件既存在于 MRELab LTFSW 通道的模型中，也存在于拖曳水池和现场试验的原型中。不过，它们的功能和设计在模型和原型之间有所不同。在现场测试中，控制器用于优化转换后的功率，而在实验室中，控制器植入到 V_{ck} 系统中，目的是促进和加速试验参数的改变。最重要的注意事项是不要将流体动力学包括在闭环控制回路中，因为这将引入相位滞后，这将偏置 FIM 响应和转换功率。

V_{ck} 系统。对于实验室的系统测试，有两个重要问题：① 更换物理弹簧和减震器需要为校准和校中做大量准备；② 系统的粘性阻尼很少像振动教材中的经典数学模型那样是线性的。

为了弥补这两个主要的挑战，Lee 等人引入并实现了虚拟阻尼弹簧装置，称为 V_{ck} 系统。V_{ck} 是一个反馈回路，使用伺服电机编码器跟踪圆柱的位置和速度，它提供必要的扭矩来模拟弹簧刚度并提供所需的线性粘性阻尼。在广泛的模型识别和校准之后，V_{ck} 用于减去系统阻尼，然后在按下按钮时施加数学上正确的线性粘性阻尼和弹簧刚度。第一代 V_{ck} 系统支持 2009 年至 2011 年在 MRELab 进行的 FIM 实验。第二代 V_{ck} 系统最近由 Sun 等人建造，支持目前在 MRELab 与甚高频公司(VHF)合作进行的 VIVACE 转换器实验。

综上所述，商用转化器的成功设计应遵循以下结论：

(1) 弹簧是关键的设计组件，应仔细设计以满足多种目标：① 支持 VIV；② 仅支持驰振中的反向运动；③ 与主控制器合作；④ 获得满意疲劳寿命；⑤ 显然是非线性的。

(2) 被动湍流控制是圆柱的重要组成部分。没有 PTC，在组群里只有主圆柱能有效地工作。PTC 能够实现高功率密度转换器所需的跟随圆柱的 FIM。此外，只有使用 PTC，圆柱才能在临界流动状态保持 FIM。

(3) 适当地放置在一个组群中的多个圆柱可以实现比 FIM 中相同数量的隔离圆柱协同更高的功率输出。

4) 操作

转换器的模型或原型部署在水流中，其中每个圆柱的轴线垂直于流向。圆柱可以水平或垂直定位，这取决于下面讨论的几个因素。该过程在实验室中很简单，但取决于天气条件，在野外可能需要几个小时。操作的主要方面描述如下。

VIVACE 转换器的工作原理：启动后，转换器可以在 FIM 中自启动，或者可能需要控制器的推动，具体取决于各种参数，例如流量的均匀性、在流速下预期的 FIM 现象以及施加的阻尼。根据流速、圆柱直径和系统阻尼，转换器可以在 VIV 范围内，从 VIV 过渡到驰振，或者完全发展的驰振。由 FIM 和弹簧引起的圆柱的线性振荡运动通过皮带和滑轮转换成旋转发电机的轴线的旋转振荡运动。除了系统阻尼之外，控制器还通过发电机施加阻尼，以便利用在振荡器中转换成机械能的 MHK 能量。到目前为止，在实验室试验和现场试验中，所产生的能量在热库中燃烧。在商用设备的情况下，发电机输出端的功率信号需要在调度到电网之前进行调节。

操作问题：在海洋环境中的操作可能是危险的，不容出错。因此，提供以下警告：

(1) FIMs 是一种强有力的破坏性现象，在大多数情况下是自发的。硬驰振是一个需要阈值位移的例外。因此，在释放安全钩允许圆柱移动时应小心。

(2) 流动均匀性是强烈推荐的流动特性。存在几种情况，其中流量可能显着偏离均匀流并导致转化器的操作条件不理想。例如，如果圆柱体垂直放置并靠近河床，则圆柱体将部分浸没在边界层内，边界层在 2～2.5 kn 的水流中具有约 1 m 的宽度。湍流边界层具有遵循 $z^{1/7}$ 规则的完全轮廓，但仍沿着圆柱体长度产生非常强的剪切流，因此减少了驱动圆柱体的交替升力。第二个例子是在显著不同的流动横截面之间的界面处从孔口流出的流动，例如从大水坝或阻挡流体的壁流出的小开口。这种流动将是高度不均匀的，并且可能导致少至三分之一的转化器圆柱经受交替升力的影响，这将引起某种形式 FIM。

(3) 如果转换器圆柱是水平放置的，而不是垂直放置的，使用驳船上的起重机正确定位转换器可能需要多次尝试。但是将水平圆柱体垂直于流动定位是非常重要的。

垂直和水平圆柱体。水平或垂直的柱面定位是一个重要的问题，受以下参数的影响：

(1) 转换器相对于流动方向的微小错位不会影响垂直圆柱的预期 FIM 响应。小误差将导致 PTC 条的不对称定位。较大的误差可以通过圆柱相对于其自身轴线的旋转来校正。在水平圆柱体的情况下，转换器的未对准将导致流和圆柱体轴线之间的小于 90°角，从而使椭圆形而不是圆形横截面暴露于流动。这可能会对圆柱 FIM 造成严重影响，具体取决于错误的大小。

(2) 浮力是非常大的力，特别是在较大的现场应用中。对于水平圆柱体，浮力必须精确设置为等于圆柱体重量，以获得中性浮力圆柱体。即使是很小的偏差也会导致能量的显著损失，以补偿重量和浮力之间的差异。

(3) 由于河底边界层的存在，水流的不均匀性是可以预料的。水平圆柱不会受到影响，因为流速可能随距河床的距离而变化，但沿圆柱长度方向保持均匀。

(4) 距河床的距离将使圆柱体远离边界层，但将增加倾覆力矩，从而增加所需的结构强度。

(5) 由于水深和航行限制，垂直圆柱体更可能遇到限制。

考虑到这五个因素，VIVACE 转换器中圆柱的垂直与水平方向布置的一般决定很难做出。设计决定必须根据具体情况进行。

环境兼容性。ALTs(如 VIVACE 转换器)经受各种形式的 FIM 中存在的交替升力和 C21 和 C22 中规定的圆柱干扰。过去已经进行了几项研究，确定鱼类在水流中的圆柱体尾流后会茁壮成长。鱼在振荡尾流中放松，并且以最小的努力停留在圆柱体后面，总体上更活跃并且产卵更多。最值得注意的是哈佛大学、麻省理工学院和橡树岭国家实验室的研究。美国需要进行更多的环境研究，包括噪音水平和电磁干扰。

VIVACE 是外来的还是天然的？我们生活在空气中，观察着我们周围主要是升力面—鸟翼、飞机翼、帆船帆、风车等。空气中的升力面在恒定气流下产生单向升力。在水中，情况完全不同。鱼的肌肉力量小于向前运动时的阻力。因此，鱼类通过周期性地弯曲它们的身体[见图 4.7(a)(c)]产生交替的涡流来移动，当这些涡流积累了足够的循环水平时，将它们推开。这产生交变升力。在水等稠密流体中物体的运动中，所有交替升力都来自有尾的钝体；从微小的精子到巨鲸。圆柱所产生的涡度、环流和升力对人类来说可能是陌生的，但它是鱼类运动在鱼群或个体中不可或缺的一部分。因此，ALTs 的运动学与鱼群的运动学是一致的。此外，鱼类的鳞片厚度与边界层的厚度一致，海洋生物学正在研究这一问题。表面粗糙度随物种及其速度而变化。在圆柱体中，由 PTC 实施的表面粗糙度已证明在诱导特定 FIM 方面非常有效。

应该注意以下设计事项：

VIVACE 可以与水平圆柱体一起工作，当它们是中性浮力的并且可以精确地垂直于自由流定位时。当水深足够且相对于水深的流速剖面在河床边界层以上合理恒定时，推荐使用垂直圆柱体。

就流体动力学而言，无论是在群体还是作为个体，ALTs 都以环境兼容的方式转换 MHK 能源。

4.2.2 尺度、模型、原型

VIVACE 变换器是一种高度可扩展的 MHK 能量设备，因为 VIV、驰振、间隙流和尾流干扰的潜在 FIM 现象是高度可扩展的。各种等级表见 4.2.2 节，与流体力学和应用有关的规模。

1）尺度

可扩展性的定义。这个术语有两种可能的解释：一是关于楔形稳定游戏测量污染对环境的影响；二是解释涉及技术或产品尺度及其所针对的市场（见表 4.4）。VIVACE 涵盖了范围广泛的应用，从仅几瓦的 Scale-1 到实用 Scale-4 中的 MW。预计这将彻底改变一些市场，并对其他市场产生重大影响。在楔形稳定游戏中，Scale-4 将产生影响。

稳定楔。如果 22 000 TWh/年的水平 MHK 能量中只有 10%可以利用，那么它将相当于帕卡拉和索科洛定义的楔形体的 0.62%。根据现有技术，Bedard 等人计算了22 000瓦时/年的数字。绝大多数水流的流速较慢，VIVACE 也可以通过利用流速较慢的水流而产生重大影响。为了使 VIVACE 提供一个全楔，使 CO_2 排放量减少 1 Gt/年—16%的应利用 22 000 TWh/年或 3 550 TWh/年的水平 MHK 能量，这远低于贝兹极限。如果包括较慢的水流，而这些水流可以由 ALTs 而不是目前正在考虑的 SLTs 加以利用，则这一百分比将更小。

回到更传统的规模定义，作为 MHK 能量装置的尺寸及其产生的功率，确定了以下四个尺度。图 4.16 显示了绘制在雷诺数和流动状态上的流体动力学尺度。

尺度-1。它是最小的规模，具有非常有限但独特而有价值的应用。这个规模的四个重要方面是：

（1）流体动力学：深水中的超低速水流，流速≈0.25 $\mathrm{ms^{-1}}\cong$0.5 kn。由于电池寿命对于操作来说太短，因此这种低功率尺度可用于为传感器 AUVs（水下机器人）供电。在 MRE-Lab 中，VIVACE 一直工作到0.4 $\mathrm{m\ s^{-1}}$，最近工作到 0.31 $\mathrm{m\ s^{-1}}$，仍然是一个紧凑的设备。

（2）功率：一个小的转换器大约 10 W，足够为传感器和充电电池供电。

（3）产品：考虑了以下方面：

① 表 4.4 中所示的 AUV 库是由 VHE 公司与诺斯罗普格鲁曼公司共同设计的。

② 一个自供电 AUV 成为 VIVACE 圆柱本身，从而无限期地延长了工作范围和天数。表 4.4 也显示了接近车库的情况。

③ 硬连线传感器蜘蛛网的直接供电。

（4）应用：监视海岸防御，执法。监测近海平台，跟踪鱼类种群，跟踪溢油和其他污染

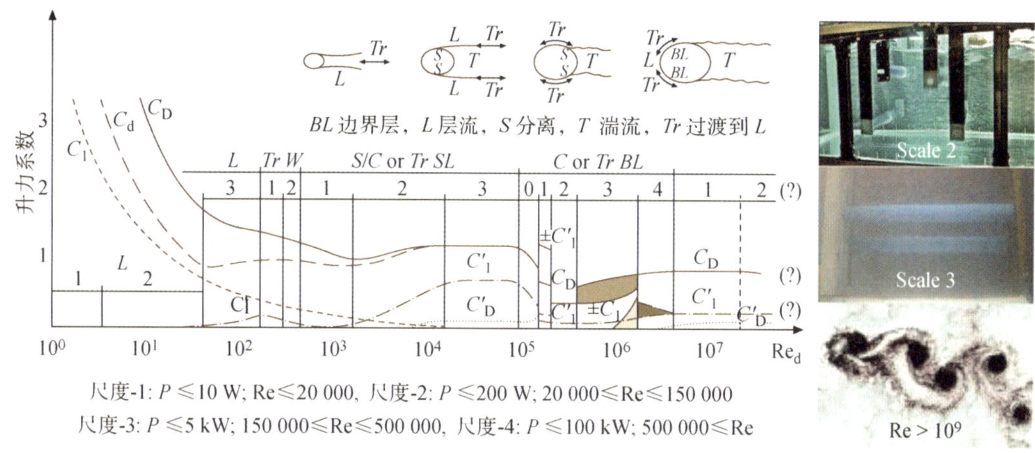

图 4.16　VIVACE 转换器的水动力和功率尺度

注：尺度-2：MRELab 通道测试；尺度-3：在圣克莱尔河的实地测试；大规模：美国宇航局在岛屿山峰周围漂浮的云图。

源。对天气状况提供早期警报。

尺度-2。这是已经广泛测试的规模，因为它适合 MRELab 的 LTFSW 通道。这个规模的四个重要方面：

（1）流体动力学：自 2005 年以来，MRELab 已经证明并正在开发/测试尺度-2[见图 4.5(a)(b)和表 4.4]。它在 TrSL 3 流动状态下工作，剪切层完全湍流，升力即使在高阻尼下也达到前所未有的幅度，如 4.2.3 节所述。

表 4.4　VIVACE 转换器的水动力和功率尺度

尺度	尺度-1 1 000≤Re≤2 000 早期的层流	尺度-2 2 000≤Re≤30 000 后期层流	尺度-3 30 000≤Re≤50 000 临界到湍流	尺度-4 50 000≤Re 超临界后
装置				
重量	≈500 lbs	≈1 000 lbs	≈20 000 lbs	≈100 000 lbs
功率	≈<10 W	200 W	3 500 W	>50 kW
S/kWh	待定	MYM2.00	MYM0.80	MYM0.08～0.12
应用	水下机器人，传感器，跟踪，污染，天气，鱼，防御	便携式、海军、探险、营地	远程通信、灯塔、海军行动	实用规模，沿海通信，岛屿

注：功率输出在 3 kt 时进行测试或计算。

(2) 功率:经 MRELab 验证,其功率密度约为风电场的14 600倍,是其他 MHK 能源设备的 15~100 倍。

(3) 产品:VHE 设计了两个这种规模的单元(见表 4.4)。

① 一种轻便紧凑的装置,在战场上一个士兵就能把它运送到电力电子设备上。

② 一个更坚固的装置安装在巴西的近海实验室和荷兰的运河。

(4) 应用:在一加仑燃料价格为 400 美元的偏远地区、河流附近的小营地或没有资源的地区(如阿拉斯加和加勒比)进行军事考察。

尺度-3。这是已通过现场测试和密歇根大学拖曳水池测试的规模。这个规模的四个重要方面是:

(1) 流体动力学:2010 年 8 月在圣克莱尔河中展示了尺度-3[见图 4.5(c)]。Scale-3 在 TrSL3 亚临界(层流),临界(从层流到湍流的过渡)和早期后临界(湍流)流动状态下运行。在过渡期间,VIV 被完全压制。MRELab 取得的突破是正确应用 PTC。FIM 通过临界流状态持续进入后临界状态而不失去振幅。

(2) 功率:对于流速 3 节、10 立方米的 VIVACE 单元,功率为 5 kW。

(3) 产品:可以建立电场的模块化产品是 VHE 在这个规模上的目标。

(4) 应用:河流和沿海营地以及小型社区的供电。

尺度-4。这是未经现场测试测试的规模,但目前 DOE 正在为 2016 年夏季的开发和部署提供资金。这一规模的四个重要方面是:

(1) 流体动力学:由于第 3 级和第 4 级之间的流体力学/FIM 没有可能影响操作的变化,因此尺度-4 并不构成任何挑战。它在完全湍流的环境中运作。

(2) 功率:在流速 3.2 kn 时,80 m^3 VIVACE 模块的功率约为 33 kW。

(3) 产品:可重复使用的模块化产品,用于建设电场以实现下一个 500 kW 的规模。这个规模没有上限,因为与 VIV 和驰振有关的流动特性在超临界后流动中未知变化。

(4) 应用:为实用规模的河流/沿海社区提供动力。海上电场可以产生数量级 MW 的电力。最终,大规模 VIVACE 转换器可以安装在洋流中用于多兆瓦发电(如佛罗里达洋流)。根据能源动力研究所的资料,北美每年的水动力潮汐发电潜力为 11.5 万亿千瓦。

应注意以下设计事项:

① 交变升力技术(如 VIVACE)具有高度可扩展性,因为其基本原理具有高度可扩展性。在此特定案例研究中,所有 FIMs 以及间隙流和尾流干扰都是高度可扩展的。

② 本案例研究确定了四种尺度,主要是基于使用 PTC 时各尺度流体力学的一致性。尺度-1,对于低雷诺数,包括 TrSL2(过渡剪切层 2-Zdravkovich)流动状态。尺度-2 适用于覆盖 TrSL3 流动状态前半部分的中等雷诺数。尺度-3 覆盖 TrSL3 流型的后半部分和临界流。尺度-4 涵盖后临界流动状态。

③ 具有独特应用的商业产品可以在四个尺度中的每一个尺度中开发。

2) 模型

模型通常被定义为按比例缩小的几何相似(geosims)设备,其建造的唯一目的是在实验设施中测试它们以推断测量结果,从而能够进行分析和原型设计。通常,在构建原型之前,会构建并测试几个不同大小的几何相似模型。Bahaj 等人发表了一个五步协议,用于开发和评估潮流能源设备。他们还展示了拟议协议中的五个步骤与 NASA TRL(技术准备水平)

过程的九个级别之间的对应关系。

然而，如果基本流体动力学原理在现有案例研究中保留了很宽的雷诺数范围，则可以考虑模型是较小规模的原型。这些比例在 4.2.1 节基本概念中定义。此后，为了最大限度地减少混淆，在 LTFSW 通道或拖曳水池中测试的尺度-1 和尺度-2 设备称为模型，而在尺度-2 和尺度-3(见图 4.18)的现场测试中测试的设备称为原型。在用于现场测试之前，几个原型已经在拖曳水池中进行了全尺寸测试。

图 4.17(a)显示了在 MRELab 的旧(2012 年之前)LTFSW 通道中测试的 VIVACE 转换器的四个水平 PTC 圆柱模型。观察和测量了 VIVACE 使用的所有 FIMs：涡激振动、驰振、涡激振动和驰振共存以及增强间隙流。驰振响应达到三个直径，撞击安全挡块，导致通道重建，以适应更大的振幅，最大振幅为 D = 3.5″(0.088 9米)圆柱直径的 5.5 倍，如 4.3.1 节所述。

图 4.17(b)显示了在密歇根大学海洋流体力学实验室的拖曳水池中测试的 VIVACE 转换器的单个垂直 PTC 圆柱模型。观察并测量了 VIV、驰振以及 VIV 与驰振共存的现象。在碰撞安全挡块时，$D=8''$的驰振响应达到了四倍直径。

图 4.17(c)显示了在密歇根大学 MRELab 的新(自 2013 年以来)LTFSW 通道中测试的 VIVACE 转换器的两个水平 PTC 圆柱模型。观察和测量了 VIVACE 使用的所有 FIMs：VIV、驰振、VIV 和驰振共存以及增强间隙流。由于新通道允许 $D=8''$(0.203 m)圆柱的振幅为5.5倍圆柱直径，因此未撞击安全挡块。在新的 V_{ck} 系统中，除了物理缓冲器外，控制器还在圆柱行程两端设置可编程止动器，以保护通道。

(a)　(b)　(c)

图 4.17　VIVACE 实验室模型：尺度-2

(a) $D=3.5''$(0.088 9 m)，$L=36''$(0.914 m)。MRELab 试验观察到协同多体 FIM：涡激振动、驰振、涡激振动和驰振共存，以及增强间隙流　(b) D=8″(0.203 m)，$L=60''$ (1.524 m)。密歇根大学的拖曳水池试验观察到了涡激振动、驰振以及涡激振动和驰振共存的现象　(c) $D=3.5''$(0.088 9 m)，$L=35.250''$(0.895 m)。2 个 PTC 圆柱在间隙流增强情况下驰振的 MRELab 试验

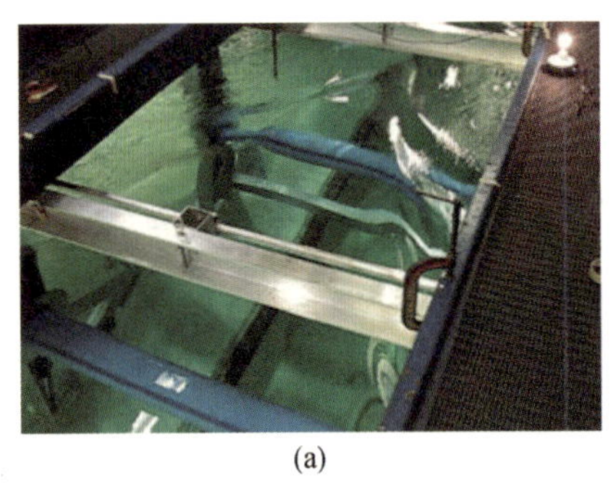
(a)

(b)

图 4.18　现场试验中的 VIVACE 原型：尺度-3

(a) VHE 和 MRELab 试验，测试两个 PTC 圆柱在间隙流增强情况下的驰振。$D=10''$ (0.254 m)，$L=105''$(2.70 m)　(b) 基于协同多体流致振动的圣克莱尔河试验：涡激振动、驰振、涡激振动和驰振共存以及增强间隙流

3）原型

与仅在实验设施中测试的模型相反，原型是现场部署的。由于 VIVACE 转换器是高度可扩展的，因此尽管在现场部署之前已经在实验设施中测试过，在现场测试过的设备也被称为各种规模的原型。VHE 与 MRELab 合作，在圣克莱尔河部署了两个不同的原型，并与 TAUW 合作在荷兰的运河部署了两个原型。

河流原型。在位于蓝水桥附近的圣克莱尔河的同一位置部署和测试了两个不同的河流原型(Dunn 的论文中)。流速稳定，速度范围为2.1～2.5 kn，水深为 20 至 60 英尺。

第二条河流原型如图 4.19 所示，在新泽西州莱昂纳多的 OHMSETT 的拖曳水池进行试验时，通过水下摄像机观看的现场操作。2012 年 9 月至 11 月进行了实地测试。它比以前的样机小，$D=$ 10 英寸(0.254米)，$L=$105 英寸(2.70米)。使用一个圆柱并垂直放置。安装后，FIM 不是自启动的。很快就意识到，圆柱体放置得太靠近河床，大约 45%的长度位于河流边界层内。圆柱升高约 1 m，FIM 立即自启动。

(a)

(b)

图 4.19　现场测试中 VIVACE 的原型：尺度-2；$D=8''$，$L=60''$

(a) 基于 VIV，驰振和 VIV 与驰振共存的 OHMSETT 拖曳水池 VIVACE 原型的 VHE 测试　(b) 2012 年 9 月在圣克莱尔河部署。$D=8$ 英寸(0.203 米)，$L=$ 60 英寸(1.524米)

运河原型。2013 年 1 月，与 TAUW 合作，在荷兰运河中部署了两个相同的小型尺度-2 号原型。该装置在密歇根大学拖曳水池中进行了测试[见图 4.20(a)]，运行良好。它不是自启动的，而是在给定初始位移时进入 FIM。这是典型的硬驰振。这种装置应尽可能小的，因为它受到如图 4.20(b)和图 4.21 所示的门中开口尺寸的限制。因此，克服系统摩擦需要较大直径的圆柱体来减小允许的最大振幅。增大的直径提供了所需的力。增加了与利用能量相关的系统的阻尼以实现更高的 MHK 能量转换。这也降低了振幅响应，以避免 FIM 中的圆柱与框架碰撞，这将浪费宝贵的能量。当水通过图 4.20(b)中的孔时，流动仅在圆柱体中心周围长度的约三分之一处是均匀的。也就是说，圆柱长度的三分之二提供阻力，三分之一

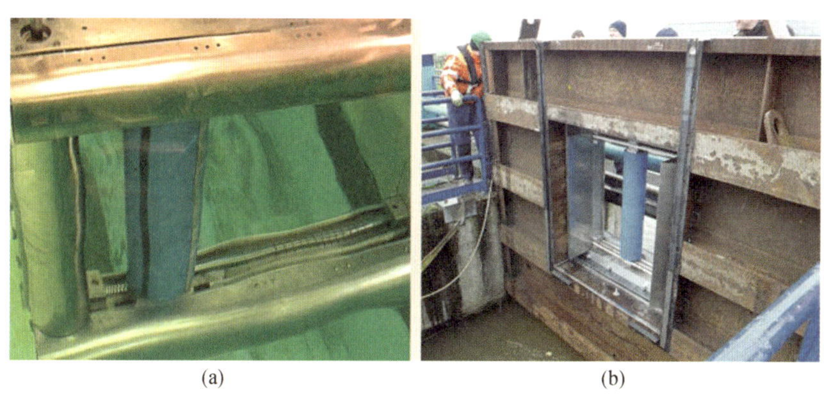

图 4.20　荷兰现场试验中的 VIVACE 原型：$D=10''$ (0.254 m)，$L=60''$(1.524 m)
(a) MHLab 拖曳水池的 VIVACE 模型。较短的型号需要较大的直径来克服系统摩擦　(b) 较短的型号需要均匀流和较大的直径，以确保足够的升力

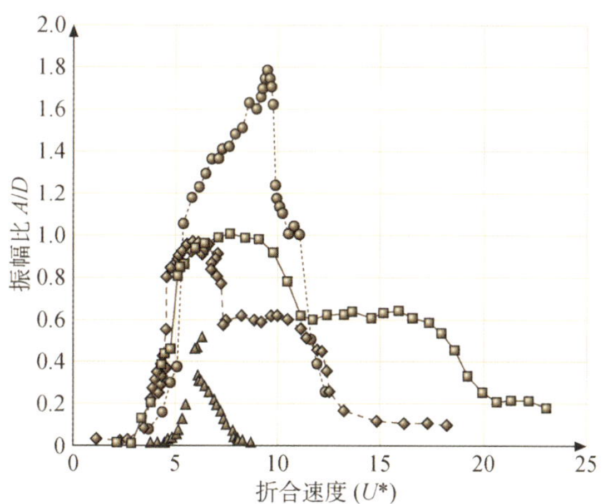

图 4.21　尽管能量利用具有高阻尼，但 TrSL3 流动状态下的 VIVACE 振幅显著高于 TrSL2 流动状态下的 VIV 响应。此外，上分支超过下分支，振幅随速度增加

提供升力。升力不足以克服圆柱长度的三分之二加上系统阻尼产生的阻力。FIM 即使在初始移位的情况下也不能维持。大门四周开了一道口了。这导致更均匀的流动和 FIM 的启动。在不利的情况下,电力输出和预期的一样小。

尺度-4 电场。涡流水能(VHE)正在研制一种大型装置,称为 Oscylator-4。其设计为在 3.2 kn 的流量下产生 4kW。它有四个大的 PTC 圆柱非常接近,允许高功率重量/体积密度,这是所有可再生能源设备的致命弱点。几个 Oscylator-4 将形成一个商业应用的小型农场。

通过大量的实验室实验和四种不同尺度模型和原型的现场部署,得出一些结论,在考虑到第 4.2.2 节中对具体案例的记录具有重要意义。

(1) 海洋水动力能源(MHK)装置的发展或任何关于这一点的海洋结构需要在南安普敦科学实验报告中有详细描述的几个发展阶段。它需要考虑到海洋结构的扩展、测试、建造和下水的特殊要求,同时还需要有美国航空航天局(NASA)开发的用來观察研究的九级技术准备水平。

(2) ALTs 可能有一个优势,就像 VIVACE 转换器的案例研究一样,它们所基于的流体力学现象是高度可扩展的。因此,一个小型的原型可以作为一个更大规模的模型来使用。

(3) 小规模模型会面临与轴向流动的条件相关的额外挑战,这通常会减少流体的两个维度。不均匀流动导致圆柱长度的减少,这提供了其升力。相反,除了系统的阻尼外,它们在升力方向上也存在一种反作用力。这种双重危险可能会导致 ALT 无法以令人满意的效率运行。

4.2.3 基本原理

在分析了 ALTs 背后的基本概念,尺度的讨论,以及案例研究和它在第 4.2 节中所考虑的操作条件之后,是适合理解 ALTs 的基本原理的。在对 VIVACE 转换器的案例研究和发展过程中,使用了 12 个物理原理。其中大部分在一定程度上都适用于所有形式的 ALT。

为了便于表达和理解,它们被分为三个类别:流体力学、机械和机电。

1) 流体力学原理

(1) 原理 1—流固耦合(FSI)。当一种柔性体或结构系统暴露于流体流动和流体力学中,且结构动力学规模相当时,每一种(流体、结构)的存在都会影响到另一种。在 VIVACE 转换器的案例研究中,FSI 导致动态分岔和不稳定性,如各种形式的 FIM。

(2) 原理 2—流致振动(FIM)。浮在波浪上的浮标不属于 FIM,因为浮标太小不足以影响一个水域的频率。衍射波的频率与入射波相同。相反,弹性支承上的柔性圆柱或刚性圆柱,其直径接近于圆柱尾流中产生的卡门漩涡的尺寸。可以引起物体振动升力(和阻力)的涡街频率,是会受到与物体相互作用的剧烈影响的。在横向水流作用下,弹簧上的刚性圆柱在 FIM 中是非线性激励的。物体的存在会影响水流,反之亦然。VIVs、驰振、抖振、抖动和缝隙流动都是 FIM 现象。

(3) 原理 3—涡激振动(VIV)。一个圆柱,其轴线垂直于一个稳定的流体,产生了卡门涡街,漩涡的尺寸约等于圆柱的直径[见图 4.7(b)和图 4.16)]。当圆柱是柔性的时,在交变涡街的驱动下,它可能会以振荡的形式出现。尾流频率 f_{wake} 与 f_{osc} 相同。漩涡脱落频率 f_{vs},是尾流频率 f_{wake} 的倍数,这取决于漩涡结构是变成了 2S(两个单漩涡)或 2P(两双漩涡)等。

在圆柱处于 FIM 时的漩涡脱落频率 f_{vs} 是不可与在圆柱静止不动时的频率 f_s 相混淆的。f_s 也被称为斯特劳哈尔频率，定义为

$$St = \frac{f_s D}{U} \tag{4.1}$$

f_{osc} 和 f_{wake} 之间的这种同步存在于非常广泛的流速度范围内，导致了大振幅的振荡。当涡流结构发生变化时，振荡的频率随流速的变化而变化。一些研究人员将这种同步现象解释为一种锁定现象，而另一些作为同样广泛范围的流速，与在水中增加不同物质的可变自然频率（f_n，水）则是非线性共振作用的。后者可以通过实验测量的。在第 4.3.6 节中，将 VIV 作为锁相的数学模型。VIV 的数学模型作为一个可变的自然频率，从而增加了质量现象，此项内容在 4.3.7 节里有介绍。f_n，水被定义为

$$f_{n,water} = \frac{1}{2\pi}\sqrt{\frac{k}{m_{osc} + m_a}} \tag{4.2}$$

这种激励振动与圆柱振动之间的宽带同步现象称为 VIV。

1504 年，列奥纳多 · 达 · 芬奇第一次观察到 VIV，是将一条紧绷的线沿其中轴线暴露在一种横向风流中产生的。他把发出的声音称为风吹声。通常，VIV 发生在以下范围内：

$$\approx 5 < U^* = \frac{U}{f_{n,water} D} < \approx 10 \tag{4.3}$$

当 U = 流动速度，D = 圆柱直径，U^* = 折合速度，则

$$f_{n,water} = \frac{1}{2\pi}\sqrt{\frac{k}{m_{osc} + m_a}} \tag{4.4}$$

理想流量附加质量系数 $C_A = 1$ 适用于当 m_d 被替换为流体质量使得 $m_a = m_d$ 时使用，即

$$m_d = \rho \pi \frac{D^2}{4} L \tag{4.5}$$

这完全是为了用数据表示，并不支持或否定之前章节里的对 VIV 的两种解释中的任何一种。

作为一种同步现象，VIV 是一种破坏性的线性共振. 它有两个区别是很重要的：

① VIV 是自限制的，从这一点来说，它的破坏性不如线性共振。

② VIV 是宽带状的，而线性共振是非常窄的带状。

因此，在动态响应结构设计中，VIV 的预防难度要大得多。另一方面，其广泛的同步范围使得 VIV 相比于线性振荡器原理更适合作为 MHK 能量转换器基础的原理。

VIV 的另一个重要特征是它对雷诺数的强烈依赖性，如图 4.21 所示，并在 4.3.1 节中有进一步的解释，第一低湍流自由水面（LTFSW）通道。对雷诺数的依赖引起 VIV 对 TrSL3 水流体系的高度作出响应，大约两倍直径的振幅，并且展示了一个相对于作为折合速度 U^* 功能时与 VIV 在对 TrSL2 水流体系中非常不同的响应算子。也就是说，TrSL3 水流体系在用于 VIVACE 转换 MHK 能量时更高效。如图 4.16 所示，高升力系数 C_L 证实了这一点。

（4）原理 4—驰振。这是一个比 VIV 更活跃的 FIM。这是一个不稳定的现象，它可以是由几何或水动力不对称引起，且一旦开始，就不会以增加的速度结束，直到结构失效。在均匀的气流中，一个光滑的圆柱不能使其不稳定以至于驰振。

在图 4.22 中显示的一个由振荡器导致驰振的简单数学模型：

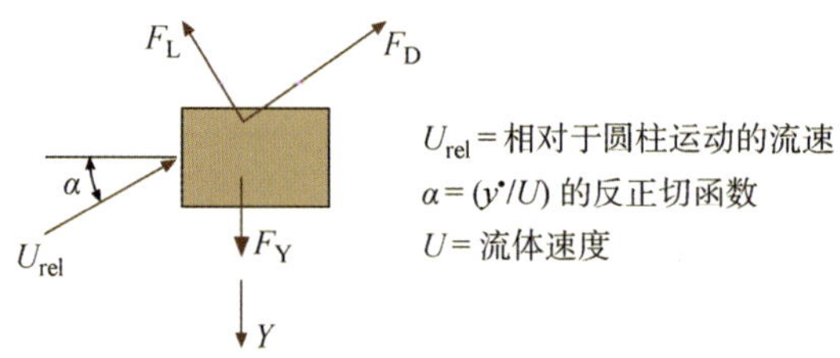

图 4.22　运动学上的方形棱镜导致的不稳定驰振

$$(m_{osc}+m_a)(\ddot{y}+2\zeta_{water}\omega_{n,water}\dot{y}+\omega_{n,water}^2 y)=F_Y(t) \tag{4.6}$$

其中阻尼比定义为

$$\zeta_{water}=\frac{c}{2\sqrt{k(m_{osc}+m_a)}} \tag{4.7}$$

水中固有频率：

$$\omega_{n,water}=\sqrt{\frac{k}{m_{osc}+m_a}} \tag{4.8}$$

和

$$F_Y(t)=-F_L\cos\alpha-F_D\sin\alpha=-\frac{1}{2}\rho DLU^2C_L\cos\alpha-F\,\frac{1}{2}\rho DLU^2C_D\sin\alpha \tag{4.9}$$

因此，C_Y 由此得出：

$$C_Y=-C_L\cos\alpha-C_D\sin\alpha \tag{4.10}$$

对于较小的攻角，C_Y 可以展开成泰勒级数：

$$C_Y=-\left[\left(\frac{\partial C_L}{\partial\alpha}\right)_{\alpha=0}+C_D(\alpha=0)\right]\frac{\dot{y}}{U} \tag{4.11}$$

然后得到运动方程：

$$\ddot{y}+2\zeta_{total}\omega_{n,water}\dot{y}+\omega_{n,water}^2 y=0 \tag{4.12}$$

在

$$\zeta_{total}=\zeta_{system}-\frac{1}{4}\frac{\rho DU}{(m_{osc}+m_a)\omega_{n,water}}\left(\frac{\partial C_L}{\partial\alpha}\right)_{\alpha=0} \tag{4.13}$$

驰振开始发生，当

$$\zeta_{total}<0 \tag{4.14}$$

驰振有几种形式，在文献著作中有很好的描述。

① 软或有规律的驰振，这是自发启动的，因此不需要由控制器产生的推力作用在 VIVACE 圆柱上。这是一个典型的霍普夫分支。

② 硬或有规律的驰振，这不是自发启动的，因此需要由控制器产生推力作用在 VIVACE 圆柱上——这是一个次临界霍普夫分支。

③ 干扰驰振，这被进一步分类为近距离干扰（P）、尾流干扰（W）以及两种干扰结合（$P+W$），这取决于两种物体的相对位置。

VIV 和驰振之间的差异。VIV 和驰振是根本不同的现象。理解这些差异很重要，因为 ALT 会设计成不同的形式，以利用其可以控制 MHK 能量的潜在 FIM（VIV 比驰振精通）。最重要的区别如下：

① 水动力驱动机械结构不同。VIV 是由尾流频率和振荡频率同步驱动的，即

$$f_{\text{wake}} = f_{\text{osc}} \tag{4.15}$$

在驰振发生时，即使涡街是在圆柱尾流中产生的，但这些处于驰振状态的涡旋并不是由 FIM 机制驱动的。由图 4.10(b)可以看出，在 Re=130 000 时，驰振是完全会被带动发展起来的。一些涡旋与圆柱运动是异相的。漩涡将圆柱推离它们脱落的一侧。

② 驰振不稳定是由于几何不对称造成的负升力造成的。因此，圆柱被推向它所要移动的方向。如果不是因为转换器框架和复原弹簧有限的宽度，圆柱的运动不会被逆转。

③ VIV 在振幅上是自限制的。当相对流速超过某一极限时，无论是由于水流速度的增加还是由于振荡幅度的增加(强制振荡)，涡流在圆柱行程结束之前成形并脱落。在这一点上，漩涡脱落频率 f_{wake} 的尾流频率与振荡频率 f_{osc} 不同步，这会导致升力与横向运动相反，并终止了 VIV 振动。

④ 在驰振时，f_{osc} 下降到 $f_{\text{n,water}}$ 以下。在 VIV，f_{osc} 会增加到高于 $f_{\text{n,water}}$。

⑤ 对于折合速度 U^* 方面，VIV 同步范围几乎很难有变化。如双重不等式(4.3)所述，VIV 的同步范围取决于范围 $\approx 5 < U^* = U/(f_{\text{n,water}}D) < \approx 10$。因此，VIV 可以通过改变圆柱直径 D 移动到能量利用的流速范围内，或通过其来改变其质量 m_{osc} 或其弹簧常数 K。如果假设 VIV 同步振动范围大致发生在 $U^* = 10.0$时结束，有

$$U^* = \frac{U}{f_{\text{n,w}}D} = 10 \Leftrightarrow U = 10D\frac{1}{2\pi}\sqrt{\frac{K}{(m + m_{\text{a}})}} \tag{4.16}$$

也就是说，随着弹簧刚度 K 的平方根的比例变化，VIV 同步范围会逐渐增大。显然，同步的开始也会遵循同样的规律。

另一方面，驰振产生于当速度的绝对值 $U = U_{\text{g}}$ 时，不受弹簧常数 K 的影响。

$$U_{\text{g}} = \frac{2cDm^*}{a} \tag{4.17}$$

式中，c 是线性粘性阻尼系数；a 是几何相关常数。

$$m^* = \frac{m_{\text{osc}}}{m_{\text{d}}} \tag{4.18}$$

这就是说，驰振的起始不依赖于 K，而仅仅取决于振子的绝对流速和几何及动力学特性。更高的阻尼要求更高的速度来发起驰振运动。

(5) 原理 5—从 VIV 转变为驰振。通常，VIV 发生在 U^* 级别的驰振之前，驰振在 $U^* \approx 20$ 时开始。然后，一个间隙存在于 VIV 的结束与驰振的开始之间。这在原理 9 和下面的图 4.29(a)中有做进一步讨论。在这个间隙中，VIVACE 转换器将保持空闲或其参数需要调节，或转换 VIV 范围以达到更快的速度，或更早地发起驰振运动。通过对式(4.16)和式(4.17)的比较，不难看出将两者缩小差距以及使其有部分重叠是可行的。发生在这样的转变过程中，VIV 和驰振至少有 5 点(1～5)这已在第 4.2.3 节中做了说明，这些基础原理有：

① 在很短的 U^* 范围内，振荡幅度會急剧增大。

② VIV 和驰振的两种水动力驱动机制并存。图 4.10(a)显示了这一点，旋涡仍会将圆柱推向其运动的方向。

③ 振荡幅度增大到尾迹同步的 VIV 机制无法跟随时，完全发展起来的驰振会将其取

代。图 4.10(b)为旋涡脱落至不同步以及推动圆柱抵抗其运动。

(6) 原理 6—FIM 的增强。ALTs,如 VIVACE 转换器,利用 FIMs 的灾难性现象来控制它们,并在此过程中控制使用合适的阻尼机制产生的流体流动能量。为了将更多的 MHK 能量转换成振荡器中的机械能,FIM 的增强是可取的;只要能够控制振荡器的增强响应即可。

有几种流动状态和配置需要 FIM 的增强。在 VIVACE 转换器模型和被称为 PTC。使用湍流刺激合理设计的原型方面,是需要被跟进和改善的,这些内容将在后面的原理 7 进行讨论:

① 在临界流态下,从层流边界层 到湍流边界层的过渡,VIV 被完全抑制,升力系数几乎为零,如图 4.16 所示。在那个流动状态下,没有主要的斯特劳哈尔频率 f_s。斯特劳哈尔数定义为式(4.1),其中 f_s 是一个稳定状态圆柱的涡旋脱落频率。这个体系对于规模 2 和规模 3 非常重要,因为一个直径为 $D=0.30$ m 的圆柱,在流速大约为 2.5 kn 的情况下,会导致雷诺数 Re=327 000,从而使其处于临界流态。

② 在 TrSL 2 水流体系(见图 4.16)中,升力系数和 VIV 的振幅相对较低。使用设计得当的湍流刺激,有效的 Re 可以被推到更高的值,以将圆柱流动移动到升力和 VIV 响应明显更高的 TrSL3 状态。

③ VIV 是一种广泛范围的,高响应现象,但它有一个由双重不等式(4.3)定义的有限范围。在 VIV 同步范围结束之前,ALT 的响应将为零,使得一定范围的速度无法得到 ALT 的响应。在式(4.16)和式(4.17)中,关于绝对流速 U,VIVACE 转换器可以被重新设计,以缩小 VIV 和驰振之间的差距。这也可以通过使用原理 7 中定义的 PTC 来实现。

④ 在 FIM 中有多个圆柱的情况下,可以调整 PTC 圆柱之间的流动间距和横向间距,以实现间隙流动,从而增强圆柱群中圆柱之间的相互作用。这在原理 9 中有进一步分析讨论。

可以通过几种不同的方式达到提高 MHK 能源生产的目的。PTC 虽然可以应用于上面列出的四种流动状态和 FIM 增强配置。所有这些被动增强都是通过直接影响流体动力学来实现的。此外,还有一些方法可以通过影响流体和结构之间的相互作用来提高 ALT 的最终产量。意思就是这些都还在 MRELab 和 VHE 开发中,包括以下:

① 在文献中可查到的大多数 FIM 信息都是使用线性复位弹簧的。在现场测试中,VHE 已经实现了使用强非线性恢复力以达到最大功率输出,这在第 4.2.1 节有作讨论,关于 VIVACE 转换器(弹簧)的说明。

② 在传统的线性时不变(LTI)振荡器数学模型中,产生功率的项是阻尼项。教科书和论文中的典型 LTI 模型,假定线性粘性模型是代表一种自由度的 LTI 振荡器。在 Lee 等人和 Sun 等人的论文中,证明真实机械振荡器中的阻尼是强非线性的,并且可能表现出记忆和迟滞现象。在系统阻尼识别的过程中,对于 VIVACE 实验室模型,非线性形式的阻尼已被证明在影响流体结构相互作用和产生 MHK 动力方面更为有效。

③ 从流体力学和制造的角度来看,振荡器中圆柱的圆形横截面提供了许多优势。其他横截面形状已经有通过实验和计算机在后面的原理 11 有作讨论研究。

(7) 原理 7—被动湍流控制(PTC)。在 MRE 实验室中,开发了一种已有专利权的方法,通过设计和以被动方式应用湍流刺激来诱导圆柱的 FIM。这种名为 PTC 的方法,是基于在圆柱上表面粗糙度的选择性分布。PTC 引发了几种不同的 FIMs。

PTC 的设计参数如下(见图 4.23)：

① α_{PTC},放置角度。

② 面积覆盖度。

③ k,粗糙度粒度。

④ $T=k+p$,PTC 总高度。

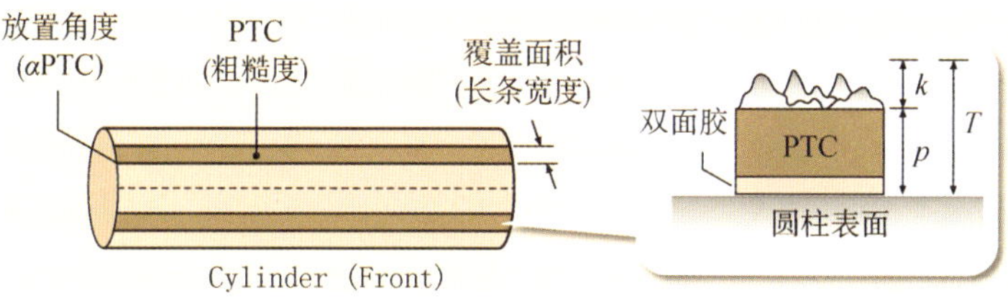

图 4.23　被动湍流控制参数

PTC 的力学机制影响圆柱周围的流动,从而以下列方式影响其 FIM：

① 它撞击了边界层。

② 它可能允许也可能不允许重新附着。

③ 它在流动中引入了湍流。

④ 它重组了下游圆柱的流动,影响了相关长度。

⑤ 它引入了旋转不对称,这可能导致驰振不稳定。

这四个参数问题在两年时间内解决了。结果显示在图 4.24 的 PTC-to-FIM 图中的 TrSL3 流态中。以下 FIM 区域是从正向停滞点顺时针方向作为 PTC 位置角起点的函数来建立的：

① 弱抑制区 1,WS1。

② 硬驰振区 1,HG1。

③ 软或有规律的驰振区,SG。

④ 硬驰振区 2,HG2。

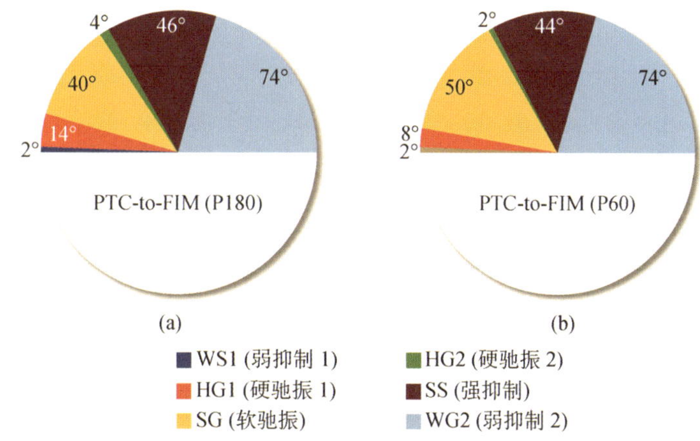

图 4.24　两种不同粗糙度值的 PTC-to-FIM 图

(a) P180　(b) P60

⑤ 弱抑制区 2,WS2。

⑥ 强抑制区,SS。

显然,PTC 可以作为 FIM 的扩大器(HG1,HG2 和 SG)和 FIM 的抑制器(WS1,WS2 和 SS)。

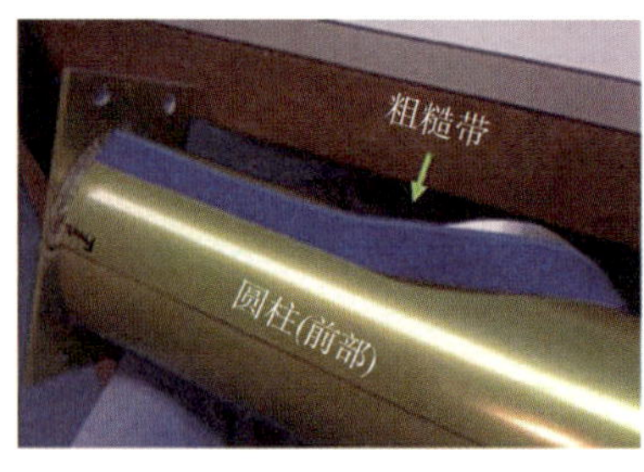

图 4.25 圆柱上的 PTC 应用

有关 PTC 及其对开发的 PTC-to-FIM 映射的影响的一些有用信息如下所示:

① 实验研究中使用了几种商业砂纸。其特性如表 4.3 所示。

② 两幅商业级砂纸 P60 和 P180 的地图,呈现出在每个纬向范围内都有较小的变化。每个区域内的响应特征几乎与 PTC 的高度无关。

③ 应将 PTC 的厚度与引发 PTC 效应的边界层的厚度进行比较(见图 4.25 和表 4.5)。

表 4.5 不同的雷诺数 Re 和 α_{TC} 的边界层厚度 δ(mm)

α_{PTC}	雷诺数 Re						
	10 000	40 000	70 000	80 000	90 000	100 000	118 000
20	1.283	0.641 6	0.485 00	0.453 7	0.427 7	0.405 8	0.373 5
25	1.247	0.623 4	0.471 2	0.440 8	0.415 6	0.394 3	0.362 9
30	1.219	0.609 2	0.460 5	0.430 8	0.406 2	0.385 3	0.354 7
35	1.249	0.624 6	0.472 1	0.441 7	0.416 4	0.395 0	0.363 7

通过对 PTC 的应用实践,取得了以下成果:

① 即使在具有总厚度为 $T=0.192$ 毫米,直径为 $D=0.088\ 9$ 米圆柱上的光滑 PTC 带,也可以达到三个直径的振幅。也就是说,这种小的几何不对称也会引起的完全形成的驰振。

② 通过引入具有边界层数量级总厚度的 PTC,并沿着边界层(在分离点之前)合理定位分布,实现了几种不同形式的 FIM。

③ 将 PTC 放置在强抑制区域,分离点被覆盖,会引起一薄层流体绕一个光滑固定的圆柱 81°振荡。

④ 采用 PTC,驰振发起较早,这是实现 VIV 和驰振连续发生在单个圆形柱体上的重要步骤。从原理 9 中也可以看到。

⑤ Kim 等人使用 PTC 对串联多个圆柱的 FIM 进行了研究。如果没有 PTC,光滑的导向圆柱下游的光滑圆柱不会移动。所有圆柱的振荡幅度(最多测试 4 次)都达到了设备流速 $1.5\ \mathrm{m\ s^{-1}}$的限制,低于水道最大流速。

关于 PTC-FIM 映射的有效性的最后一个问题涉及其鲁棒性。这项调查的结论如下(见图 4.26～图 4.28):

① PTC-to-FIM 映射中指定的区域对 PTC 的宽度和配置非常不灵敏(不敏感)。也就是说,如果粗糙度条全部位于单个区域内,则无论覆盖层(8,16,32°)还是设计,圆柱的响应都是相同的。

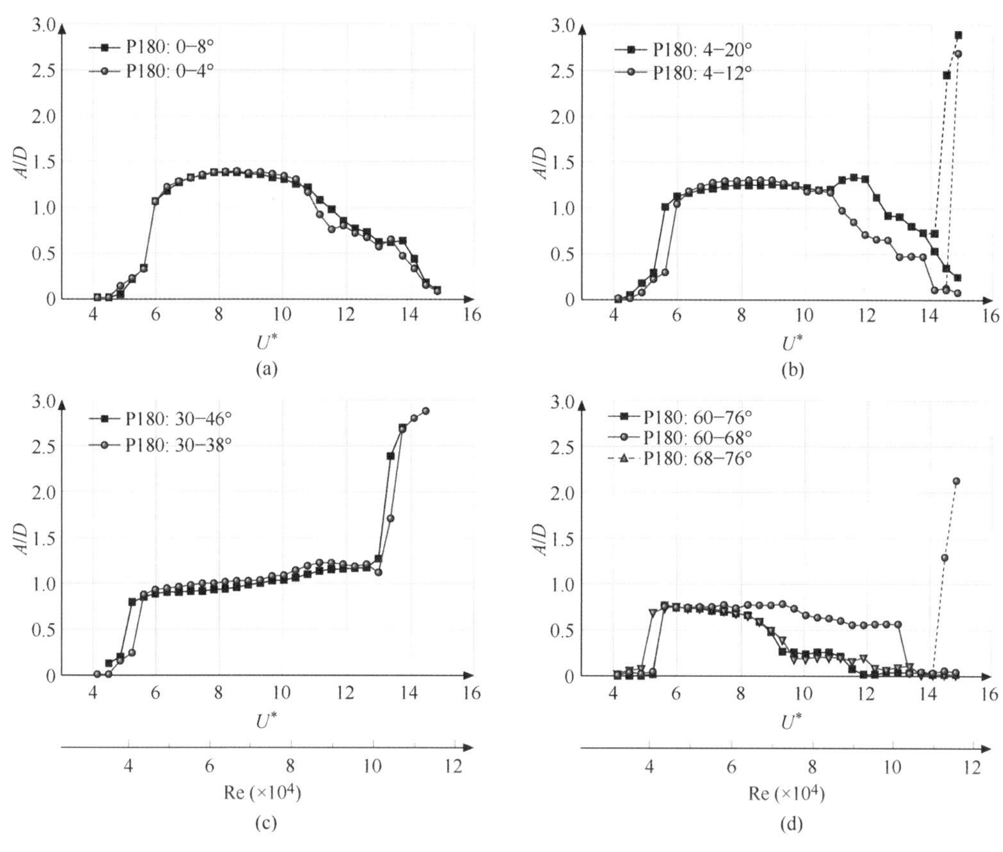

图 4.26　振幅响应 A/D 针对圆柱，$D=3.5''(0.088\ 9\ \mathrm{m})$，半宽带 P 180

(a) WS1　(b) HG1　(c) SG　(d) SS

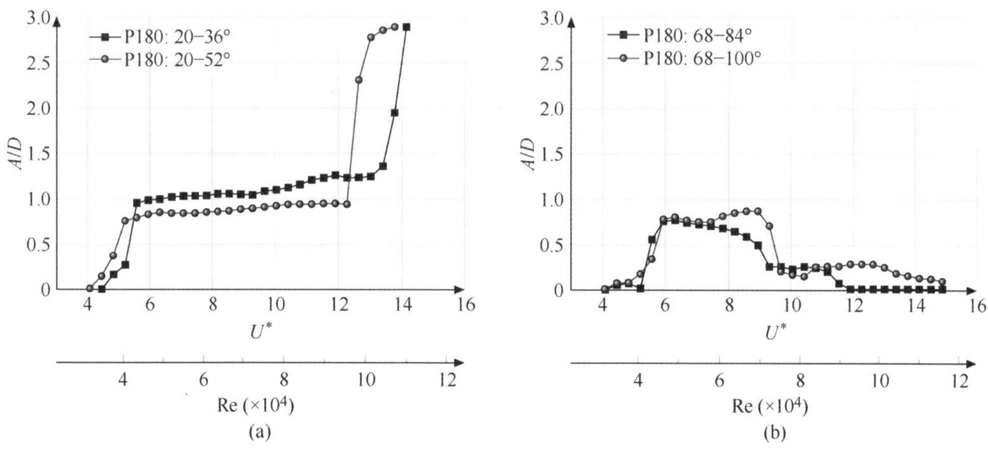

图 4.27　振幅响应 A/D 针对圆柱，$D=3.5''(0.088\ 9\ \mathrm{m})$，双宽带 P 180

(a) SG　(b) SS

② SS 区是 PTC-to-FIM 地图中最主要的区域。当 SS 区域与其他相邻区域一起被

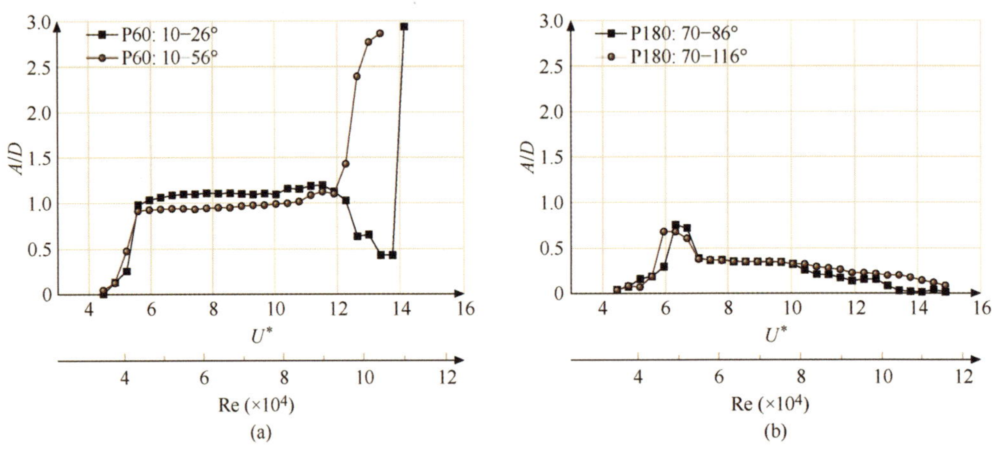

图 4.28　振幅响应 A/D 针对圆柱，$D=3.5''(0.088\,9\text{ m})$，带交错条样式 P180

PTC 覆盖时，PTC 圆柱的幅度响应总是与强抑制相对应。

③ 软(有规律的)驰振(SG)区是地图中第二主要的区域。它具有比 WS1，HG1 和 HG2 区更强的效果。当四个区域 WS1，HG1，HG2 和 SG 被粗糙度覆盖时，只要 SS 区没有被覆盖，所得到的 FIM 就是有规律的驰振。

④ 覆盖所有区域的交错配置是抑制的有效手段。上流分支的范围约为光滑圆柱的一半，其最大振幅约为光滑圆柱的 56%。另外，与光滑圆柱相比，去同步化會在更低的 U^* 区域开始。

(8) 原则 8—多体互动。单柱转换器不能达到足够高的功率-体积/重量比。这将对应于单叶螺旋桨或涡轮机。将圆柱分开放置，无论是串联还是并排，都需要大量的空间以尽量减少干扰。为了实现足够高的功率—体积/重量比，以克服这种可再生能源技术的致命弱点，应将多个圆柱放置在靠近的位置，并使其高效工作。这将等同于多叶片螺旋桨/涡轮机。ALT 中的另一个挑战是，在圆柱群中，与一个螺旋桨不同，对于所有桨叶都具有相同位置，由于它们跨越相同空间并且在流体动力学上相当。

① 导向圆柱不会在任何其他圆柱的尾部。

② 导向圆柱后面跟随的每个圆柱位于不同数量的上游圆柱之后。

③ 由于上游圆柱的动力调节，流速可能会降低。

④ 在无限制的空间内，流体可能会由于流体上的摆动圆柱的反作用而转移。

实际上，对于一个在层流体系稳定均匀流中的圆柱，到统一横向振动的过程中，流动方向上的平均阻力系数可以，相同的雷诺数从 $C_D=1.05$开始增大。

解决这个问题的唯一办法是将圆柱放置于一个流派中并协同工作。通过利用 PTC 和例如间隙流等干扰现象，在 MRE 实验室已经实现了多达四个圆柱的这一点。从这一点，是足够用来引出以下两个结论的。

① 四柱型 VIVACE 转换器已经设计并在 MRE 实验室中建立，如两个 30 秒的视频所示，在处于强烈的 FIM 中，圆柱协同工作。换流器的运行方式类似于由水驱动的 4 缸往复式发动机。圆柱之间没有机械连接。

② 图 4.28 和图 4.29 显示，正确放置在流派体系中的两个，三个，四个圆柱能够利用多

达 60～80％的相同数量的圆柱在隔离状态下运行的 MHK 能量。

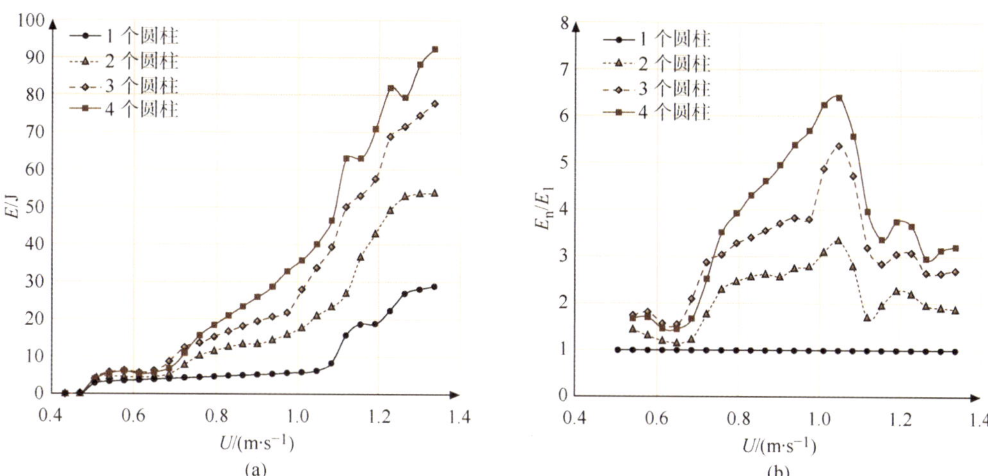

图 4.29　对于 $d/D=2.5$,2,3,4 个 PTC 圆柱的协同操作。对于 3 或 4 个圆柱测试，最小间距是 $d/D=2.5$。对于 0.8 $ms^{-1}\leqslant U\leqslant 1.1$ ms^{-1}，多個圆柱协同操作比单独操作多利用 60～80％的能量。
(a) 转换的能源总量　(b) 归一化转换能量

2）机械原理

涉及 FSI 系统的原理不能合理地分为流体和机械原理。尽管如此，为了作更有效的展示，它们在第 4.2 节中是分开的。

(1) 原理 9—非线性振荡器。一个自由度的线性振荡器有一个响应幅度算子，如图 4.30 所示。它具有很高的响应，在低阻尼情况下，在自然频率 fn 附近具有较小的带宽，图 4.31 表示了 TrSL2 流态下 VIV 中的一个圆柱的响应。它具有宽广的带状但具有自限性，最大振

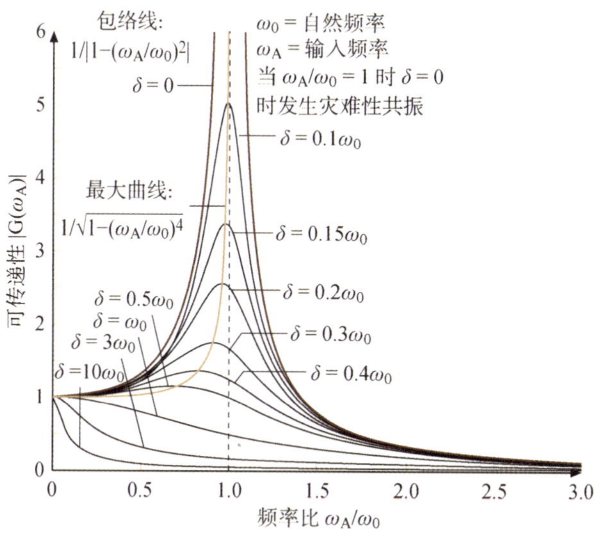

图 4.30　非线性振荡器

幅为一个直径。图 4.32 表示了 TrSL3 流态下 VIV 中的一个圆柱的响应。它宽带，但具有自限性，最大振幅 $A=1.8D$。图 4.33 中的 VIVACE 振荡器在右侧具有开放式带宽，即使在高阻尼条件下也是如此，仅受实验设施限制。

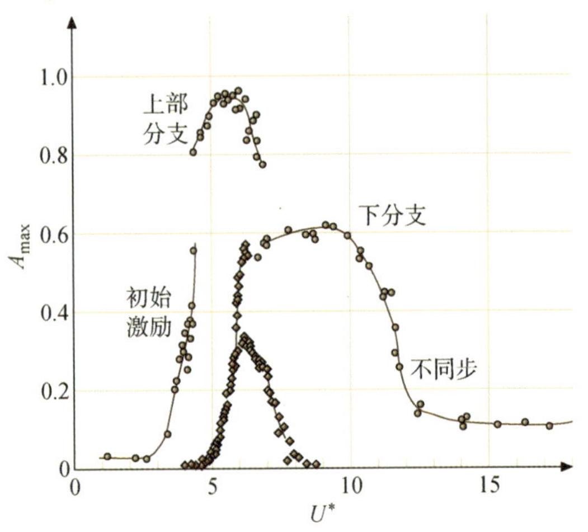

图 4.31　非线性振荡器：低雷诺数 Re（<10 000）VIV

正如原理 5 所解释的那样，利用 PTC（原理 7），连续性的 VIV 和驰振已经实现，从而产生了开放式范围的高振幅响应。通过增加阻尼来利用更多的能量，VIV 和驰振之间的差距可能会重新出现。如 Chang 等人所展示，可以通过增加弹簧常数 K 来弥补这一差距。

因此，VIVACE 转换器是一个非线性振荡器，它以低速启动 VIV 并持续驰振。后者作为一种不稳定性运动，随着速度的增加而增加幅度，除非后不稳定性非线性特性引入额外的强度。这使得 VIVACE 转换器在 FIM 中可在非常宽的范围同步工作，因此速度范围很宽。

（2）原理 10—能量控制的粘性阻尼。非线性 VIVACE 振荡器的高幅度响应即使在高阻尼情况下也能保持，如图 4.33 所示。高阻尼用于控制能量并降低振荡器响应，从而可以使 VIV 从驰振中分离出來。

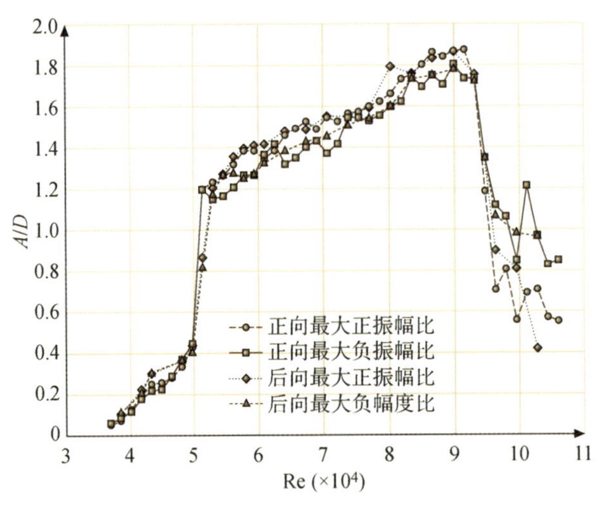

图 4.32　非线性振荡器：低雷诺数 Re（≈30 000～150 000）VIV

高阻尼 FIM 与低质量和阻尼的 VIV 非常不同，随着弹簧刚度的增加，VIVACE 振荡器连续的 VIV 和馳振特征会被重新存储。非线性形式的阻尼已被证明在影响 FSI 和产生更多的 MHK 功率方面更为有效。这个概念仍处于在 MRE 實驗室和 VHE（漩涡水力能）的研究阶段。

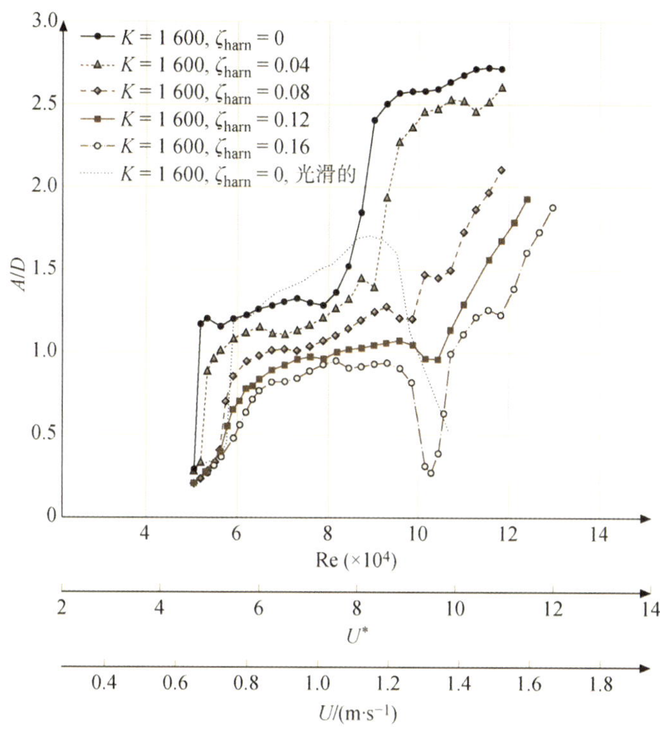

图 4.33　非线性振荡器：较高的雷诺数 Re(≈30 000～150 000)，对于可变阻尼连续性 VIV 和驰振

(3) 原理 11—形状优化。成群的鱼费力地在前面的鱼产生的涡旋之间滑动，以便在水中移动。他们利用如图 4.7(c)所示的尾流推力。测试表明，放置在固定圆柱尾流中的鱼可以通过在圆柱交替的尾流涡旋之间滑行来保持其位置。这导出了结论：与简单制造的圆柱相比，不同形状的横截面可能具有一些优势。图 4.34 和 4.35 显示了为最大振荡升阻比优化圆柱横截面的同等努力。这项研究的早期结论是，有形状，在一些降低的速度范围可能表现比圆柱更好，但不能超过整个诱导的速度范围。这个结果的一个重要因素是涡旋脱落位置的差异以及圆形和非圆柱体尾流中涡流的形状，这可以从对比图 4.34～图 4.36 中看出。

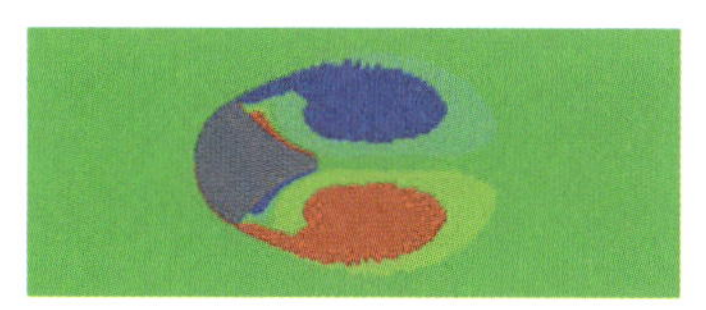

图 4.34　鱼形后体的 CFD

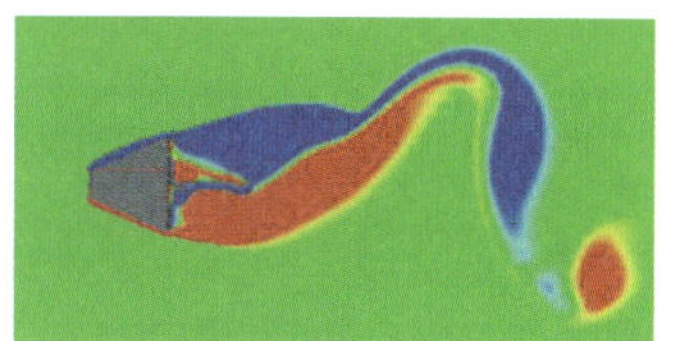

图 4.35　楔形前体的 CFD

3) 机电原理

如果没有集成控制器与 PTO 系统，一个转换器无论其规模如何，以及作为模型还是作为原型使用都不会是完整的。作为本案例研究的一部分，仅讨论了 MRE 实验室中开发的系统的高级功能。PTO 是传统型的，在这里不作介绍。只要说能源生产，不管是在热库中

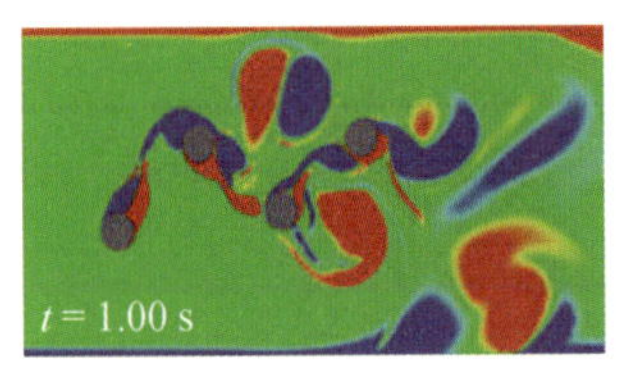

图 4.36　FIM 中四个圆柱的通道 CFD

燃烧的，还是用于照明设备的，都可以作为演示目的。在 MRE 实验室的转换器的进步在于 V_{ck}（虚拟阻尼弹簧）系统，这使得能够在实验之间几乎没有停机时间的情况下实现参数值的有效和快速改变。

（1）原理 12—虚拟 c-k 控制定律（V_{ck}）。正如在第 4.2.1 节中提到的，对 VIVACE 转换器的描述中，尽管其振动缓慢的特性——大约每秒一个周期——一年有 3200 万秒，使得弹簧的疲劳寿命是一个挑战。在实验室设置中，改变物理弹簧和阻尼器以改变实验参数值是非常耗时的，需要按顺序对新的物理组件，校准，安装并定期重新测试，以确保它们的值不会随着时间的推移而改变。在 MRE 实验室中，为了克服这个问题，已经开发了一种具有反馈力的实时控制器 $-ky-c\,dy/dt$ 仿真弹簧和阻尼器。它不包括闭环中的水动力。也就是说，它只模拟振荡器的机械部分。V_{ck} 系统需要大量的校准和系统识别以及与真实弹簧和阻尼装置的比较，如图 4.39 所示。然而，V_{ck} 只需在反馈力中调整参数 c 和 k，即可在几天内执行数百次测试并生成功率包络（见图 4.38）。图 4.37 和图 4.38 示出了第一代 V_{ck} 系统开发的结果。

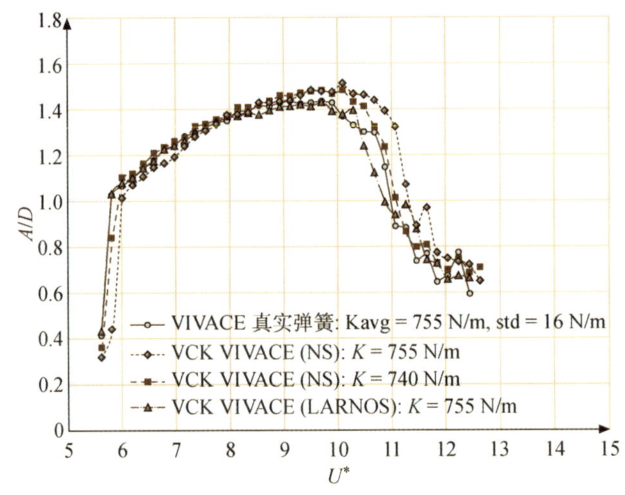

图 4.37　VIV 中单个圆柱的真实弹簧阻尼器与实验的比较

接下来介绍 V_{ck} 系统的数学模型及其在 MRE 实验室转换器中的实际应用。

由 V_{ck} 系统模拟的振荡器：V_{ck} 是一个反馈回路，它使用伺服电机编码器来跟踪圆柱的位置和速度，并提供必要的扭矩来模拟弹簧刚度并提供所需的线性粘滞阻尼。这种逻辑使流体动力学不受控制回路的影响，只有在不影响流体动力学激励的情况下才能模拟振荡器的机械部分。V_{ck} 最终产品为实验装置提供了将弹簧刚度值和线性粘滞阻尼值输入控制器的灵活性，并且可以在不中断的情况下继续实验。这个巨大的优势是在 V_{ck} 系统开发中花费大量时间发现的。

比较实现机械振荡器的 V_{ck} 系统的精度与所需的阻尼和弹簧常数是至关重要的。这需要系统校准，然后将 V_{ck} 与具有真实弹簧和阻尼器的振荡器进行比较。该过程需要在自由空

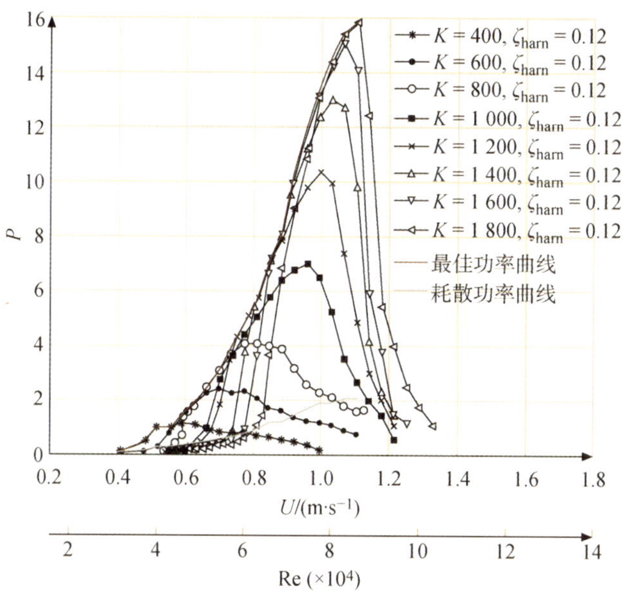

图 4.38　带单个光滑圆柱的转换器的功率包络

气和 MRE 实验室的 LTFSW 通道中进行重复实验以进行系统识别(SI)。在许多次试验后，这种用于阻尼的非线性模型就被定义了。结果是 V_{ck} 系统中的控制器将减去阻尼模型。这导致零阻尼系统。然后，由控制器施加线性粘滞阻尼模型，从而产生与教科书振荡器模型匹配的完美线性粘滞阻尼。

第一代 V_{ck} 使用国产仪器数据采集系统读取位置并完成力反馈。该系统取得了成功，并展现了在操作效率上的改进，但它有其自身的缺点，因为它引入了力反馈与系统中的位移之间的大量相位滞后。相位滞后是由数据采集系统在通过数字滤波器进行模数转换(ADC)和数模转换(DAC)时引起的。相位滞后在 30 到 50 ms 之间计时，这对于 FIM 测量或能量利用来说是不理想的。通过引入四个动态项和记忆来补偿相位滞后以模拟滞后效应。

在第二代 V_{ck} 中，为每个振荡器开发了用于 FIM 实验的控制器嵌入式虚拟弹簧阻尼系统(V_{ck})。控制器通过皮带和皮带轮提供反馈来模拟振荡器的机械部分(见图 4.39 和图 4.40)。嵌入式板卡控制带光学编码器的伺服电机。数字信号的使用，使得系统响应更快，理论上没有滞后，除了 CPU 运行时长控制为 10 μs。这种方法支持实时位置/速度测量。

物理 V_{ck} VIVACE 系统。在有 PTC 以及在水外面所有轴承的轴[见图 4.5(a)、图 4.17(a)和图 4.18(a)]的 FIM 上已经完成了大量的试验。实验振荡器的最终条件将沿着圆柱长度的二维流动，只减少了 3%。这是 97%的圆柱长度提供的升力导致了 FIM。在 2011 年，为了进一步调查限制较少的圆柱的 FIM，通道和 VIVACE 转换器都进行了重建。这允许振荡器的振幅在直径 $D=3.5''(0.088\,9\ \text{m})$的振幅达到 5.5 倍的直径。新的测试模型设计和建造为如图 4.14 和图 4.15 所示，并在第 4.2.1 节，关于 VIVACE 转换器的说明中进行了描述。

V_{ck} VIVACE 系统的数学模型。假设物理模型(见图 4.39)具有结构对称性，并假定在虚拟弹簧和阻尼器已经实施之后，圆柱在其平衡点附近振荡，则忽略重力引力。

图 4.39　在 LTFSW 通道中安装了一个带 V_{ck} 的 VIVACE 转换器

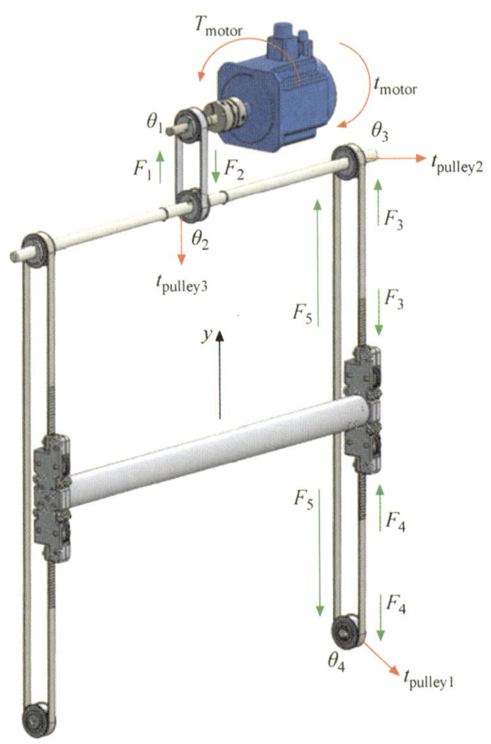

图 4.40　带符号的对称 V_{ck} 模型

表 4.6　嵌入式 V_{ck} 系统的组件

θ_i, i=1, 2, 3, 4	电机联轴器和滑轮的角度 i=2:滑轮顶部中心的角度 i=3:滑轮顶部中心右上方的角度 i=4:滑轮低于右方的角度
y	圆柱位移
M_{osc}[kg]	振荡分量的等效质量
J_{motor}[kg m^2]	电机质量转动惯量
t_{motor}[N]	电机非线性阻尼力矩
T_{motor}[Nm]	电动机产生的转矩
J_{pulley}[kg m^2]	滑轮质量转动惯量
$t_{pulley,i}$, i = 1, 2, 3, 4	第 i 级非线性阻尼力矩
r_{pulley}[m]	所有滑轮半径
$f_{bearing}$[N]	所有轴承的非线性阻尼力
F_i[N]	时间带的第 i 级张力

具有嵌入式 V_{ck} 的新 VIVACE 系统的运动方程为式(4.19)～式(4.23),其中符号定义在表 4.6 和图 4.40 中。

$$(J_{motor} + J_{pulley})\ddot{\theta}_1 = T_{motor} - t_{motor} + r_{pulley}(F_1 - F_2) \tag{4.19}$$

$$J_{pulley}\ddot{\theta}_2 = -t_{pulley\,3} + r_{pulley}(F_1 - F_2) - 2t_{pulley\,2} \tag{4.20}$$

$$J_{pulley}\ddot{\theta}_3 = 2t_{pulley\,2} + r_{pulley}(F_3 - F_5) - t_{pulley\,3} \tag{4.21}$$

$$J_{pulley}\ddot{\theta}_4 = -t_{pulley\,1} + r_{pulley}(F_5 - F_4) \tag{4.22}$$

$$M_{OSC}\ddot{y} = -f_{bearing} + 2(F_4 - F_3) \tag{4.23}$$

假定同步带是非弹性的,θ_i 和 y 之间的运动关系是:

$$\theta_1 = \theta_2 = \theta_3 = \theta \tag{4.24}$$

$$y = r_{pulley}\theta \tag{4.25}$$

因此,利用式(4.24)和式(4.25),将式(4.19)～式(4.23)简化为式(4.26):

$$(J_{motor} + 6J_{pulley} + M_{osc}r_{pulley}^2)\ddot{\theta} = T_{motor} - t_{motor} - 6t_{pulley2} - 3t_{pulley3} - 2t_{pulley1} - f_{bearing}r_{pulley} \tag{4.26}$$

$$(J_{motor} + 6J_{pulley} + M_{osc}r_{pulley}^2)\ddot{\theta} = T_{motor} - (t_{motor} - 2t_{pulley} + 6t_{pulley2} - 3t_{pulley3} + f_{bearing}r_{pulley})$$

$$\left(\frac{J_{motor}}{r_{pulley}} + \frac{6J_{pulley}}{r_{pulley}^2} + M_{OSC}\right)\ddot{y} = \frac{T_{motor}}{r_{pulley}} - \left(\frac{t_{motor}}{r_{pulley}} + \frac{2t_{pulley}}{r_{pulley}} + \frac{6t_{pulley2}}{r_{pulley}} + \frac{3t_{pulley3}}{r_{pulley}} + f_{bearing}\right)$$

假设 $F_{motor} = T_{motor}/r_{pulley}$, 以上的方程式为了方便可以简化为

$$m\ddot{y} = F_{motor} - f \tag{4.27}$$

在

$$m = \frac{J_{\text{motor}}}{r_{\text{pulley}}^2} + \frac{6J_{\text{pulley}}}{r_{\text{pulley}}^2} + M_{\text{OSC}} \tag{4.28}$$

$$f = \frac{t_{\text{motor}}}{r_{\text{pulley}}} + \frac{2t_{\text{pulley}}}{r_{\text{pulley}}} + \frac{6t_{\text{pulley2}}}{r_{\text{pulley}}} + \frac{3t_{\text{pulley3}}}{r_{\text{pulley}}} + f_{\text{bearing}} \tag{4.29}$$

虚拟，非线性，粘性阻尼模型：首先，执行刚度 k 的系统校准。结果如图 4.40 所示。接下来可以执行系统标识过程。V_{ck}系统的一项功能是为系统增加线性可调节阻尼，以便利用 MHK 能量。为了开发所寻求的功率包络，需要进行系统测试。在添加规定的阻尼之前，需要识别和减少物理系统阻尼。后者归因于所有运动部件，特别是同步带和滑轮，这会给带来不需要的或多余的非线性阻尼。V_{ck}系统的机械振荡方程为

$$m\ddot{y} + c(\dot{y}) + ky = F_{\text{total}} \tag{4.30}$$

式中，F_{totoal}是作用在圆柱上的总流体动力横向力。因此，可以通过以下方程式获得阻尼模型

$$c(\dot{y}) = F_{\text{total}} - m\ddot{y} - ky \tag{4.31}$$

为了找到非线性粘性阻尼和静摩擦，包含电机，滑轮和轴承的总阻尼力 f 可表示为

$$f = f_{\text{motor}} + f_{\text{pulley}} f_{\text{bearing}} \tag{4.32}$$

这也可以表示为 $\mathrm{d}y/\mathrm{d}t$ 的函数。在这里，假定所有的阻尼力都被三阶多项式充分地模拟为

$$c(\dot{y}) = c_3\dot{y}^3 + c_2\dot{y}^2 + c_1\dot{y}^1 + c_c\,\text{sign}(\dot{y}) \tag{4.33}$$

式中，c_1，c_2 和 c_3 分别是一阶，二阶和三阶系数，c_c 是库仑摩擦系数。

第一代 V_{ck}系统有由振动元件和可以从皮带拆下的圆柱组成的闭环系统。持续不断地向同步带施加恒力以达到足够的速度。目前的 V_{ck}系统结构里有滑块和定时皮带，因此它们不能断开[见图 4.14(a)]。在系统识别过程中，为了达到足够的速度和加速度，需要通过发动机向系统提供各种单向力。

当圆柱到达行程的上端和下端时，程序安全制动器被激活，以防止与 LTFSW 通道的树脂玻璃底部发生碰撞。从系统识别过程得出的回归方程[见图 4.41(b)]：

$$c(\dot{y}) = 0.879\,3\dot{y}^3 - 7.767\,8\dot{y}^2 + 23.736\dot{y} + 13.439, \quad \text{for } \dot{y} > 0 \tag{4.34}$$

$$c(\dot{y}) = 1.154\,4\dot{y}^3 + 9.206\,4\dot{y}^2 + 25.992\dot{y} - 12.484, \quad \text{for } \dot{y} < 0 \tag{4.35}$$

控制器设计：基于这种非线性粘滞阻尼模型，控制器的力可表示为

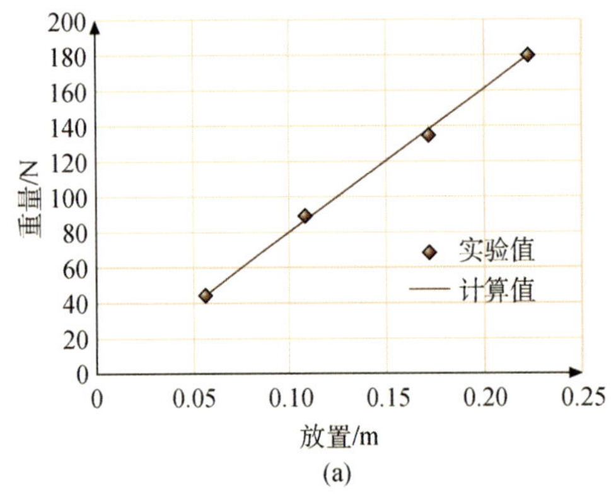

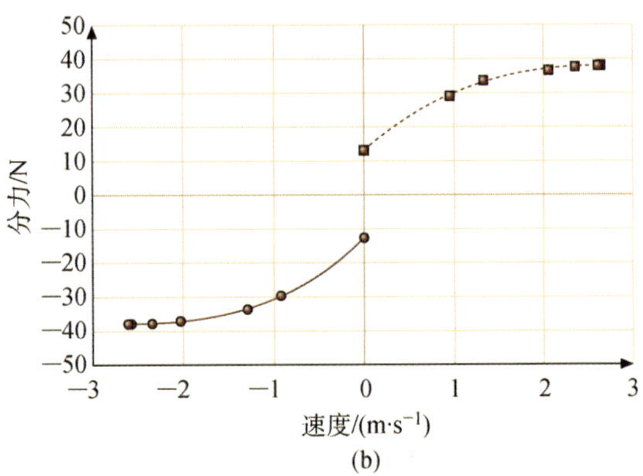

图 4.41　第二代系统的系统识别

(a) 虚拟弹簧测试曲线拟合　(b) 非线性静态阻尼

$$F_{\text{controller}} = F_{\text{nonlinear damping}} - c_{\text{virtual}}\dot{y} - k_{\text{virtual}}y \tag{4.36}$$

式中，$F_{\text{controller}}$是虚拟系统施加的力；F_{fluid}是作用在圆柱上的总流体动力；k_{virtual}是虚拟弹簧常数；c_{virtual}是虚拟线性粘性阻尼。在式(4.34)和式(4.35)的定义中，c_{virtual}是在减去非线性粘性阻尼之后添加的。这作为了线性粘滞阻尼的教科书案例。

应该注意的是，按照这个程序，V_{ck}系统可以很容易地用于应用非线性弹簧功能或非线性阻尼。

通过分析 VIVACE 转换器案例研究的基本原理可以得出以下主要结论：

通过 PTC 增强自然发生的 FIM 并改变它们的发动，使得开发一种在低流速下开始并且没有上限，且具有高响应幅度操作器的 ALT 成为可能。

4.3　支持其发展的方法和工具

MRE 实验室率先开展了几个研究领域，以支持 ALT 的开发，尤其是 VIVACE 转换器。其成果立即实施在了 VHE 为产品开发进行的设计和现场测试中。在世界范围内，这些研究也有在一些实验室中进行，它们引用了 MRE 实验室的开拓性成果，并进一步开发这些领域中最有价值的工作；Vandiver、Konstantinidis、Vinod 和 Banerjee、Huynh 等。这些研究领域包括：

(1) 通过使用像鱼一样而不是像鸟一样稳定上升的交替升力来增强 FIM 以控制能量。

(2) 使用圆柱干涉来改进多圆柱阵列的协同操作。在实验室中已经显示，对于多达两个/三个/四个圆柱，实际上当它们协同工作而不是单独工作时，一排圆柱可以利用更多的能量[见图 4.28 和图 4.29(a)]。

(3) 圆柱横截面形状优化，以最大化其振荡升阻比。这是十年来一直对翼型稳定升阻比进行的对应研究(见图 4.33 和图 4.34)。

(4) 在流体中实现圆柱的三维分布，以便 VIVACE 转换器可以从整个流动域获得能量，而不是象浮标那样的点吸收体，像海蛇那样的线吸收体，像振荡水柱那样表面吸收体，或者像涡轮机和水磨机那样的区域吸收体。

(5) 建立圆柱运动反转和能量利用的非线性弹簧常数[见图 4.17(b)和图 4.19(a)]。

(6) 建立一个虚拟的阻尼弹簧系统 V_{ck}，它不包括回路中的流体动力，以便快速实验参数的变化调整。

(7) 使用虚拟系统 V_{ck}实现阻尼和弹簧刚度的不同非线性模型(见图 4.40 和图 4.41)。

为了在支持 ALT 发展所需的所有这些领域中发挥作用，MRE 实验室和 VHE 使用/或正在开发一些研究工具。这些包括实验设施，可视化流程，现场测试，数学模型和 CFD 代码。这些将在下面的章节中简要介绍。

4.3.1　实验设施

VIVACE 转换器开发中使用的实验设备包括两个拖曳水池和两个循环通道，它们通过测试和数据处理提供补充信息。

1) 第一低湍流自由面水(LTFSW)通道

在 2005 年至 2012 年，为了支持 VI-VACE 转换器的开发，FIM 实验在第一 LTFSW 通道中进行。下面概述了第一个通道研究和测试的一些成果和局限性。

第一个 LTFSW 通道始建于 1992 年，在 2012 年退役之前被证明是一个非常有价值的设施。LTFSW 通道的目的是促进对边界附近湍流基本结构方面的研究(实心墙，自由表面或两者都具备)。两层高水道正在循环约8 000加仑水。其最大流速为 2 ms^{-1}。测试部分长 2 米 44，横 1 米，深0.8米。测试部分的所有壁都是丙烯酸材料，以便将流动进行可视化实验，并便于使用光学仪器进行测量。在测试部分测得的背景湍流水平小于自由流速度的 0.1%。利用三分量光纤激光多普勒测速仪(LDV)系统完成速度和湍流测量。LDV 系统是专门设计用于允许用于同时激光诱导荧光浓度的测量。三轴移动系统允许 LDV 穿越点在测试部分上移动。

在第一个 LTFSW 通道中进行的测试是 FIM 测试，而不是 VIVACE 模型测试。质量差异非常重要。具体来说，在 FIM 测试中，只有圆柱和支撑结构浸没在水中，才可以使得圆柱非常靠近通道壁，因此将顶端流动(三维)效应限制在升力的 3%[见图 4.17(a)]。VIVACE 模型测试在第二个 LTFSW 通道中进行，在通道中放置滚筒推车、轴承、皮带、弹簧和安全制动器，使其产生 43%的流量效应[见图 4.17(c)]。这一点在第 4.3.8 节进一步讨论。因此，不仅是 FIM 的测试结果不能用作 VIVACE 的预测，VIVACE 模型测试的测量结果也不能用作单纯的 FIM 实验结果。在 MRE 实验室中，已经开发了将数据简化为通用等价物的数学后处理方法，在第 4.3.8 节有介绍。

MRE 实验室在 LTFSW 通道中进行的 FIM 测试的第一个贡献已经在 TrSL3 流态中进行了测试。在此之前的典型 VIV 测试是在 TrSL2 流态中进行的。由此产生的响应振幅运算符显著不同，如图 4.30 所示的 TrSL2 和如图 4.31 所示的 TrSL3。

根据 Zdravkovich 的定义，对于 TrSL3(1 000$<$Re$<$300 000)和 TrSL2(1 000$<$Re$<$300 000)的圆柱之间的流动动态存在许多基础差异。最值得注意的是，圆柱两侧的剪切层在 TrSL3 中饱和，对冯卡门涡旋带来更多的涡度。结果，剪切层具有更接近圆筒的更强的卷起。实际上在 400$<$Re$<$300 000 的整个层流状态下，由于斯特罗哈尔数(4.1)几乎恒定($St=0.20-0.21$)，使冯卡门涡旋中的循环更快地达到了脱落强度。因此，涡流脱落的频率与速度成比例地增加。此外，成形长度较短。在脱落的时刻，较短的成形长度与较强的卷绕以及较高的环流相结合，更靠近圆柱横截面的后体，从而产生较高的升力。因此，TrSL3 中的升力系数比在 TrSL2 体系中高出几倍(见图 4.16)。

下面的观察可以比较 TrSL2(见图 4.30)和 TrSL3(见图 4.31)中的响应振幅运算符：

(1) 显示初始分支，上分支，下分支和不同步。

(2) 在 TrSL2 中，上部分支在 $A/D=1$ 附近显示出恒定响应，导致多年的错误结论认为 VIV 响应仅取决于减速 U^* 而不是雷诺数。

(3) 在 TrSL3 中，上部分支持续增加并超过下部分支。如图 1 和 2 所示，响应 A/D 从 1.2开始增加到1.9，具体取决于雷诺数，如图4.41(b)、4.42、4.43和4.85所示。在更高的雷诺数下，约 10^6 点的单个数据点证实了这种高响应和雷诺依赖性。

(4) 将 MRE 实验室的测量结果应用在改进的格里芬图上，其表明，Govardhan 和 Williamson 所做的推论不能正确地捕获 VIV 对雷诺数的依赖性。

(5) Bernitsas 等人的测量表明，即使当能量控制的阻尼值很高时，VIV 仍可保持在 TrSL3 流动状态(见图 4.44)。

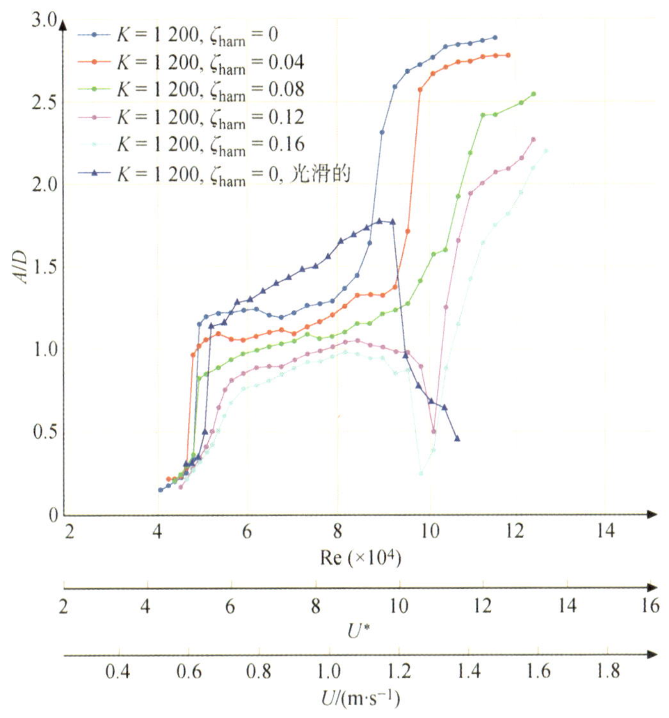

图 4.42　在 TrSL3 流态下雷诺数的影响很强

通过 PTC 增强 FIM：这是 MRE 实验室测试在第一个 LTFSW 通道的第二个主要贡献。在 4.2 节，原则 6 和 7 介绍了 FIM 的增强。图 4.24 显示了 PTC-to-FIM 图及其鲁棒性，并显示了如何使用 PTC 增强或部分抑制圆柱的运动。只需在这里提到，我们所理解的 PTC 的形式是怎样的，以及如何实施以改善这种 ALT 转换器的性能：

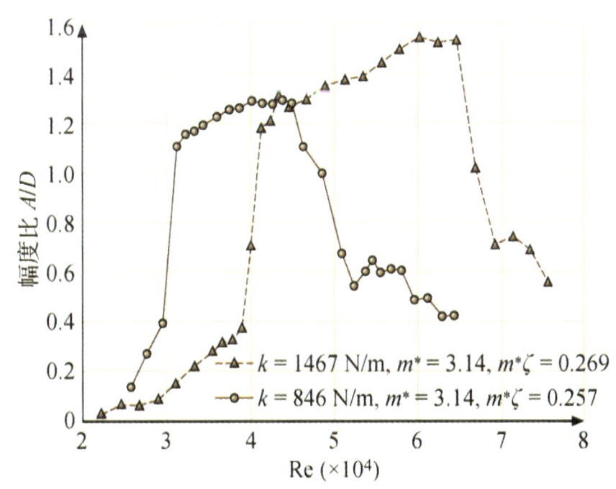

图 4.43　Re 在 A/D、m^* 和 $m^*\zeta$ 比有更强的影响

(1) 图 4.45 和图 4.46，结合图 4.25 中的边界层厚度，为使用一定大小的 PTC 来得到一个特定尺寸圆柱提供了指导作用。

(2) PTC 对 VIV 有以下影响：它能使用紊流器提前启动 TrSL3 流动状态；它能保持更长紊流器的 TrSL3 机制；它消除了过渡区域，从而保持 VIV，而不允许抑制其从层流到湍流边界层的过渡，正如光滑圆柱的情况。

(3) PTC 增加 VIV 中的同步范围。

(4) PTC 部分抑制 VIV 幅度。未发现对 PTC 粗糙度的显著影响。对于较大的 PTC 覆盖面积，可以观察到更多的幅度减小。

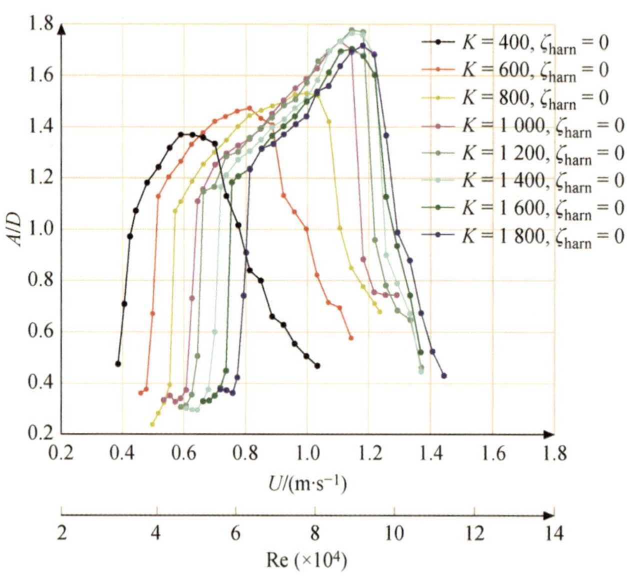

图 4.44 VIV 同步相对于雷诺数显示 A/D 会随着雷诺数在 TrSL3 和 TrBL 体系中而增加

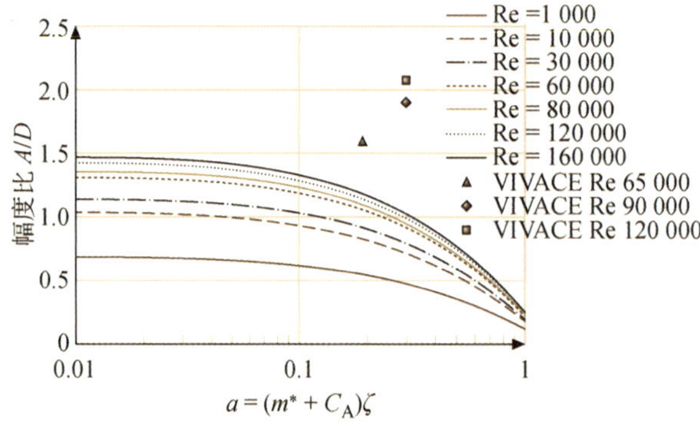

图 4.45 使用 VIVACE 测试的格里芬图，TrSL3 测试显示出比通过外推的预测具有更强的 Re 数依赖性

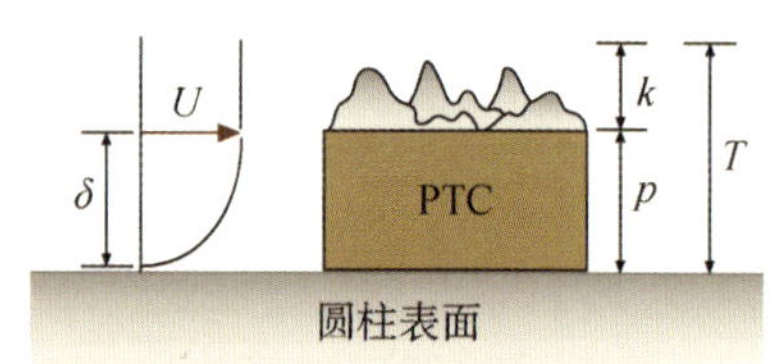

图 4.46 PTC 粗糙度条参数的定义

(5) PTC 在 VIV 同步范围内引起更高的振荡频率，因为它引起更多的涡度。

(6) PTC 以较小的速度诱发驰振，从而实现连续的 VIV 和驰振，如图 4.32 所示，这是 VIVACE 转换器的主要优点，即开放式大振幅响应幅度操控者。

(7) 驰振不稳定性大多取决于 PTC 的位置。当的范围为 20～64°时，PTC 在驰振时更有效(见图 4.23)。

(8) 驰振时，PTC 的有效厚度为 $T \geqq 0.19$ mm。

(9) 更厚的 PTC 表面和更大的 PTC 覆盖率促进早期完全发展的驰振。表面粗糙度增强了驰振分支的最大振幅。

堵塞效应是所有实验的关注点，因此需要进行以下评估。在两个 LTFSW 通道中，大多数实验都是用光滑圆柱或用直径为 $D=3.5''(0.0889\ \mathrm{m})$ 且长度为 $L=36''(0.914\ \mathrm{m})$ 由阳极氧化铝制成的 PTC 圆柱进行的。相应的长宽比(L/D)是 10.29。测试会受到堵塞、自由表面和底部的影响。圆柱的横截面与水深的比例，对于第一通道的约为 12%($D/d=3.5/29$)，第二通道的约为 7%。圆柱由两个拉/压螺旋弹簧悬挂并连接到支撑柱上，测试圆柱被限制在垂直方向上移动（垂直于流动方向），如图 4.17(a)所示。圆柱长度 L 与通道宽度 w 之比接近 1($L/w=36/38$)。所有的实验都是以雷诺数(Re= UD/v)在10 000～118 000的范围内进行的。

需要讨论四种不同的边界效应：

(1) 侧向堵塞。

(2) 顶底堵塞。

(3) 自由面效应。

(4) 底部边界效应。

边界效应是有希望影响幅度响应的，特别是当圆柱接近自由表面或底部边界时。文献中的信息是有限的。对于一个静止的圆柱，随着堵塞率的增加，但在没有自由表面的情况下，涡旋可能变得更强，跨度相关性会增加。就这两个因素，即涡旋强度的增加以及涡旋脱落的跨度相关性，都有助于提升升力并随之产生更高的振荡幅度。在 FIM 通道实验中，测试安排有很大不同。极其小心地保持二维流动并排（边界效应），可以消除侧向堵塞效应。气缸及其端部支架实际上占据了通道的整个宽度。因此，由于侧向限制，没有流动加速的空间。因此，在目前情况下，来自流量限制的边界效应仅限于垂直方向。

对于非平稳的圆柱，Raghavan 和 Bernitas 研究了自由表面效应，Roshko 和 Chattoorgoon 和 Raghavan 等人研究了底部边界效应。通常，自由表面和底部边界部分抑制 VIV。对于使用 PTC 的圆柱，只能通过与这些参考文献中介绍的光滑圆柱效应进行比较，并通过观察随着圆柱进入边界的行为变化来推测这些效应。没有进行自由表面和底部边界的修正。

根据 Rosko 和 Chattoorgoon 的结果，当圆柱靠近墙壁时，会产生显着的升力，将圆柱推离墙壁。因此，将这个结论应用到本研究中，这意味着负向流体动力力倾向于减小圆柱振荡的幅度。这与 Raghavan 等人的结果一致。文献[4.109,110]证实了底部边界抑制振荡幅度的效应。

在驰振中，由于不存在驰振幅度的限制，通道中总是会出现堵塞现象。即使在非常深的通道中没有流体动力学性堵塞，由于驰振仅在结构失效时才停止，因此总是会有机械限制。驰振不像 VIV 那样是自我限制的。在图 4.32 中可以观察到这种阻塞，其中振荡的幅度达到平稳状态；实际上在不同的 U^* 时取决于系统阻尼。在此之前，结果不受堵塞的影响，并且在一个不受限制的流量中，驰振幅度会增加，直到结构失效。

以下的观察是有用的。在 Chang 等人的测试中，使用光滑的圆柱，因此只受到 VIV 的影响，而不是驰振—在一$A^*=A/D$ 达到 1.65 时，这可以实现间隙比约为 2.0(圆柱表面顶部与自由曲面之间的间隙比)。对于这个间隙比，Raghavan 和 Bernitsas 的结果表明自由表面效应可以使光滑圆柱的振幅减小 8～11%。应该特别指出的是，对于安装时位于自由表面与底部边界之间的相应静止光滑圆柱，间隙比达到约 3.5。在这个值下，预计是没有自由表面效应存在的。此外，对于相对于通道底部边界的相同间隙比(2.0)，有约为 20%的减小幅度。因此，由于底部边界和自由表面的影响，共同促成了光滑圆柱的振幅降低高达 30%。换句话说，如果没有这些影响，光滑圆柱的振幅将会高出 30%。

2) 第二低湍流自由地表水(LTFSW)通道

在第一 LTFSW 通道中进行了多年的测试后，研究了关于增强 FIM 和串联多达四个圆柱阵列中的圆柱之间的协同操作的各种新现象，很明显，在驰振时，振荡幅度方面存在限制。因此，通道被分解并重新由不锈钢制成，并且具有更大的深度，允许 A/D 的值高达 5～7。与此同时，MRE 实验室将注意力转向 VIVACE 测试，而不是 FIM 测试。这两种类型的测试之间的关系在第 4.3.8 节讨论。

第二 LTFSW 通道建于 2012—2013 年。第一个两层通道的所有不锈钢部分均保留并适应于新设计。原先是由 PVC 制造的工作层(第二层)上方的通道部分被不锈钢取代，并被制成更深的通道。深度从 80 增加到 140 厘米，允许高达 7 个直径的幅度，这取决于振荡器模型的设计。

表 4.7 PTC 粗糙度条的尺寸，对于 $Re>7\times10^4$，$T/\delta>1$

	P60	P80	P120	P150
K:平均砂粒大小/mm	0.26	0.195	0.127	0.097
$K_{max}\approx K_{min}$/mm	0.416≈0.175	0.302≈0.112	0.175≈0.60	0.150≈0.48
p:筛网厚度/mm	0.587	0.554	0.454	0.492
T:总厚度/mm	0.847	0.749	0.581	0.589
$K/D(10^{-3})$	2.92	2.19	1.42	1.09
$T/D(10^{-3})$	9.53	8.43	6.40	6.63

循环水从 8 000 加仑增加到 10 000 加仑。对于相同的湍流强度，叶轮和电机的保持导致最大速度的降低(从 2 到大约 1.5 m s^{-1})。安装额外的叶轮，以减少高速空气滞留。另一方面，当转换器模型测试实际条件时，使用增加的速度并允许空气滞留，图 4.17(c)和表 4.7 显示了新通道测试部分的图片。在协同操作中，系统测试正在进行多达四个振荡器的操作。MRE 实验室的目标是通过 V_{ck}系统测试来优化转换器的多列设计。

新通道的 VIVACE 模型是在 2012 年设计和建立的。在第 4.2.1 节有详细描述它们，VIVACE 转换器的描述。

3) 密歇根大学的拖曳水池

这种用在外场测试的较大模型需要试验，测量无阻塞效应的 FIM 响应，在较大的雷诺数下进行测量，特别是在流量转换中会抑制 VIV 的，即引出了在密歇根大学安娜堡分校进行的两个拖曳水池试验，。

该水池是一个由四个 5 kW 无刷伺服电机提供动力的滑架驱动系统，采用计算机控制以实现最佳速度调节。水池长度为109.7米(360.0英尺)，宽度为6.7米(22 英尺)，深度(至槽的边缘)为3.05米(10.0英尺)。典型的水深是3.2米(10.5英尺)。运输类型是带有无人拖车的载人桥。运输速度为0.08～6.10 ms^{-1}(0.25～20.0 fts^{-1})。

在拖曳水池中测试了三种不同的原型：

(1) 2010 年 8 月在圣克莱尔河部署的原型，由两个直径为 $D=10''$(0.254 m)，长为 $L=106''$(2.70 m)的水平圆柱组成，展示在如图 4.18(a)中拖曳水池测试期间，在图 4.18(b)的野外部和河流运作中。

(2) 2012 年 9 月至 11 月在圣克莱尔河部署的原型，是由一个直径为 $D=8''$(0.203 m)，长为 $L=60''$(1.52 m)的垂直圆柱组成，展示在如图 4.17(b) 中拖曳水池测试期间，在 OHNMSETT 拖曳水池图 4.19，在图 4.19(b)的野外部和河流运作中。

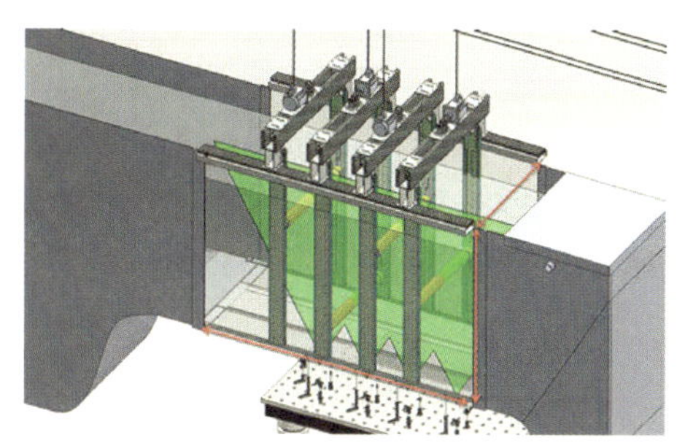

图 4.47　用四个振荡器和激光显示的 MEW LTFSW 通道原理

图 4.48　新 LTFSW 通道中的两个振荡器

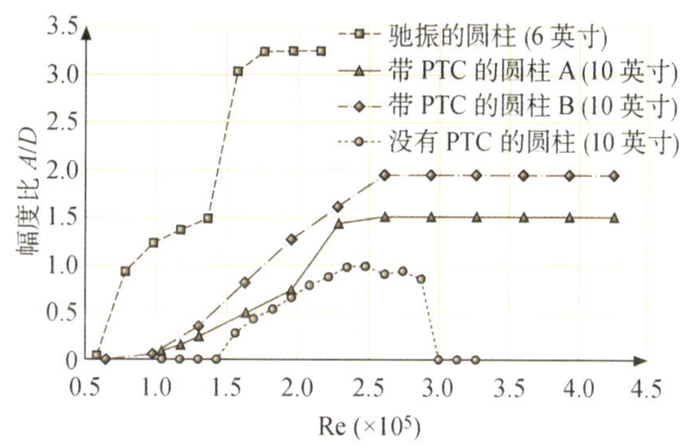

图 4.49　从层流到湍流边界层的过渡在 $Re=3\times10^5$ 时关闭 VIV

(3) 在密西根大学的模型试验中显示的荷兰运河的小型原型，由 $D=10''$(0.254 m)，长为 $L=39.4''$(1.00 m)一个纵向短气缸体组成，展示在图 4.20(a)中，部署图在图 4.20(b)中。

流体转换。任何海洋结构的开发都需要测试较大的模型和原型。对于 MHK 能量设备，Bahaj 等人对逐渐增加尺寸模型和测试组件的步骤进行了描述概括。图 4.48 显示了在密歇根大学进行的四个拖曳水池试验的结果，试验使用了两种长度均为 $L=106''$(2.70 m)，直径 $D=10''$(0.254 m)和 $D=6''$(0.152 m)不同的原型。历时 8 个月(2009—2010)期间进行的这些测试的目标是推进转换器的设计，以通过从层流到湍流的流动转变来维持 FIM。随着每次测试，振幅逐渐增加。第一次测试是在 $D=10''$(0.254 m)光滑圆柱和 VIV 在转换开始时关闭的情况下进行的。在第二次测试中，PTC 被加入到同一个圆柱中，早期开始 VIV，在 VIV 中引发更高的响应，并在流体转换前触发驰振。

在 Re≈500 000时，安全停止设定在 $A/D=1.5''$时触发。在第三次测试中，转换器框架重新设计，允许 $D=10''$(0.254 m)的 PTC 圆柱达到 $A/D=1.9$。由于拖曳水池的限制，对于 $D=10''$(0.254 m)圆柱，框架无法重新设计以实现更高的 A/D。因此，在第四次试验中，使用了 $D=6''$(0.152 m)的圆柱，导致在上部分支中部较早地开始驰振，并且在 $A/D=3.25$

安全制动有振幅限制。在第一个 LTFSW 通道中，对于直径为3.5″的圆柱，有类似的效应，如图 4.49 所示。

振幅限制。图 4.50 清楚地表明，进行可以允许更高振幅的测试是很重要的。这导致了密歇根大学拖曳水池中一个较小的转换器模型的测试[见图 4.17(b)]，振幅超过 4.5 个直径长。

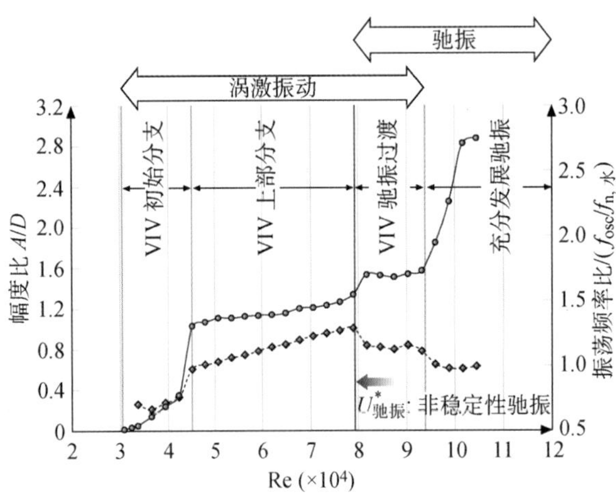

图 4.50 湍流刺激对 VIV 和使用粗糙带驰振的影响

4) OHMSETT 中的拖拽水池

由于振幅的限制以及对阻塞效应的担忧使 VHE 和 MRE 实验室在 OHMSETT 的拖曳水池进行测试，这是一个更大的海水设施。

OHMSETT 的地上混凝土试验池是同类型中最大的一个，长 203 米，宽 20 米，深 3.4 米。水池充满了 260 万加仑的清澈盐水。OHMSETT 测试池允许全尺寸设备的测试。水池的波浪发生器创造逼真的海洋环境，同时有最先进的数据采集和视频系统记录测试结果。

在这个水池中，可以测试没有水平或垂直堵塞效应的垂直圆柱。测试在 LTFSW 通道中进行，与密歇根大学的拖曳水池中进行的测量通过比较进行了验证。

5) 线性或非线性弹簧或完全没有弹簧?

由 MRE 实验室和 VHE 在 FIM 测试中记录的不断增加的振荡幅度，导致产生的能量不断提高。这一观察结果自然导致了这样一个结论，即如果允许在没有框架和/或设施限制的情况下向一个方向移动，那么一个正在驰振的圆柱可以将更多的 MHK 能量转化为机械能。在 2009—2010 年，几个非线性弹簧进行了测试，导致了令人惊讶的结论，即最佳安排设置完全没有弹簧。在框架的末端引入了短而坚硬的弹簧减震器，以扭转振动的方向。

从这个测试的讨论中得出的主要结论是，在两个通道和两个具有各种规模模型和 VIVACE 转换器原型的拖曳水池中进行的测试。

(1) 在开发新型 MHK 能量转换器时，与所有海洋结构一样，模型测试需要在多个规模上进行，以提供关于系统性能的补充信息。

(2) 在 MHK 能量转换器中，ALT 可能具有的优势是，潜在的现象可能具有广泛的可扩展性，因此较小的模型是较小规模的原型。这使得在开发更大规模商用转换器的过程中设计多尺度转换器成为可能。

(3) 一个(虚拟阻尼弹簧)系统不涉及环路中的流体动力，不仅可以实现弹簧的系统变化，而且可以实现功能形式的变化。优化过程的复杂性急剧增加，因为它变成了变分微积分问题的对应项，而不是尺寸优化问题。

(4) 在 VIVACE 转换器的设计中，已经确定了最佳的能量利用 ALT 是需要强非线性弹簧的。

4.3.2 阻尼模型

由 Lee 等人和 Sun 等人开发的系统识别过程已经证实，经典的线性粘滞阻尼模型并不代表实际现实生活中的振荡器的真实性。因此，即使在相同的规模下，实验之间的比较也是有问题的。机械振荡器的 V_{ck} 仿真器可将流体动力保持在控制器环路外，即使在高阻尼的情况下也能进行实验，并具有数学上精确的阻尼功能形式和数值。正如在第 4.2.3 节解释得那样，原理(3)下的机电原理，以下精确的系统辨识，系统阻尼模型从振荡器中移除，使系统阻尼在添加特定形式和值的阻尼前变为零。该过程虽然单调乏味，但能够精确模拟阻尼，实现给定阻尼模型的阻尼值的系统变化以及实验结果，及与不同振荡器的比较。

作者认为，即使在相同的规模下，将实验结果还原为一个通用的等效结果对于比较不同实验室的实验也很重要。该过程不能通过由 MRE 实验室建立的由 V_{ck} 系统建立的阻尼建模和实施来完成。这将在第 4.3.8 节中进一步讨论。

VIVACE 转换器模型的阻尼模型在第 4.2.3 节中建立，目前机电原理是特定于用在 LTFSW 通道实验中使用的振荡器。每个在 MRE 实验室中测试过的振荡器都要经历这个过程。然后，在控制器执行特定的阻尼模型之前，所有的系统阻尼都被移除。Sun 等人定义的系统阻尼模型，可以由式(4.33)给出：

$$c(\dot{y}) = c_3\dot{y}^3 + c_2\dot{y}^2 + c_1\dot{y}^1 + c_c\,\mathrm{sign}(\dot{y})$$

式中，c_1，c_2 和 c_3 分别是一阶，二阶和三阶系数，c_c 是库仑摩擦系数。该模型足够通用，但不涵盖在 MRE 实验室测试中遇到的所有系统。Lee 等人定义了一个更复杂的阻尼系统，其滞回模型为四个动态项；它总共有 8 个系数。在这两个模型中，系数的值在周期性循环的两个半周期不同；也就是说，当振荡器在一个方向或另一个方向上移动时。这就可以由式(4.34)和式(4.35)表示。

以上关于阻尼的超前性的讨论值得注意：

一个 V_{ck}(虚拟阻尼弹簧)系统不涉及环路中的流体动力，能够使系统阻尼消除和实现数学上精确的阻尼模型。实际过程显示，即使在同一实验室中，不同模型的阻尼会随之变化，在给定的时间段内也取决于振荡器的位置而变化。这在 MRE 实验室系统识别过程中被忽略。

具有数学/控制器准确度的特定阻尼模型的实施，是将实验数据减少到一个通用等效模型的坚实步骤，该模型可以在相同的流体动力学规模上跨模型和实验室进行数据比较。

4.3.3 流动可视化和涡旋跟踪

幅度和频率响应不是 FIM 测试中唯一重要的信息。旋涡脱落的时间和相位，旋涡结构，旋涡强度，剪切层运动和旋涡形成长度在圆柱直径的尺度上也是重要的信息。

如图 4.51 所示，可以在圆柱直径刻度上实现上面列出的 FIM 特性的广域可视化。结果是涡旋跟踪图像，如图 4.51～图 4.54 所示，这清楚地表明了在 3 种不同的测试中在这个规模所需的信息。

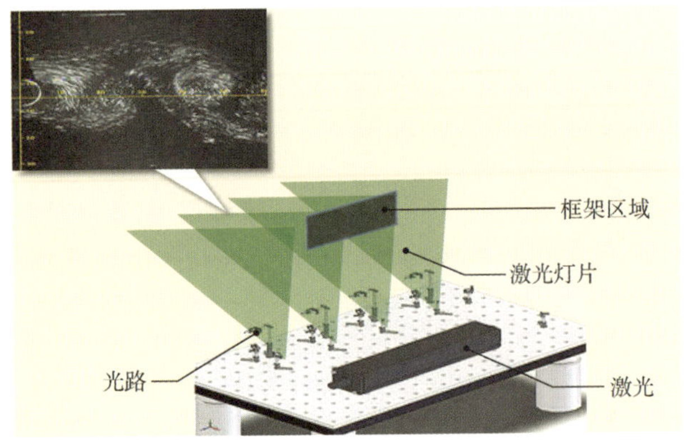

图 4.51　激光可视化装置跨越所有四个振荡器的尾流

注：照明来源：氩激光，连续激光。最大功率：5 W。粒子：AlO_2，($D_{avg}=100$ nm)，荧光粒子。数码相机：柯达 1 000×1 050，视频；Imprex 1 500×3 000视频；尼康：1 800×2 400，快照图像。

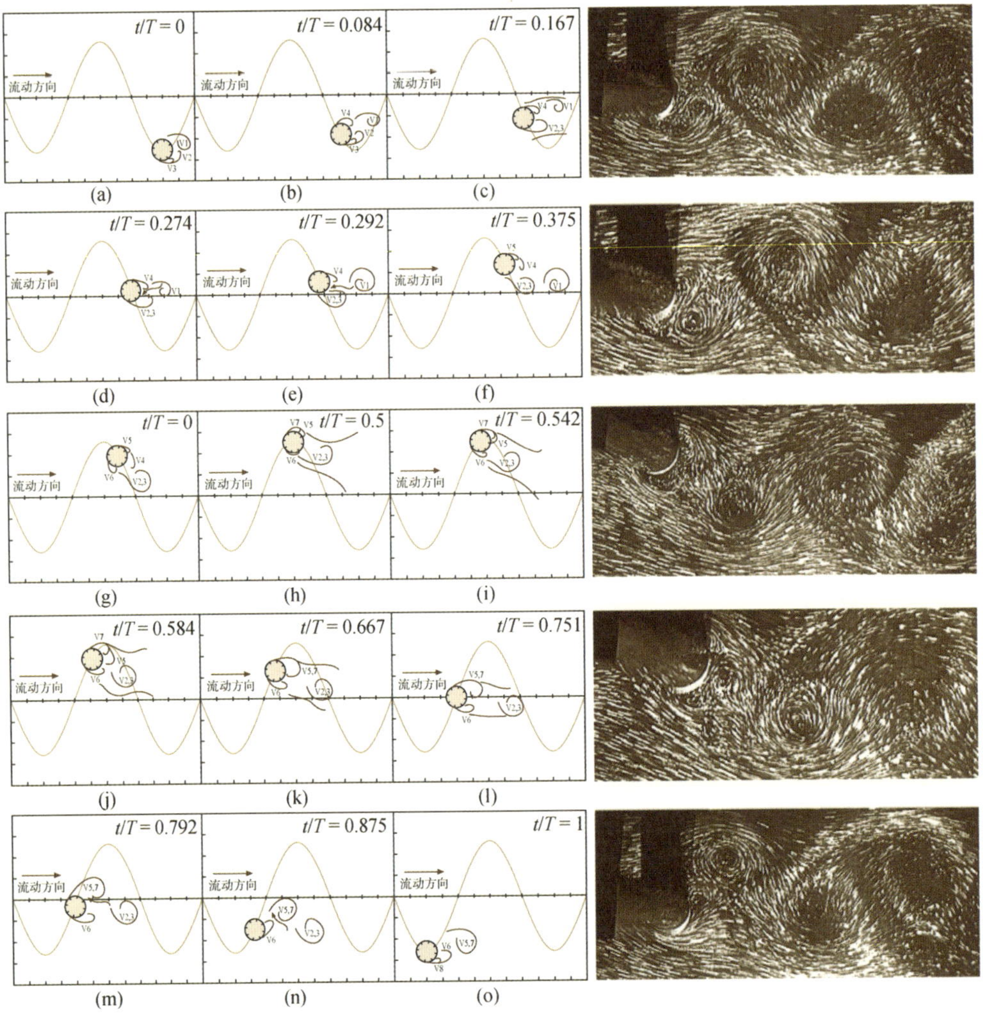

图 4.52　在一个循环中光滑圆柱的尾涡结构

注：$U^*=5.58$(初始分支的上端)，$Re=4.33\times10^4$，$A^*=0.404$，$f_{osc}/f_s=0.64$。

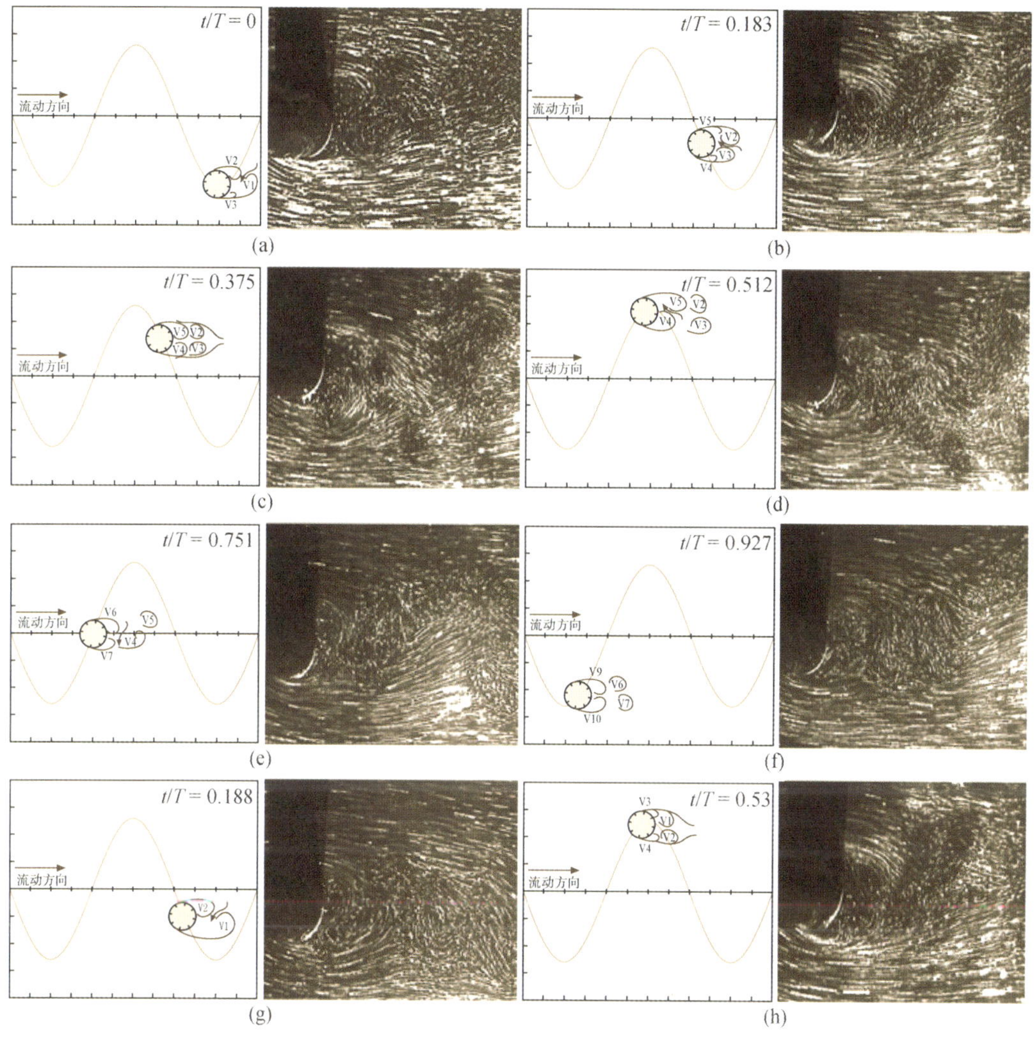

图 4.53　下分支光滑圆柱的尾涡结构

注：$U^*=12.28$，$Re=9.53\times10^4$，$A^*=0.76$。

图 4.52 显示了 $U^*=5.58$ 的完整时段的涡旋跟踪，其接近上部分支的末端。图 4.53 显示了在 $U^*=12.28$下分支中的多于一个周期的涡旋跟踪。图 4.54 显示了在在 $U^*=12.28$不同步时的典型尾迹结构，不会形成冯卡门涡旋。最后，图 4.55 显示了 PTC 如何抑制 VIV，为涡旋创造一条狭窄的逃生路径。圆柱加上其即时尾流形成水翼形状，不会形成冯卡曼涡街，因此它不会诱发 VIV。

在试图了解所研究现象的性质时，边界层规模信息在 FIM 中也是很重要的，但这在 MRE 实验室中使用经过验证和已证实的 CFD 代码是可以被检索到的。高速摄像机跟踪高振幅的气缸运动或使用高雷诺数的 PIV（粒子图像测速）的替代方法是可取的，但是不切实际。正如在第 4.3.5 节解释的，由于在可视化中收集到的直径规模信息的限制，涡旋跟踪是在信任边界层规模的 CFD 结果之前最重要的验证 CFD 代码的信息。

最后应该指出：FIM 的广视野可视化和涡旋跟踪是需要的，用来理解 FIM 动力学中的

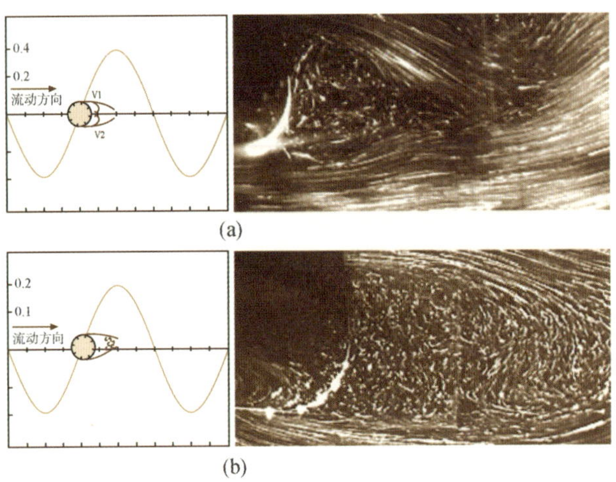

图 4.54　在 $U^*=14.51$(去同步),$Re=1.12\times10^5$,$A^*=0.06$,光滑圆柱的典型尾流涡结构
(a) V1 和 V2 几乎同时脱落　(b) 不规则地脱落—湍流漩涡

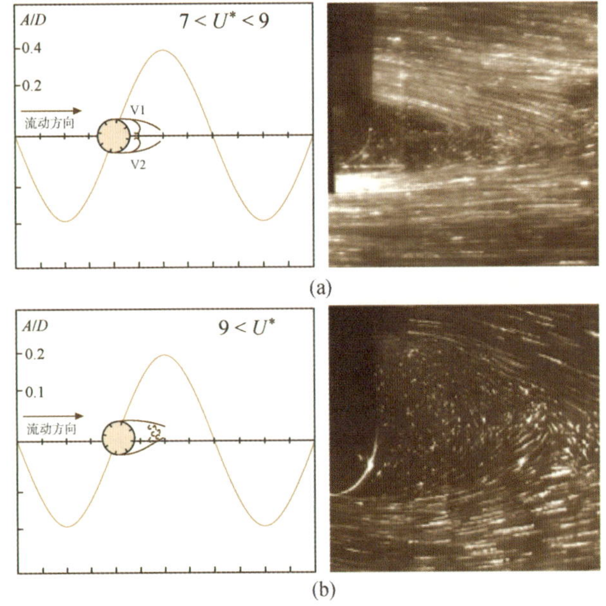

图 4.55　FIM 抑制中圆形 PTC 圆柱周围的流动结构
(a) V1 和 V2 几乎同时脱落　(b) 不定期的湍流漩涡之后

直径规模以及尾流与其他圆柱运行的附加振荡器的相互作用。

对于 CFD 码的验证也需要 FIM 的广域可视化,以此决定边界层规模的信息可以被信任。

4.3.4　现场测试

无论模型或原型规模如何,现场测试都为现实生活中的技术测试提供了最终环境。在这些条件中，可以在现场测试但不是在实验室中可以测试的条件如下：

（1）现实流动条件，包括由剪切流引起的非均匀性流动，来自引流床或墙壁的边界流，或沿着圆柱长度的变动；流速和方向在时间上的变化。

（2）数据和电力传输到岸上。

（3）其他用途导致的航海，娱乐，垂钓等行为所造成的损害

（4）长时间暴露在海洋环境中，包括漂浮碎片。

（5）记录可能对环境造成影响的数据。

（6）部署，检索和退役。

在开发用于 VIVACE 转换器的 ALT 的过程中，下面简要介绍了在两条河流和两条运河部署的测试以及一些经验教训。

1）河试验

2010 年 8 月，在圣克莱尔河进行了第一次使用两台水平圆柱转换器的现场试验。如图 4.18 所示，在部署期间和水下作业期间实验室里分别进行了测试。尽管两个圆柱均在 FIM 中运行，但圆柱一端到另一端的流量变化约为 15%，会有短时间的视频和响应记录。

第二台现场测试工具于 2012 年 9 月在同一位置安装，如图 4.19 所示的小型单柱水平柱转换器，用于拖曳水池测试，部署和水下作业。转换器保留在原位 3 个月。

2）运河测试

在 2013 年 1 月，在 TAUW 的领导下，在荷兰的运河进行了两项测试。图 4.20 分别显示了在密歇根大学拖曳水池的小型模型测试和在特定区域的测试。小模型适合可用开口，允许不超过 1.5 的直径幅度。测试是在最恶劣的条件下进行的，并且只有有限的成果。具体来说，流量不均匀，因为它从更广阔的区域进入一个小的平坦开口［见图 4.20(b)］。因此，正如 TAUW 进行的 CFD 所展示的那样，均匀流量只有汽缸长度的三分之一，而其余的则是提供阻力而不是升力。这意味着，所产生的垫升功率只有 VIVACE 模型在拖曳水池中产生的$\left(\frac{1}{3}\right)^2$。此外，由于三分之二的圆柱长度会被升力克服，所以有相同(横向＝升力)方向上的阻力。也就是说，TAUW 测试的 VIVACE 运河模型的功率容量远远高于运河现场测试中实际产生的 10 倍。

从河流和运河的现场测试中得出的结论是：

流量均匀性对于转换器的成功是必需的。当圆柱一端到另一端的速度变化为 15%时，振荡器运行良好。在现场条件的另一个极端情况下，升力仅由圆柱长度的三分之一所产生。转换器仍然可以产生动力，尽管其容量只有其十分之一。

4.3.5　计算流体动力学

用计算流体动力学模拟设计交变升力技术是一个非常耗费时间和金钱的过程，尤其是在流致运动中振荡器的几何形状愈加复杂的情况下。人们错误地认为一个被动湍流控制圆柱的圆截面甚至一个光滑的圆柱很简单。而事情的复杂性在于，计算流体动力学代码很难精准地预测流体在圆柱各个侧面的分离点。在模拟平板或细长物体时，由于人们可以预测分离点在预计的雷诺数 $Re \leqq 300\ 000$处，因而位置很容易确认，并且可以将其设定在在计算流体动力学代码中。流体穿过静止的圆柱时，由于冯-卡拉姆涡旋，流体分离点通过实验可

知其在正负 5～10 度之间摆动。找到精确的分离点位置在圆柱流体动力学上至关重要，因为它影响着涡旋脱落的所有重要性能，例如剪切层的起始点、涡旋成型长度、冯-卡拉姆涡旋的循环及其导致的圆柱上的交变升力、涡旋结构、即时尾迹的宽度，及其导致的对串列其后的圆柱的干扰。当圆柱以大振幅处于流致运动中时，问题就变得更具挑战性。

用计算流体动力学进行设计时的另一个考量是对一种能够完成快速模拟的计算工具的需求。对于在流致运动中的四个圆柱，15 秒的实时模拟在转换为等效的单处理器时间后可能需要 100 个小时的计算时间。这些时间中的绝大部分都耗费在通道内限制流域造成的动态重啮合以及每个圆柱附近的计算子域之间的接口处。数值直解法、分离涡流仿真、数值直解三维计算很耗费时间，而且并不能令人满意地解决分离点问题。

在海洋可再生能源实验室(MRELab)，人们用商用代码中的 2-D-URANS(二维非定常，雷诺平均，纳维斯托克斯)解算器来进行模拟。特别是开源软件 OpenFOAM 和 Fluent/ANSYS 的使用。对于雷诺数 Re＞10 000的光滑圆柱来说，即使圆柱是静止的，由于计算流体动力学代码并不能确认分离点的位置，因而其运用并不理想。分离点静止在 90 度这个计算结果并不正确，并由此导致了不准确的预测。当雷诺数达到 Re≦10 000时，可以接受光滑圆柱在涡激振动下的实验结果和计算流体动力学结果的一致(见图 4.56)。Wanderley 等人在雷诺数达到12 000时取得了了计算流体力学和光滑圆柱涡激振动之间的一致。

另一方面，当分离点被强制出现在圆柱上正确的点时，计算流体力学的预测和实验结果惊人地一致。这是针对湍流被动控制圆柱，在实验和计算时分离都发生在湍流被动控制的前端的情况。基于这个发现，计算流体动力学工具在研究多圆柱涡激振动水生洁净能源转换器的流致运动方面变得非常有用。

下面将两个串列圆柱在流致运动中的计算流体动力学模型和模拟结果进行展示。结果与实验测量进行了对比。另外也展示了 3 个和 4 个圆柱振荡器的结果。

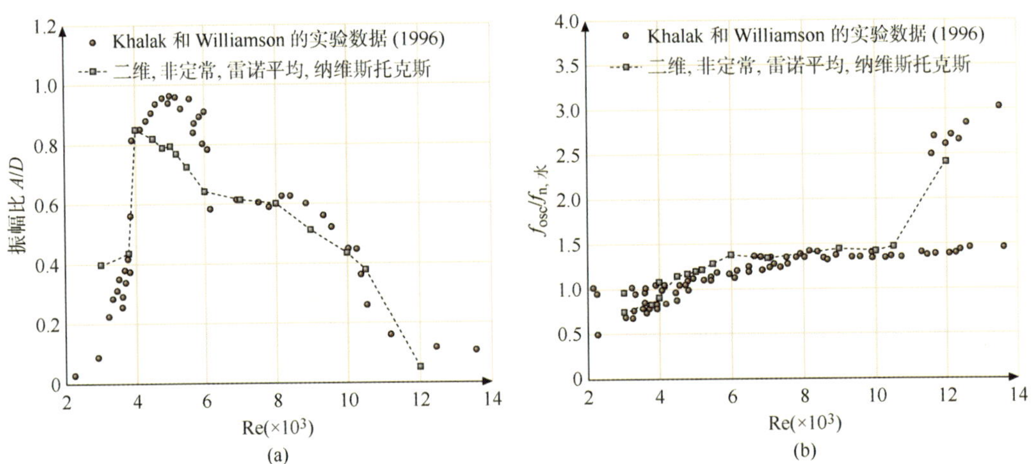

图 4.56　在雷诺数大于 10 000 时，由于对分离点的振动的预测并不可靠，二维非定常雷诺平均纳维斯托克斯无法预测圆柱强度和运动。对于湍流被动控制圆柱，分离点是被强制设定的，因此计算流体力学数据和试验数据非常契合

(a) 光滑圆柱的实验和涡激振动之间的振幅比对比　(b) 光滑圆柱的实验和涡激振动之间的水振动频率比的对比

1）物理模型

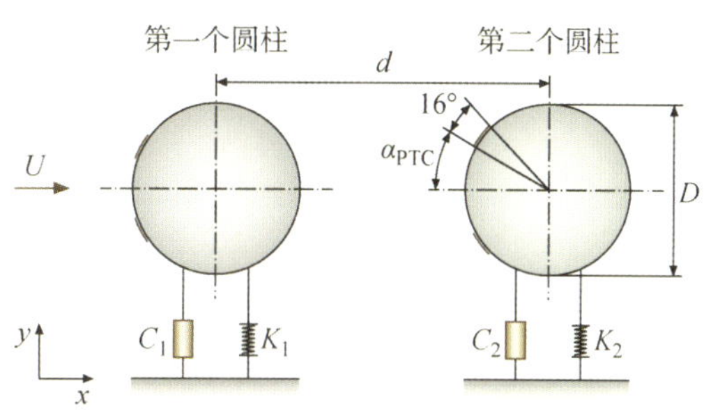

图 4.57　两个湍流被动控制圆柱物理模型图解

第一个物理模型由两个如图 4.57 所示的振动系统组成，它们的性能列在表 4.8 中。其他的物理系统由 2 个、3 个或者 4 个振荡器组成，如图 4.58 所示，它们的性能归纳在表 4.9 中。每一个振动系统的组成部分有刚性圆柱，直径用 D 表示，长度用 L 表示；两个端部支撑的线性弹簧，刚度用 K 表示；以及摩擦导致的系统线性粘滞阻尼 C。圆柱以串列方式布置并被限制在 y 轴方向上振动，与 y 轴垂直的是流速流向。中心与中心间距离用 d 表示，两个圆柱之间的中心距为 $2D$ 到 $6D$ 不等。将两根直的粗糙的砂纸条对称贴到每个圆柱的表面，一边一根。从相应的理想水流的前留滞点处测量的角度 α_{PTC}，用度表示（见图 4.23）。粗糙砂纸条的类型和位置依据湍流被动控制—流致运动的图表进行确定（见图 4.24）。每根砂纸条覆盖角度为 16 度。对于串列布置的两个圆柱，第一个圆柱使用的的 α_{PTC} 等于正负 20 度，第一个圆柱使用的的 α_{PTC} 等于正负 30 度。

图 4.58　四个串列湍流被动控制圆柱在第一低湍流自由表面尾流（LTFSW）通道中

表 4.8　两个圆柱测试和计算流体动力学的物理模型参数

参数名	符号	第一个圆柱	第二个圆柱
直径/m	D	0.088 9	0.088 9
长度/m	L	0.914 4	0.914 4
系统质量/kg	m	9.512 1	9.575 6
弹簧常量/Nm^{-1}	K	758.11	726.84

（续表）

参数名	符号	第一个圆柱	第二个圆柱
阻尼系数	Z	0.016 1	0.017
阻尼/Nsm^{-1}	C	2.727 4	2.843 4
自然频率/Hz	$F_{n,water}$	1.1246	1.098 9
质量比	m^*	1.677 4	1.688 6
砂纸条布置角度/度	α_{ptc}	20°	30°
砂纸条厚度/mm	T	0.847	0.847

表 4.9　三个和四个圆柱测试和计算流体动力学的物理模型参数

参数名	符号	独立圆柱	第一个圆柱	第二个圆柱	第三个圆柱	第四个圆柱
直径/m	D	0.088 9	0.088 9	0.088 9	0.088 9	0.088 9
长度/m	l	0.914 4	0.914 4	0.914 4	0.914 4	0.914 4
振动质量/kg	m_{osc}	10.75	9.53	9.59	9.51	9.58
弹簧强度/$N\ m^{-1}$	K	1 600	744.29	757.41	737.24	747.39
阻尼系数	η	0.012 2	0.020 6	0.019 8	0.017 2	0.016 8
阻尼/$Ns\ m^{-1}$	C	3.2	3.464	3.382	2.882	2.834
自然频率/Hz	$F_{n,water}$	1.57	1.114	1.121	1.109	1.114
质量比	m^*	1.896	1.681	1.690	1.677	1.689
附加质量/kg	m_a	5.671	5.671	5.671	5.671	5.671

模拟通常通过和用两个串列的的湍流被动控制圆柱在流致运动中的实验测量进行对比来加以证实。数字模拟中系统参数和用在相应实验中的参数一致。

2）数学模型

流动模拟通过在海洋可再生能源实验室（MRELab）中基于开源计算流体动力学工具Ope-FOAM生成的代码来完成。这组代码由通过有限体积离散法解决连续介质力学问题的 C++ 函数库组成。此外，代码还生成：

（1）用于多个振荡器的动力学。

（2）用于圆柱附近的的网格在接近边界时的动态调整。

依赖时间的粘性流解决方案通过不可压缩的二维非定常雷诺平均纳维斯托克斯（2-D-URANS）方程结合单方程 Spalart-Allmara 湍流模式的近似数值来获得。模式如下：

$$\frac{\partial \boldsymbol{U}_j}{\partial x_i} = 0 \tag{4.37}$$

$$\frac{\partial \boldsymbol{U}_i}{\partial t} + \boldsymbol{U}_j \frac{\partial \boldsymbol{U}_i}{\partial x_j} = -\frac{1}{\rho}\frac{\partial P}{\partial x_i} + \frac{\partial}{\partial x_j}(2vS_{ij} - \overline{u'_j u'_i}) \tag{4.38}$$

式中，v 表示分子运动粘度；S_{ij} 表示应变率张量平均数。

$$S_{ij} = \frac{1}{2}\left(\frac{\partial \boldsymbol{U}_i}{\partial x_j} + \frac{\partial \boldsymbol{U}_j}{\partial x_i}\right) \tag{4.39}$$

式中，$\boldsymbol{U}_i$ 表示平均流速矢量。$\tau_{ij}=-\overline{u_i'u_j'}$ 的数值是众所周知的雷诺应力张量，该数值是对称的。在 Spalart-Allmaras 模式中，通常做法是使用布辛涅司克近似值将雷诺应力与平均速度渐变关联如下：

$$\tau_{ij}=2v_{\mathrm{T}}S_{ij} \tag{4.40}$$

式中，ν_{T} 指运动涡流粘度，相关的定义方程如下：

$$\mu_t=\rho\tilde{v}f_{\mathrm{v1}},\quad f_{\mathrm{v1}}=\frac{\chi^3}{\chi^3+c_{\mathrm{v1}}^3},\quad \chi=\frac{\tilde{v}}{v}\chi=\frac{\tilde{v}}{v}$$

$\tilde{v}$ 是湍流模式的中级活动变量，且遵循以下转换方程：

$$\frac{\partial\tilde{v}}{\partial t}+u_j\frac{\partial\tilde{v}}{\partial x_j}=c_{\mathrm{b1}}\tilde{S}\tilde{v}-c_{\mathrm{w1}}f_{\mathrm{w}}\left(\frac{\tilde{v}}{d}\right)^2+\frac{1}{\sigma}\left\{\frac{\partial}{\partial x_j}\left[(v+\tilde{v})\frac{\partial\tilde{v}}{\partial x_j}\right]+c_{\mathrm{b2}}\frac{\partial\tilde{v}}{\partial x_i}\frac{\partial\tilde{v}}{\partial x_i}\right\} \tag{4.41}$$

Spalart 和 Allmaras 就函数和常量给出了额外的定义。在这个研究中，触动条件 f_{t1}，f_{t1}，和 f_{t2} 关闭，且 v 的不触动初始条件被用在弗拉基米尔及其它各处。

人们用经典的质量减震弹簧振荡器模型来描述流致运动中的圆柱动力学。单自由度运动方程式可以表示为

$$m\ddot{y}+C\dot{y}+Ky=f(t) \tag{4.42}$$

式中，m 是圆柱及附属部件包括三分之一弹簧质量的总振动质量；$f(t)$ 是总的水动激振力。

在数值仿真学中，人们将一个带未知数值的面心价值线性插值的二阶高斯集成方案用于控制方程中的发散、梯度和拉普拉斯算子条件，在时间积分上使用二阶反向欧拉方法。因此，数值离散方案在时间和空间上提供了二阶精确度。具有算子分裂的隐式压力(PISO)运算法则以非耦合方式被用来解决瞬时和连续性方程。流致运动中圆柱的运动方程通过使用二阶混合隐式和显式时间积分方法得以解决。

3）数值模型

由于两个圆柱串列间距决定了不同的流动方向，导致计算区域大小的不同。在所有情况下，y 轴方向上的区域长度均为 $9D$。如图 4.59 和图 4.60 所示，整个区域包括 5 个边界：流入、流出、顶部、底部以及圆柱壁。入口边界和第一个圆柱的中点之间的距离 l_{up} 设定为 $25D$。区域下游的长度 l_{down} 也设定在 $25D$。间距 d 从 $2d$ 到 $6d$ 不等。流入速度视为恒定不变。在流出边界，对速度特定为零坡度条件。底部条件设定为壁流边界以匹配实验条件。在目前的数值研究中，自由表面被简单地模型化为一面壁。圆柱在流致运动中，用移动的壁流边界条件作为圆柱表面。

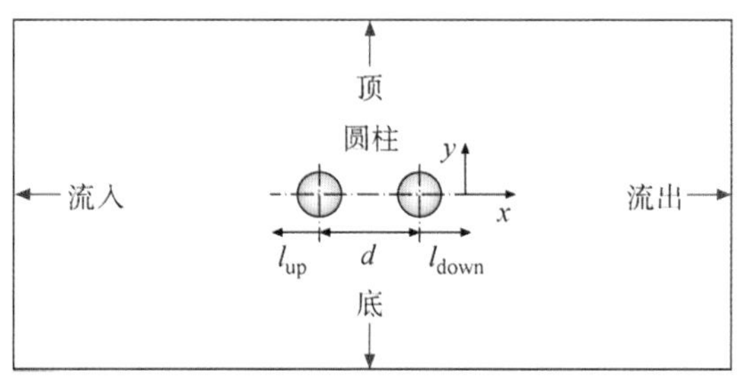

图 4.59　计算区域

人们将各种情况生成了二维有结构的计算网格。拓扑变化的动态网格技术用来将网格

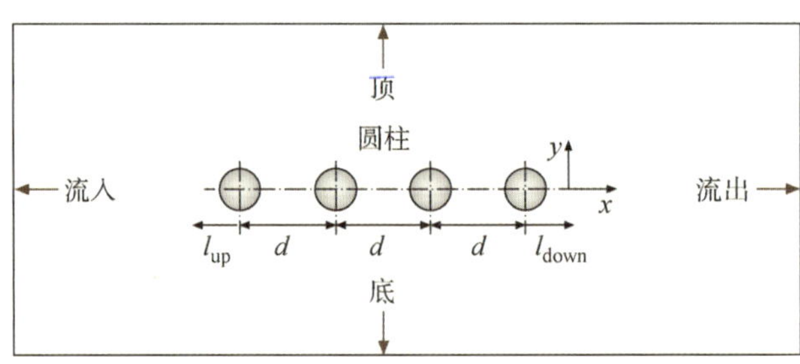

图 4.60　四个圆柱的计算区域

变形最小化。圆柱运动时每个近壁区域都有一个 $2D\times2D$ 的方形子域上下移动。在模拟中，当网格被压缩或扩展时，在顶部和底部的子域的单元层被消除或生成。由于湍流被动控制圆柱特别改进的表面几何学，墙函数形式的边界条件对表面粗糙度的效果施加影响。基于雷诺数，人们选择用近壁网格间距来生成 30～70 间的 $y+$。选取两个湍流被动控制圆柱的中等网格分辨率。该分辨率与先前用在流致运动中的一个圆柱或两个圆上的计算流体动力学的密度相同。两个湍流被动控制圆柱在间距等于 2.5 倍圆柱直径时的中等网格的特写如图 4.61 所示。图 4.62 为 4 个圆柱的网格配置。

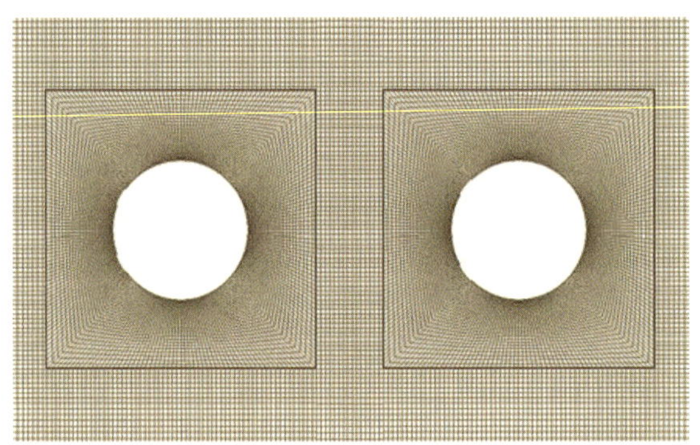

图 4.61　中分辨率网格特写

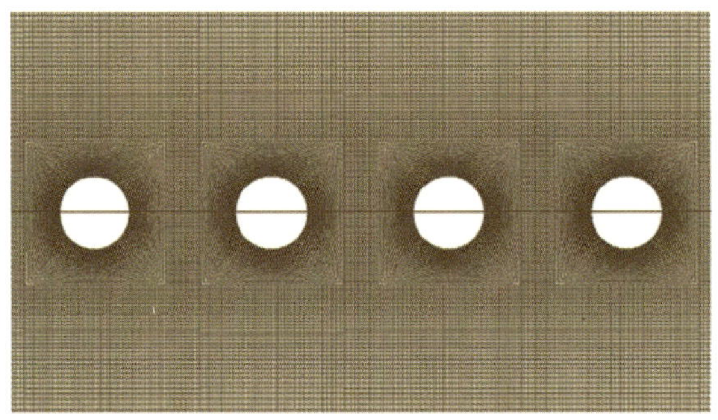

图 4.62　四个圆柱的中分辨率网格特写

4）两个串列湍流被动控制圆柱的流致运动

为研究两个湍流被动控制圆柱的串列间距对流致运动的影响，人们做了一系列模拟。

雷诺数范围30 000<Re<100 000时，处于高扬程 TrSL3 流态(见图 4.16)。相应降低的速度范围第一个圆柱为 3.84<$U^*_{水}$<12.81，第二个圆柱为 3.93<$U^*_{水}$<13.11。模拟结果与海洋可再生能源实验室(MRELab)低湍流自由水面槽产生的实验数据进行对比。两个湍流被动控制圆柱从没有初始速度和位移的中间位置开始。在这个研究中，每个湍流被动控制圆柱的振幅峰振幅通过取 60 个最大振幅(正和负)的绝对值的平均数进行计算。每个圆柱的振动频率 f_{osc}通过快速傅里叶变换(FFT)对圆柱的有记录的、稳定状态的位移历史记录进行计算。

(1) 第一个圆柱的流致运动。图 4.63 表明，第一个圆柱的振幅和频率曲线变化和雷诺数(Re)、自由流速度(U)和降速($U^*_{水}$)有关。如式(4.3)所示，$U^*_{水}=U/(f_{n,水}D)$。在模拟和实验的测试范围内，可以很直观地看到四个区域，包括涡激振动原支流(雷诺数 30 000<Re<40 000，水的降速 3.84<$U^*_{水}$<5.12)涡激振动上支流(40 000<Re<80 000，5.12<$U^*_{水}$<10.25)，从涡激振动到驰振的过渡(80 000<Re<95 000，10.25<$U^*_{水}$<12.17)和驰振(Re>95 000，$U^*_{水}$12.17)。实验测试表明，在峰振幅/圆柱直径和物体振动频率/自然频率的振动趋势下，第一个圆柱的水并没有被两个湍流被动控制圆柱中心距的值造成明显的影响。但是，对于模拟结果，在所有情况下涡激振动原支流在数值模拟中比在实验中被更早地激发。这是由于在数值模拟中使用的无黏性不可压缩线性粘滞阻尼模型不同于实验装置中的物理阻尼模型，后者更精确但是极端复杂。当雷诺数 Re>40 000($U^*_{水}$>5.12)时，振幅比与实验数据非常接近，$d=2.5D$ 的情况除外。尤其是在雷诺数 Re=50 000($U^*_{水}=6.40$)时第一个圆柱的振幅稍微低于其它情况，而在雷诺数 Re=80 000($U^*_{水}=10.25$)$d=2.5D$ 时又高于其他情况。图 4.63 显示出在所有的情况下，当雷诺数 Re>80 000($U^*_{水}$>10.25)时振幅的快速上升同时伴随着频率的下降。这个现象说明在 $U^*_{水}=10.25$(Re = 80 000)时，从涡激振动上支流到驰振的过渡被成功触发，而不是在 $U^*_{水}\approx 20$ 时导致背靠背的涡激振动和驰振的典型情形。需要注意的是，对于最小间距($d=2.0D$)，第一个圆柱的振幅和频率比都比在驰振区域内雷诺数 Re>95 000($U^*_{水}$>12.17)时其它情况下的数据要低。

(2) 第二个圆柱的流致运动。第二个圆柱的振幅和频率比绘制如图 4.64 所示。第二个圆柱的运动受第一个圆柱的影响且其曲线走势与第一个圆柱有很大的不同。如图 4.64 所示，在涡激振动原支流中(30 000<Re<40 000，3.93<$U^*_{水}$<5.24)，第二个圆柱的运动在几乎所有的实验测试中得到压制。类似的现象在 $d<3D$ 时的数值模拟结果中也可以看到。由于计算流体动力学中和实验中粘滞阻尼模型的不同，在数值模拟中主要的谐波频率高于原支流实验中的数据。随着雷诺数的增大，实验结果表明，在所有的情况下，当雷诺数 Re≈55 000($U^*_{水}\approx 7.21$)时，原支流上冲之前出现振幅颠簸。第二个圆柱的频率走势在雷诺数 Re≈55 000 ($U^*_{水}\approx 7.21$)附近时也显示出有个下降现象。模拟不能预测出上支流起始点处的振幅曲线下降的现象。在 60 000<Re<80 000，7.87<$U^*_{水}$10.49的范围内涡激振动上支流，第二个圆柱的振幅在所有的情况下都显示了上升趋势，且振动频率没有受到串列间距的影响。

$d=2D$ 时，涡激振动上支流的振幅比高于其它情况下的数据。在 Re≈95 000($U^*_{水}\approx$12.46)，串列间距 d 小于 $3D$ 时，也可以在涡激振动上支流向驰振过渡的区域内的流致运动曲线中观察到类似的颠簸。因此，$d\leqslant 3D$ 时，驰振区域和涡激振动上支流明显地区别开来。但是，随着 d 的增大，涡激振动上支流和驰振支流汇合。在 $d>3D$ 的情况下，两者很难被区别开来。此外，如图4.63所示，第一个圆柱的频率在绝大部分降速 $U^*_水$ 范围内并没有被串列间距所影响，$d=2D$ 时的情况除外。第二个圆柱也是类似的情况，但是在极低和极高的雷诺数值处还是能观察到细微的偏差。

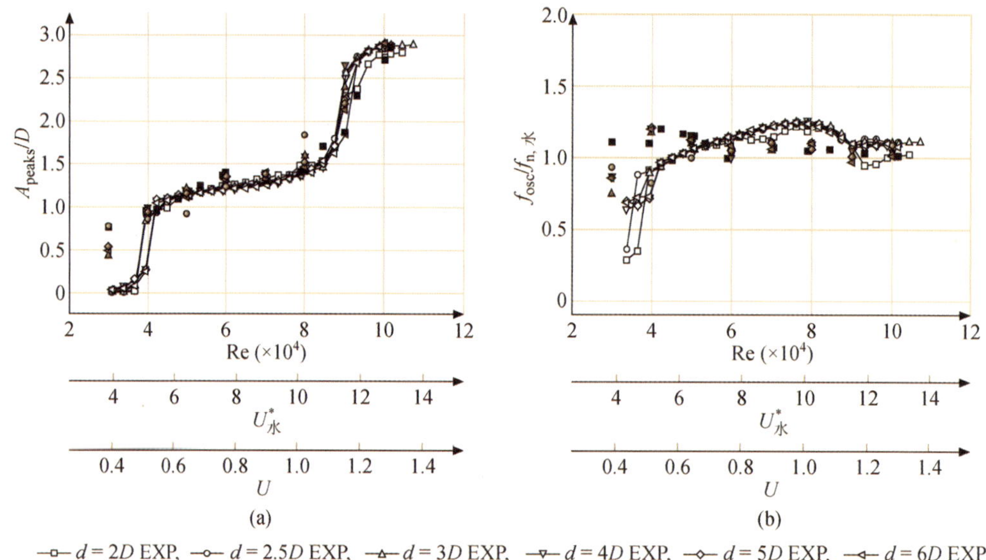

图 4.63 不同间距时第一个圆柱的振幅和频率比

(a) 峰振幅/圆柱直径 (b) 物体振动频率/水中的自然频率

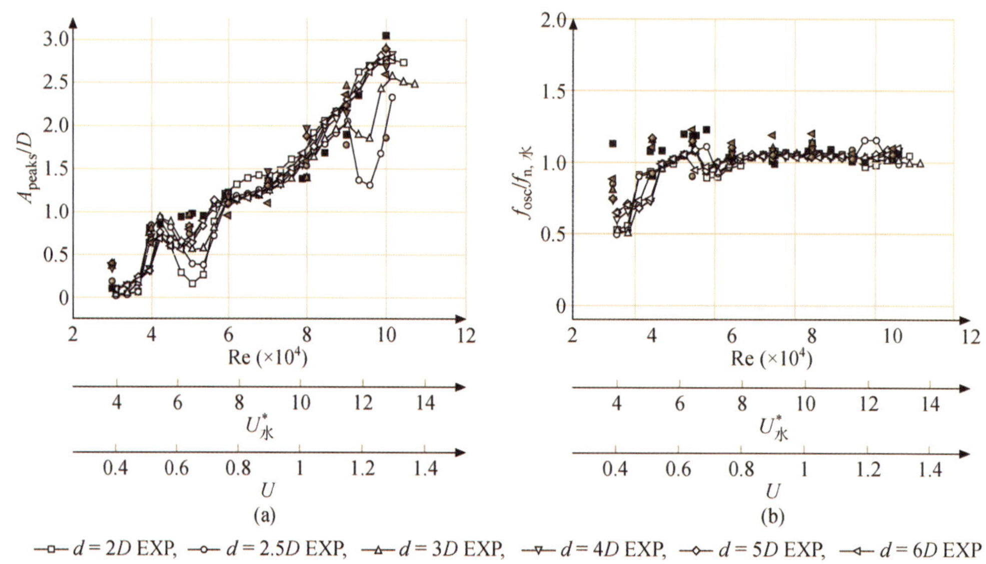

图 4.64 不同间距时第二个圆柱的振幅和频率比

(a) 峰振幅/圆柱直径 (b) 物体振动频率/水中的自然频率

(3) 近尾迹结构。对于两个串列的湍流被动控制圆柱，第一个圆柱对第二个圆柱的运动和涡流形成有很大影响。为研究串列间距对两个湍流被动控制圆柱的流致运动的曲线的影响，人们探讨了如图4.65和图4.66所示的在 4 个典型的雷诺数 Re=30 000，Re=59 229，Re=93 074以及 Re=10 000时的涡旋结构：

① Re=30 000。图 4.65 展示了两个串列间距 $d=2D$，Re=30 000时的两个湍流被动控制圆柱的尾涡结构。图上可以清楚地看到第一个圆柱涡旋脱落的 2S(两个单涡旋)模式。每个周期的振动都造成两个涡旋从第一个圆柱上脱落。

但是，第二个圆柱的涡旋成型受到第一个圆柱的涡旋的影响，尤其是在 $d=2D$ 的情况下。当第一个圆柱的涡旋吸收了同样在旋转的第二个圆柱的涡旋时消除了它的循环进而使其消散，由此第二个圆柱的运动受到抑制。在 $d=2.5D$ 的情况下，第一个圆柱的脱落涡旋只能使第二个圆柱产生微弱的涡旋，导致第二个圆柱产生很小的位移(见图 4.64)。当 $d=2.5D$ 时，尽管第二个圆柱后方涡旋的形成受到第一个圆柱的影响，但是仍然可以清楚地分辨出第二个圆柱脱落涡旋为两个单涡旋。

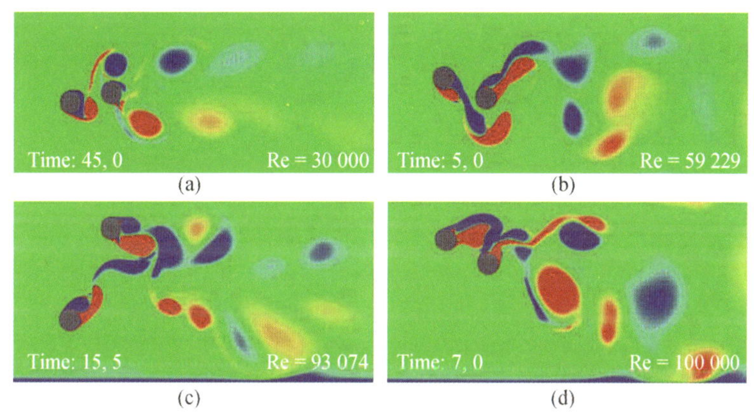

图 4.65　显示在特定时间串列圆柱间距等于 2 倍圆柱直径不同的雷诺数时两个湍流被动控制圆柱的涡旋结构的旋涡状态

② Re=59 229。两个湍流被动控制圆柱在涡激振动上支流中振动。图 4.65(b)显示了两个湍流被动控制圆柱在中心间距 $d=2D$ 时的涡旋结构。对于第一个圆柱，每个周期的振动会有四个涡旋脱落，涡旋模式为 2P(两个双涡旋)。当 $d<3D$ 时，上游的涡旋直接密切地和下游的圆柱相互作用。如图 4.65(b)所示，第二个圆柱脱落的涡旋和来自上游的涡旋相汇合。第二个圆柱的涡旋形式很难确定。应当注意的是，第二个圆柱的流致运动被雷诺数 Re=59 229时从第一个圆柱上脱落的交替涡旋触发。这意味着当 $d<3D$，Re=30 000时，第一个圆柱对处于涡激振动上支流处运动的第二个圆柱的影响不同于被涡激振动原支流的抑制结果。当 $d\geqslant 3D$ 时，可以看到第二个圆柱的涡旋脱落的 2P(两个双涡旋)模式。

③ Re=93 074。由于雷诺数超过90 000，对圆柱触发了向驰振的过渡。第一个圆柱的涡旋脱落结构有了变化，但 2P+2S(两个双涡旋+两个单涡旋)模式在绝大部分周期中还是能够看得到，如图 4.65 所示的情况。

图 4.66 显示了与图 4.65 中相应的图片所处同一时间时圆柱上的压力分布。这证实了脱落的涡旋将圆柱推离的的认知。

图 4.67 用 6 个中心间距的值显示了雷诺数 Re=90 000时间距的影响。正如所预期的那样，增加的间距减少了对第二个圆柱的影响。

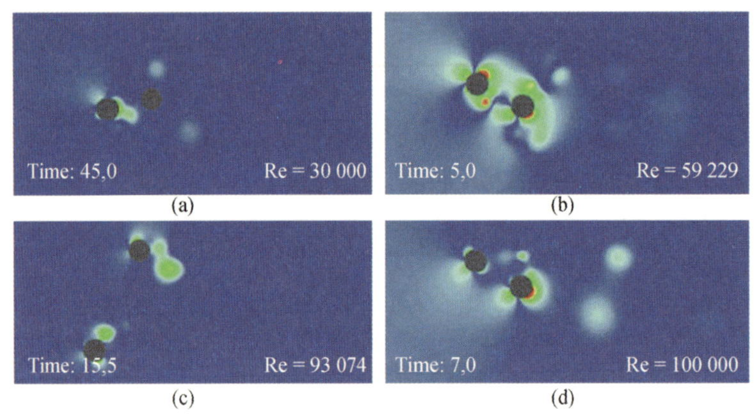

(a) (b) (c) (d)

图 4.66　与图 4.65 相同的雷诺数和时间的情况下相应的压力分布

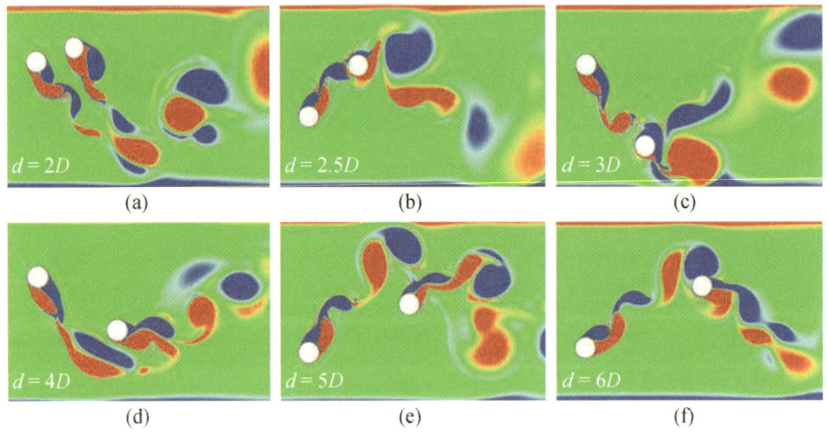

(a) (b) (c) (d) (e) (f)

图 4.67　不同的间距雷诺数等于90 000时两个湍流被动控制圆柱的涡旋结构

对于串列的两个湍流被动控制圆柱的流致运动，人们基于数值模拟和实验结果做了几次观察。主要结论归纳如下：

(1) 模拟结果和湍流被动控制圆柱在涡激振动以及驰振中的实验结果类似，取得了振幅、频率和涡旋结构的绝大部分重要特性。因此，已开发的数值工具在认知串列的两个湍流被动控制圆柱的流致运动上的作用很强大。

(2) 在间距大于 $2D$ 时，上游的圆柱振幅和频率曲线没有受到下游圆柱的重大影响。

(3) 对于下游的圆柱，在所有情况下都能观察到涡激振动上支流中振幅的上升趋势。间距大于 $3D$ 时，驰振区域和涡激振动上支流汇合。

(4) 当雷诺数 Re=30 000时，在任何情况下都可以观察到第一个圆柱的涡旋脱落的 2S(两个单涡旋)模式。对于第二个圆柱，涡旋脱落在 $d=2D$ 时遭到抑制。

(5) 当雷诺数 Re=60 000时，第一个圆柱的涡旋结构在所有情况下都是 2P(两个双涡旋)。第二个圆柱的涡旋模型在 $d<3D$ 时难以确定。在 $d\geqslant 3D$ 时第二个圆柱可以观察到 2P(两个双涡旋)模式。

(6) 当雷诺数 Re=90 000,第一个圆柱在绝大部分周期中都可以观察到 2P+2S(两个双涡旋+两个单涡旋)模式。

(7) 当雷诺数 Re>90 000时,涡旋脱落中发生循环波动现象。

5) 三个串列湍流被动控制圆柱的流致运动

此处展示了圆柱之间流入中心距保持在 $d=2.5D$ 时的几种情况。三个圆柱的湍流被动控制角度均为 α_{PTC} 等于正负 30°。3 个湍流被动控制圆柱的结果如图 4.68～图 4.70 所示。在振幅和频率比曲线中可以清楚地看到不同的振动支流。圆柱的动态曲线置于第一个圆柱的下游时受到第一个圆柱的影响。将单个湍流被动控制圆柱和两个湍流被动控制圆柱的结果进行对比,我们可以看到下游的圆柱对第一个圆柱的流致运动也产生影响。如图 4.68所示,第一个圆柱的振幅比从涡激振动上支流以平缓的梯度形式上升到驰振而不是突然的大幅上升。对于第二个和第三个圆柱,与 2 个湍流被动控制圆柱的情况下下游圆柱的表现相似,在雷诺数 Re=50 000($U^*_{水}=6.47$)附近的结果显示出振幅和频率曲线的下降。当驰振发展成熟时,(Re>95 000,$U^*_{水}>12.29$),两个下游圆柱的曲线趋势被上游的圆柱严重影响。此外,第二个和第三个圆柱的振幅比小于第一个圆柱的振幅比。特别值得注意的是从模拟结果中取得了第一个圆柱的 2.9D。

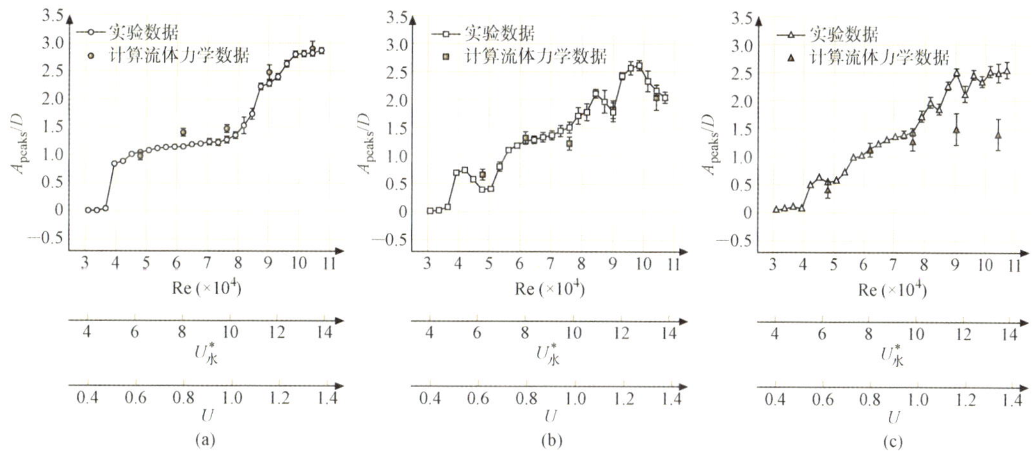

图 4.68　三个湍流被动控制圆柱在串列圆柱间距等于 2.5 倍直径时的振幅比对比
(a) 第一个圆柱　(b) 第二个圆柱　(c) 第三个圆柱

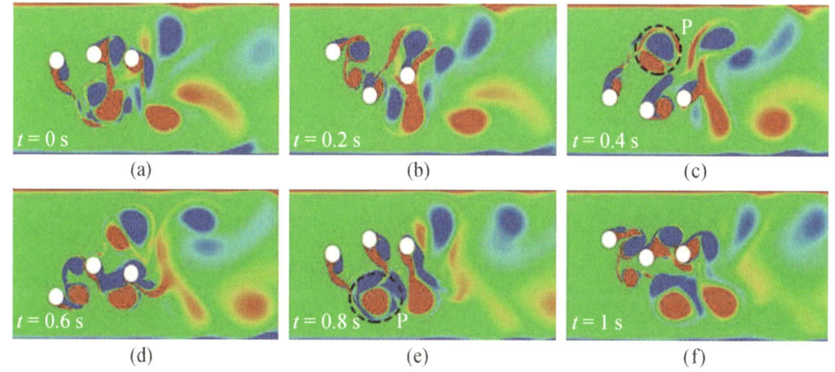

图 4.69　雷诺数等于62 049,串列圆柱间距等于 2.5 倍直径时三个湍流被动控制圆柱的涡流图

对于三个圆柱的情况，下游圆柱的运动被从第一个圆柱上脱落的涡旋严重影响。当雷诺数 Re=62 094($U^*_{水}$=8.03)时，如图所示，第一个圆柱的涡旋形式为 2P(两个单涡旋)且与两个圆柱情况下第一个圆柱的涡旋形式相同。第二个和第三个圆柱产生的涡旋被上游的涡旋带离后被吸收掉。由于第一个圆柱的尾迹的存在，从动画中很难确定第二个和第三个圆柱的涡旋形式。此外，如图 4.68 所示，上游圆柱的振幅更大。由于第一个和第二个圆柱间的特定间距，第一个圆柱的涡对没有撞入第二个圆柱的涡对中。相反，第一个圆柱的涡对触发了第二个圆柱的涡旋脱落而且还能改变运动方向。因此，第二个圆柱的振动频率约等于第一个圆柱的尾迹形式(2P 两个双涡旋)频率。第三个圆柱和第二个圆柱的情形一样。所以，三个圆柱的频率相互之间非常接近。

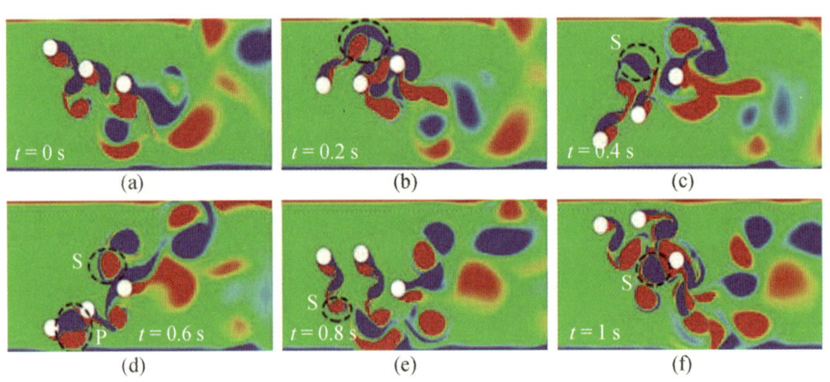

图 4.70　雷诺数等于 90 254，串列圆柱间距等于 2.5 倍直径时三个湍流被动控制圆柱的涡流图

在图 4.70 中，绘制了当雷诺数 Re=90 254($U^*_{水}$=11.67)时三个湍流被动控制圆柱的涡旋形式。第一个圆柱有 8 个涡旋以 2P+4S(两个双涡旋+4 个单涡旋)的涡旋结构脱落。由于第一个圆柱的尾迹的存在，第二个和第三个圆柱的涡旋形式并不清楚。需要注意的是，第二个圆柱和第一个圆柱的情形一样，其涡旋脱落受到上游涡旋的干扰。因此，第二个圆柱的位移受到了影响且产生了小的振幅，如图 4.68 所示。第一个圆柱的振幅比达到了峰振幅/圆柱直径=2.49。

6）四个串列湍流被动控制圆柱的流致运动

在所有的情况下，连续圆柱间的流入中心距固定在 2.5D 且湍流被动控制对称地分布在圆柱上相应理想流的滞留点前端正负 30°处。振幅和频率比分别显示在图 4.71 和图 4.72 中。第一个圆柱在驰振时达到最大振幅 2.9D。和三个湍流被动控制圆柱情况下的结果相比，三个上游圆柱的振幅和频率曲线相似。这意味着第四个圆柱对三个上游的圆柱基本没有影响。但是第四个圆柱的流致运动被上游圆柱脱落的涡旋强烈地干扰了。由图 4.71 可以清楚地看到 4 个振动支流且第一个圆柱的涡激振动上支流在雷诺数 Re≈40 000($U^*_{水}$≈5.17)时开始。但是，由于上游圆柱的存在，涡激振动上支流起始点相应的速度提升到更高的速度。尤其是对于第四个圆柱，涡激振动上支流在雷诺数 Re≈60 000($U^*_{水}$≈7.76)时出现。

雷诺数 Re=62 049($U^*_{水}$=8.03)时，其余三个圆柱的存在尤其没有对第一个圆柱的振动产生影响。在这种情况下，第一个圆柱经历了涡激振动，且如图 4.73 所示，我们观察到了

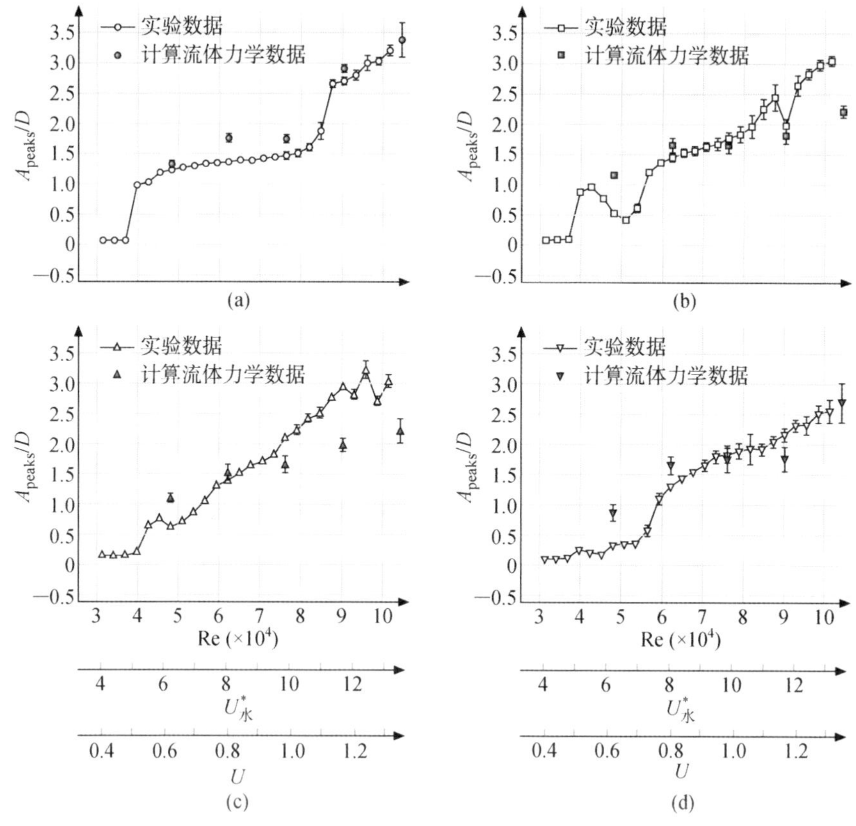

图 4.71　四个湍流被动圆柱在串列圆柱间距等于 2.5 倍圆柱直径情况下在涡激振动、过渡和驰振时实验及计算流体力学水振幅比数据的对比

(a) 第一个圆柱　(b) 第二个圆柱　(c) 第三个圆柱　(d) 第四个圆柱

2P(两个双涡旋)涡旋形式。值得注意的是，相邻两个圆柱间存在巨大的相位差。如图 4.73 所示，在第三个和第四个圆柱之间有近 180°的相位滞后。下游圆柱的剪切层受到了上游圆柱尾迹的巨大影响。

从图 4.71 中可以看出，所有四个圆柱的振动频率非常接近。第一个圆柱的振幅大于下游的圆柱，达到了 1.48D。

如图 4.9(b)所示，当雷诺数 Re＝90 254($U^*_{水}$＝11.67)，且第一个圆柱从最大位移点向下移动时，一对(P)涡旋从圆柱脱落，紧接着是一个单涡旋(S)。该圆柱在向上移动过程中可以看到同样的现象。因此，第一个圆柱的涡旋模型是 2S

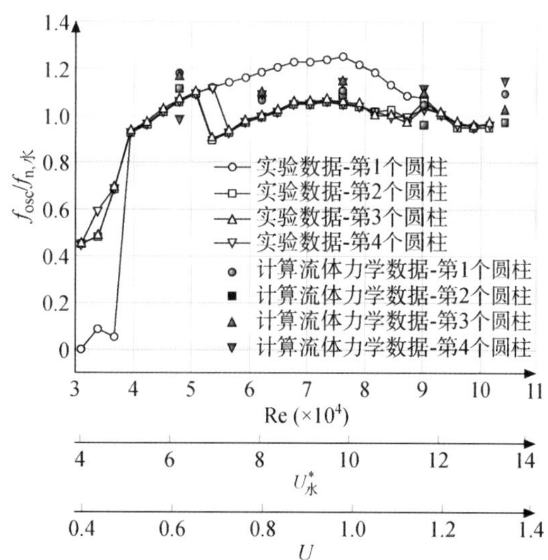

图 4.72　四个湍流被动圆柱：在涡激振动、过渡和驰振时实验及计算流体力学水振动频率比的对比

+2P(两个单涡旋+两个双涡旋)。如图4.74所示,相同雷诺数时由于脱落的涡旋受到来自于上游圆柱尾迹的影响和改变,下游圆柱的涡旋形式很难确定。另外,第一个圆柱的运动呈规则形式,由如图 4.9(c)所示的位移比曲线可以看出。第一个圆柱达到了振幅比风峰振幅/圆柱直径=2.49,这比下游的那些圆柱的振幅比高出很多。

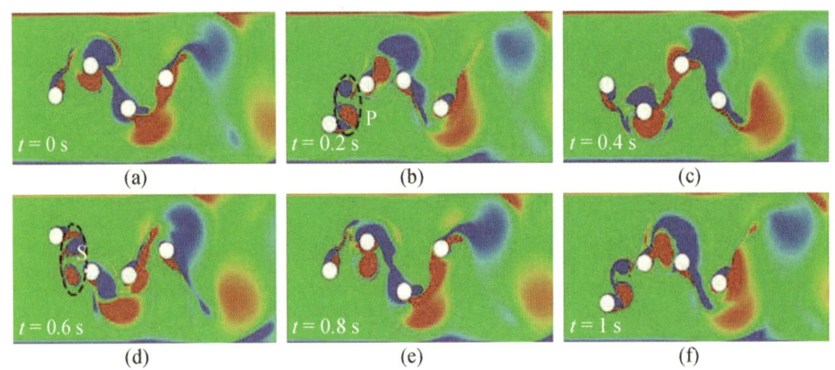

图 4.73 雷诺数等于 62049,串列圆柱间的间距等于 2.5 倍直径时四个湍流被动控制圆柱的涡流图

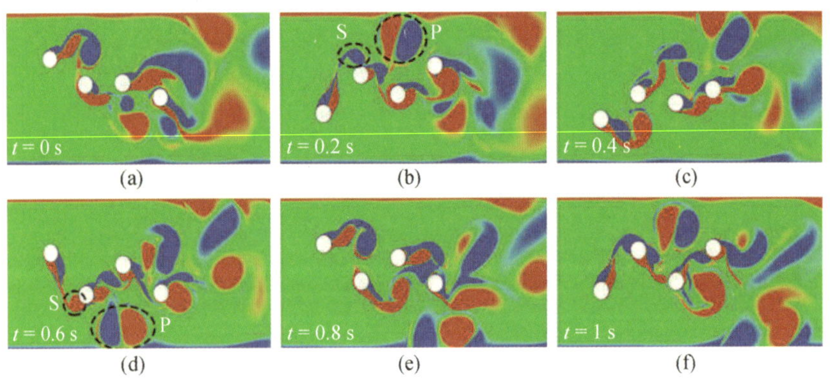

图 4.74 雷诺数等于90 254,串列圆柱间的间距为2.5倍直径时四个湍流被动控制圆柱的涡流图

7)计算可视化

一旦计算流体动力学代码得以确认和实验验证,它会成为研究多个串列湍流被动控制圆柱的流致运动的有力工具。为了得到对流动细节深刻的理解,流动必须可视化。使用PIV(粒子图像测速)在高雷诺数的情况下很难实验性地将流动可视化。计算流体动力学可以提供独特的工具来协助认知根本的流体动力学。最重要的是,一旦计算流体动力学代码被证实可以正确预测整体流特性,例如振幅和频率曲线以及非整体大规模行为—也就是冯-卡拉姆规模的涡旋结构,它就能够在可接受的精确度范围内预测其它通过实验难以测量的特性甚至是规模较小的特性。如图 4.66 所示的压力分布,如图 4.65(a)所示的作为重大发现的关于分离点以及剪切层和上游尾迹之间的相互作用,都解释了对第二个圆柱流致运动的抑制这一实验发现。

Kinaci 等人提供了一个很好的关于湍流被动控制圆柱流致运动的湍流激发的计算性和实验性评估的案例研究。他们用不同级别的商业砂纸进行实验(欧式 60 号砂纸和欧式 180

号砂纸）。图 4.75 展示的涡量线图将尾迹结构可视化。如图 4.76 所示，压力分布用于整合压力和计算力度。图 4.77 中物体附近的速度矢量区域用来将水流的分离可视化。基于图 4.75～图 4.77，可以得出以下观察结果：

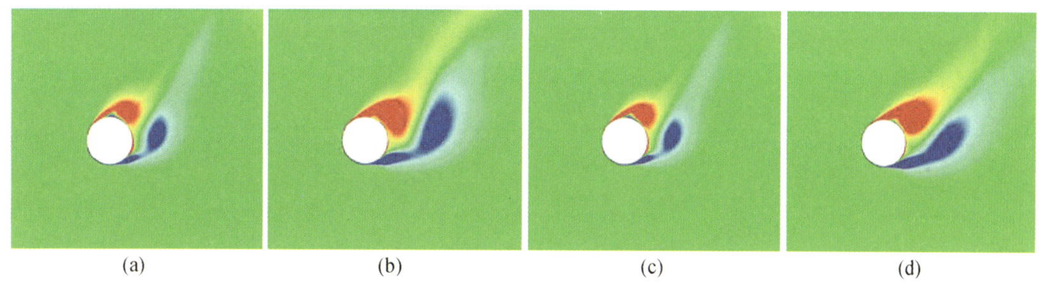

图 4.75　垂直振动最下方部位的涡量线图
（a）湍流被动控制欧式 60 号砂纸降速等于 7 时　（b）湍流被动控制欧式 60 号砂纸降速等于 14 时　（c）湍流被动控制欧式 180 号砂纸降速等于 7 时　（d）湍流被动控制欧式 180 号砂纸降速等于 14 时。

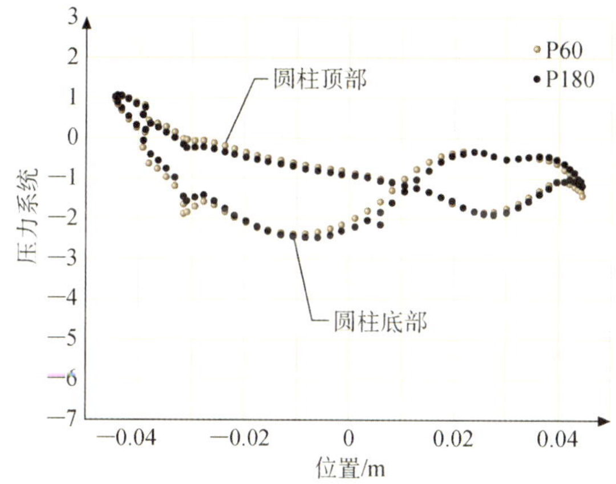

图 4.76　湍流被动控制欧式 60 号砂纸和欧式 180 号砂纸时圆柱周围的压力系数

（1）如图 4.75(a)、(b)所示的涡量线图显示在振动圆柱的最下方部位。两个图像都是如表 4.3 中规定的两个湍流被动控制厚度下降速 $U^* = 7$。两个粗糙砂纸条的涡量线图说明了振幅曲线的差异，与薄的湍流被动控制相比，随着湍流被动控制加厚引发了较大振幅。其原因与涡旋的强度有关，根据 Kutta-Joukowski 原理，涡旋强度和循环及其导致的升力成正比关系。另外，较短的构造长度将脱落的涡旋带向后方物体的近处，在这个位置上涡旋脱落产生压力差导致升力。

（2）振幅的差异可以在圆柱的上部和下部通过压力差的方式表现出来。湍流被动控制带欧式 60 号砂纸和欧式 180 号砂纸的圆柱在降速 $U^* = 7$ 时最下方位置的压力系数如图 4.76所示。湍流被动控制带欧式 60 号砂纸的圆柱的压力差比湍流被动控制带欧式 180 号砂纸的圆柱的压力差大。图 4.76 清楚地显示出压力系数的差异更大相应产生的振幅也更大。

（3）图 4.77 表示了在降速 $U^* = 7$ 和降速 $U^* = 14$，覆盖范围为 16 度和 8 度时圆柱周围

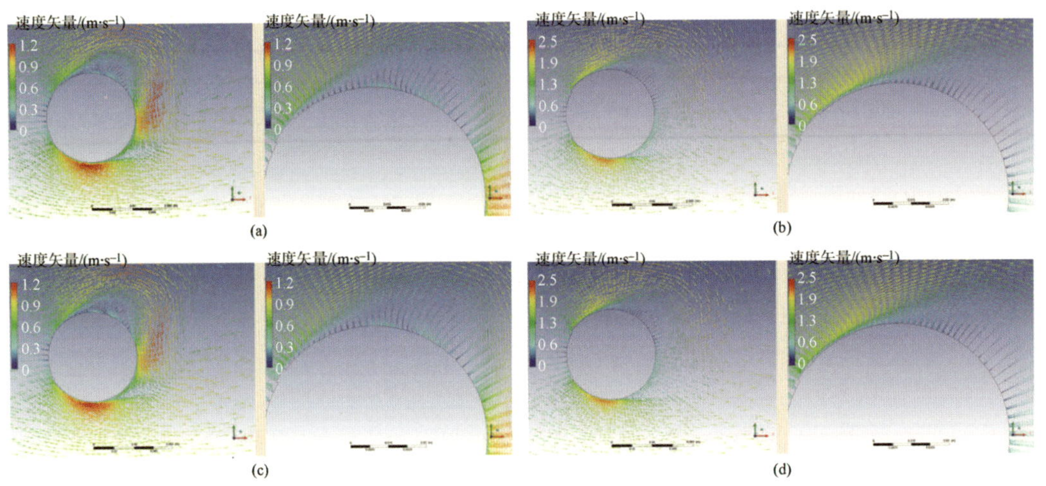

图 4.77 湍流被动控制欧式 60 号砂纸和欧式 180 号砂纸时静止圆柱周围的速度矢量

(a) 降速等于 7 湍流被动控制欧式 60 号砂纸覆盖范围为 16 度时速度矢量 (b) 降速等于 14 湍流被动控制欧式 60 号砂纸覆盖范围为 16 度时速度矢量 (c) 降速等于 7 湍流被动控制欧式 60 号砂纸覆盖范围为 8 度时速度矢量 (d) 降速等于 14 湍流被动控制欧式 60 号砂纸覆盖范围为 8 度时速度矢量

的速度矢量。这些数字体现了圆柱振动最下部位置的流速矢量场。相比于在降速 $U^*=14$ 时,圆柱下部的边界层分离在降速 $U^*=7$ 时发生得较早。

(4) 圆柱上部的水流有再附着现象,而在下部仅检查了流速没有检查再附着。如图 4.77所示,流动特性的形成是周期性的,且在振动的上端它们基本上会反过来。边界层分离和圆柱上部的水流再附着现象在驰振中发生的时间比在涡激振动范围中发生得更晚。

(5) 涡激振动区域($U^*=7$)的困死流体比驰振区域($U^*=14$)中的困死流体更大。驰振中的水流有比涡激振动更高的冲力,将困死流体区域推向圆柱的后部。

(6) 相比于圆柱在驰振区域,其在涡激振动区域时困死流体制约圆柱的振幅。在驰振区域,死流体分布区不参与圆柱振动。

(7) $U^*=7$ 时处于涡激振动区域,涡旋会在圆柱的上部形成,一旦圆柱到达最高位置涡旋就会脱落。$U^*=14$ 时处于驰振区域,涡旋在圆柱的上部形成等待脱落。在驰振区域,每半周期脱落涡旋的数量高于在涡激振动区域脱落的数量。

(8) 图 4.77(a)、(c)中的困死流体增加了 $U^*=7$ 时的附加质量。该计算流体动力学结果与 Vikestad 等人提出的附加质量曲线一致,这表明附加质量随着流体速度的增加而降低。

这一部分展现了关于多圆柱流致运动中计算流体动力学使用的大量的特定结论。将被留用的结论如下:

① 只要扰流激化装置被恰当地应用在计算流体动力学和试验中,如图 4.24 所示,且遵循稳健性规则,二维非定常雷诺平均纳维斯托克斯(2-D-URANS)计算流体动力学代码就可以用来做精确的单圆柱或串列多圆柱的流致运动建模。

② 经实验验证的计算流体动力学代码不仅在预测质量特性如振幅和频率方面,而且在冯-卡拉姆规模的非质量特性方面都可以在小规模层面上提供珍贵的信息。因此,分离点、

压力分布以及尾迹相互作用都可以使用此类计算流体动力学代码进行研究。

4.3.6　利用和耗散功率的数学模型

从实验室的实验中或从领域内或数字上收集的流致运动数据可以后处理生成有用的信息。本节内容展现了所需的数学模型和程序。

y 轴方向上圆柱的运动(见图 4.78)通过二阶线性微分方程进行建模,方程为

$$m_{osc}\ddot{y}+C_{total}\dot{y}+Ky=F_{fluid} \tag{4.43}$$

式中,y 方向垂直于流向和圆柱轴;m_{osc} 是振动系统质量之和,包括三分之一的弹簧质量;K 是弹簧刚度;C_{total} 是阻尼系数之和;F_{fluid} 是流体对 y 方向上物体产生的冲力。该模型与式(4.6)不同,此处的附加质量还没有从总的流体动力中分离出来。

关于附加质量有两个论点:

(1) 第一个论点是将非粘性附加质量从总的流体动力中分离出来,本节内容将予以说明。这是假设涡激振动是导致涡旋脱落(激发)和圆柱运动的同步的一个自然出现的现象,这和共振有类似的效果,但振幅有限。

(2) 第二个论点是将附加质量视为 y 方向上总升力的一部分,并通过与加速度 $\ddot{y}$ 相同的分力的实验和数值数据上加以计算。这在 4.3.7 节予以介绍,得出的结论为涡激振动是由附加质量造成的在水中变化的自然频率的共振现象。

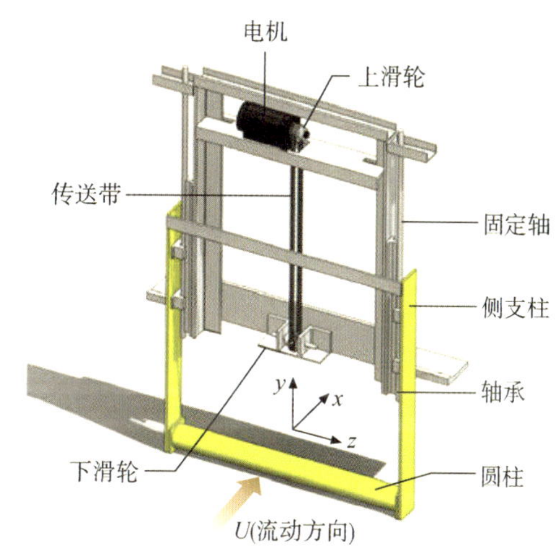

图 4.78　涡激振动水生洁净能源模型坐标系

作者的意见是这两个争议是没有必要的,因为两者都是简单的建模方法,并不能对同步的范围或者振动振幅的自我制约的本性做出解释。两者都仅仅模拟了流致运动中的圆柱在特定的流速下的反应并做了实验。另一方面,两个论点在后处理数据和对此复杂的现象的理解上都有帮助。对于在三维不稳定流体中的一个小物体,为了更好地理解其附加质量在冲力和运动上的表现,读者们可以参考 Foulhoux 和 Bernitsas 的详细分析。惯性项对完全和/或相对速度以及对流项的形式的依赖,可以通过将其带入到运用在 Morison's 方程中的惯性项的透视简化性中得到全面的解释。

1) 基础数学方程

流体力可以分为如下粘性和非粘性两部分:

$$m_{osc}\ddot{y}+C_{total}\dot{y}+Ky=F_{viscous}+F_{inviscid} \tag{4.44}$$

粘性力可以依据非粘性附加质量 m_a(该模型)加以定义,也可以通过实验或者数字测量得出。

$$F_{inviscid}=-m_a\ddot{y} \tag{4.45}$$

$$F_{viscous}=\frac{1}{2}c_y(t)\rho U^2DL \tag{4.46}$$

圆柱的被替换的流体质量 m_d 为 $\rho\frac{\pi}{4}D^2L$，这将运动方程简化为

$$(m_{osc}+m_a)\ddot{y}+C_{total}\dot{y}+Ky=\frac{2}{\pi D}c_y(t)m_dU^2 \tag{4.47}$$

2）**流体功率转换**

垂直于流动方向的圆柱的投影面积上的流动流体的功率可以计算如下。Bernoulli’s 方程中的动压头为 $\frac{1}{2}\rho U^2$，作用于 y 方向上圆柱的投影面积 DL 上的流动力为 $\frac{1}{2}\rho U^2$ DL。这样，流体的功率为作用力乘以 x 同方向上的速度的积，即

$$\text{流体的功率}=\frac{1}{2}\rho U^2\,\text{DL} \tag{4.48}$$

作用于处于振动周期中的涡激振动水生洁净能源（VIVACE）圆柱上的流体力的功为力乘以位移矢量 dy 内蕴向量的积乘以圆柱的一周期振动，即

$$W_{\text{VIVACE-Fluid}}=\int_0^{T_{cyl}}F_{\text{fluid}}\dot{y}\,\mathrm{d}t \tag{4.49}$$

如此，涡激振动水生洁净能源（VIVACE）的流体功率为

$$P_{\text{VIVACE-Fluid}}=\frac{W_{\text{VIVACE-Fluid}}}{T_{cyl}} \tag{4.50}$$

流体对圆柱的粘力表示为式（4.47）的右侧部分。假设正弦曲线除了在 VIV 的去同步区域外的其他所有情况下都足够精确，用力乘以瞬时速度与右侧部分积分，再用循环周期 T_{cyl} 取平均值，得

$$P_{\text{VIVACE-Fluid}}=\frac{1}{T_{cyl}}\int_0^{T_{cyl}}\frac{2}{\pi D}c_y(t)m_d\times U^2\,2\pi f_{\text{fluid}}y_{\max}\cos(2\pi f_{\text{fluid}})\,\mathrm{d}t \tag{4.51}$$

用 $f_{\text{fluid}}=f_{cyl}=\frac{1}{T_{cyl}}$ 进行同步，得

$$\begin{aligned}P_{\text{VIVACE-Fluid}}&=f_{cyl}\int_0^{\frac{1}{f_{cyl}}}\frac{2}{\pi D}C_y m_d U^2\,2\pi f_{cyl}y_{\max}\times\\&\quad\sin(2\pi f_{cyl}t+\emptyset)\cos(2\pi f_{cyl}t)\,\mathrm{d}t\\&=\frac{4\pi}{D}C_y m_d U^2 f_{cyl}y_{\max}\sin\emptyset\end{aligned} \tag{4.52}$$

插入 $m_d=\frac{\pi}{4}\rho D^2L$，得

$$P_{\text{VIVACE-Fluid}}=\frac{1}{2}\rho\pi C_y U^2 f_{cyl}y_{\max}DL\sin\emptyset \tag{4.53}$$

3）**机械功率**

从式（4.47），将左侧部分乘以瞬时速度后与左侧部分积分，再用循环周期 T_{cyl} 取平均，得到涡激振动水生洁净能源（VIVACE）的机械功率。即

$$P_{\text{VIVACE-Mech}}=\frac{1}{T_{cyl}}\int_0^{T_{cyl}}\left[(m_{osc}+m_a)\ddot{y}+C_{total}\dot{y}+Ky\right]\dot{y}\,\mathrm{d}t \tag{4.54}$$

在正弦曲线中，只有项与速度相同时才会产生非零的能量项。另外有

$$\zeta_{\text{total}} = \frac{C_{\text{total}}}{2\sqrt{(m_{\text{osc}} + m_{\text{a}}K)}} \tag{4.55}$$

$$f_{\text{n,water}} = \frac{1}{\pi}\sqrt{\frac{K}{(m_{\text{osc}} + m_{\text{a}})}} \tag{4.56}$$

因此

$$P_{\text{VIVACE-Mech}} = \frac{1}{T_{\text{cyl}}} = \int_0^{T_{\text{cyl}}} 4\pi(m_{\text{osc}} + m_{\text{a}})\zeta_{\text{total}}\dot{y}^2 f_{\text{n,water}}\,\mathrm{d}t \tag{4.57}$$

使用正弦曲线表示为

$$y = y_{\max}\sin(2\pi f_{\text{cyl}}t)$$

在以上积分中，有

$$\begin{aligned}
&\frac{1}{T_{\text{cyl}}}\int_0^{T_{\text{cyl}}} 4\pi(m_{\text{osc}} + m_{\text{a}})\zeta_{\text{total}}y_{\max}^2[\cos(2\pi f_{\text{cylt}})]^2(2\pi f_{\text{cyl}})^2 f_{\text{n,water}}\,\mathrm{d}t \\
&= \frac{1}{T_{\text{cyl}}}\int_0^{T_{\text{cyl}}} 4\pi(m_{\text{osc}} + m_{\text{a}})\zeta_{\text{total}}y_{\max}^2 \frac{1+\cos(4\pi(f_{\text{cyl}}t)}{2}(2\pi f_{\text{cyl}})^2 f_{\text{n,water}}\,\mathrm{d}t \\
&= \frac{1}{T_{\text{cyl}}}\int_0^{T_{\text{cyl}}} 4\pi(m_{\text{osc}} + m_{\text{a}})\zeta_{\text{total}}y_{\max}^2(2\pi f_{\text{cyl}})^2 f_{\text{n,water}}\,\mathrm{d}t \\
&= \left[\frac{T_{\text{cyl}} + \dfrac{\sin(4\pi f_{\text{cyl}}T_{\text{cyl}})}{4\pi f_{\text{cyl}}}}{2}\right] - \left[\frac{0 + \dfrac{\sin(4\pi f_{\text{cyl}}0)}{4\pi f_{\text{cyl}}}}{2}\right] \\
&= 2\pi(m_{\text{osc}} + m_{\text{a}})\zeta_{\text{total}}y_{\max}^2(2\pi f_{\text{cyl}})^2 f_{\text{n,water}} \\
&= 8\pi^3(m_{\text{osc}} + m_{\text{a}})\zeta_{\text{total}}(y_{\max}f_{\text{cyl}})^2 f_{\text{n,water}}
\end{aligned} \tag{4.58}$$

4）利用功率和耗散功率

为了将海洋流体动能转换为机械能，在系统中引入了附加阻尼。阻尼总量定为

$$C_{\text{total}} = C_{\text{stucture}} + C_{\text{harness}} \tag{4.59}$$

此处 $C_{\text{structure}}$ 指在传输系统中由于摩擦损产生的已有阻尼，C_{harness} 指通过将振动圆柱中的机械能的转换为电能的发生器一个领域内的锥形所产生的额外阻尼。

从式(4.55)中，知道 $C_{\text{structure}}$ 和 C_{harness} 可以使用阻尼系数 $\zeta_{\text{structure}}$ 和 ζ_{harness} 以无量纲的形式进行表示。即

$$\zeta_{\text{structure}} = \frac{C_{\text{structure}}}{2\sqrt{(m_{\text{osc}} + m_{\text{a}})K}} \tag{4.60}$$

$$\zeta_{\text{harness}} = \frac{C_{\text{harness}}}{2\sqrt{(m_{\text{osc}} + m_{\text{a}})K}} \tag{4.61}$$

使用式(4.58)，得到以下利用功率和耗散功率：

$$P_{\text{VIVACE-Dissipated}} = 8\pi^3(m_{\text{osc}} + m_{\text{a}})\zeta_{\text{structure}}(y_{\max}f_{\text{cyl}})^2 f_{\text{n,water}} \tag{4.62}$$

$$P_{\text{VIVACE-Harness}} = 8\pi^3(m_{\text{osc}} + m_{\text{a}})\zeta_{\text{harness}}(y_{\max}f_{\text{cyl}})^2 f_{\text{n,water}} \tag{4.63}$$

5）使用实验和数字仿真结果计算利用功率

计算利用功率用式(4.63)，需要确定几个参数。振动系统质量 m_{osc} 和弹簧常量 K 可以

直接测量得出。理想附加质量 m_a 和移动的流体质量相等。使用弹簧常量 K、振动系统质量 m_{osc} 和附加质量 m_a，水中圆柱的自然频率就可以通过式(4.11)进行计算。结构阻尼 $C_{structure}$ 可以在实验中进行测量，附加阻尼 $C_{harness}$ 由海洋可再生能源实验室(MRELab)开发的 V_{ck} 系统(虚拟阻尼弹簧系统)设定。

其余的两个参数，y_{max} 和 f_{cyl} 通过实验过程中测量的或者在数字模拟中计算的位移历史数据获得。下一步，单圆柱涡激振动水生洁净能源(VIVACE)转换器的利用功率包络通过计算流体动力学模拟以及和实验结果对比进行计算。Lee 和 Bernitsas 实验推导出图 4.38 所示一个光滑圆柱的功率包络。Chang 和 Bernitsas 推导出湍流被动控制圆柱的功率包络(见图 4.33)。

Liu 和 Bernitsas 数字推导出同样的湍流被动控制圆柱的功率包络，其结果如表 4.10 所示。

(1) 振幅曲线。振幅比 A/D 曲线图基于表 4.10 中的最佳值通过数字模拟得出，如图 4.79 所示。湍流被动控制圆柱的振幅 A 通过取 30 秒的模拟时间内正反峰值中 40 个最大绝对值的平均数进行计算。如表 4.10 所示，在各种高阻尼情况下振动圆柱的最大位移在驰振中达到 1.67D。图 4.79 并不是典型的涡激振动—驰振曲线图，因为在功率包络上各点的 K 和 ζ 不同。由于包络上 K 和 ζ 的不同，要从图 4.79 中识别流致运动不同的支流并不容易。

表 4.10 涡激振动水生洁净能源单湍流被动控制圆柱产生的能量

情形	Re 1×10^3	U^*	K/Nm^{-1}	$C/\mathrm{Ns\ m}^{-1}$	ζ	计算流体力学功率/w
1	30	5.50	400	18.28	0.12	1.27
2	40	7.34	400	18.28	0.12	1.31
3	50	7.49	600	21.85	0.12	3.72
4	60	7.78	800	24.86	0.12	3.68
5	65	7.54	1 000	27.51	0.12	5.79
6	70	8.12	1 000	27.51	0.12	7.13
7	75	7.94	1 200	29.91	0.12	10.49
8	80	7.84	1 400	32.12	0.12	14.87
9	85	8.34	1 400	32.12	0.12	19.39
10	90	8.26	1 600	34.17	0.12	25.19
11	92	8.44	1 600	34.17	0.12	26.66
12	90	8.71	1 600	34.17	0.12	30.09
13	100	8.65	1 800	36.09	0.12	40.33
14	102	8.82	1 800	36.09	0.12	41.22
15	105	9.08	1 800	36.09	0.12	35.53
16	110	9.02	2 000	37.92	0.12	49.38
17	120	9.85	2 000	37.92	0.12	55.53

出于图 4.80 和图 4.81 中给出的几种情况，不同的支流很容易识别：

① 雷诺数 Re<30 000，在此范围内，实验或数字上没有流致运动发生。

② 雷诺数 30 000≤Re≤35 000：这是 $K=600\ Nm^{-1}$[见图 4.4(c)]情况下涡激振动原支流。根据 K 的变化，该范围上缘变化显著[见图 4.4(b)]。在恒定的弹簧刚度 K 以及阻尼系数 ζ 的情况下，振幅比随着雷诺数 Re 的增大而快速增大。但是对于最佳功率，Liu 和 Bernitsas 表明了使用二维非定常雷诺平均纳维斯托克斯(2-D-URANS)造成振幅比的变化范围为 0.65～0.87。这是因为在数字仿真中弹簧刚度从 $K=400\ Nm^{-1}$，雷诺数 Re=30 000 ($U^*=5.50$)上升到 $K=800\ Nm^{-1}$，雷诺数 Re=60 000($U^*=7.78$)且系统阻尼 C 从18.28 Nsm^{-1}，雷诺数 Re=30 000 增加到 24.86 Nsm^{-1}，雷诺数 Re=60 000。

③ 雷诺数 35 000－55 000 ≤Re≤85 000－95 000：这是当 $K=600\ Nm^{-1}$ 时涡激振动上支流的情况(见图 4.81)。但是如图 4.79所示，上缘和下缘根据 K、35 000－55 000≤Re≤85 000－95 000 而产生广泛的变化。就功率利用而言，图 4.77(d)中的数值结果表明从上支流的起始点 0.78 到终点 1.41，随着弹簧刚度 $K=800\ Nm^{-1}$，雷诺数 Re=60 000 ($U^*=7.78$)上升到 $K=1\ 800\ Nm^{-1}$，雷诺数 Re=100 000 ($U^*=8.65$)，振幅比基本呈直线型变化。根据表 4.10，系统阻尼从 $\zeta=24.86\ Nsm^{-1}$，雷诺数 Re=60 000 上升到 $\zeta=36.09\ Nsm^{-1}$，雷诺数 Re=100 000。这个增加是涡激振动在 TrSL3 而非 TrSL2 体系下的特性。

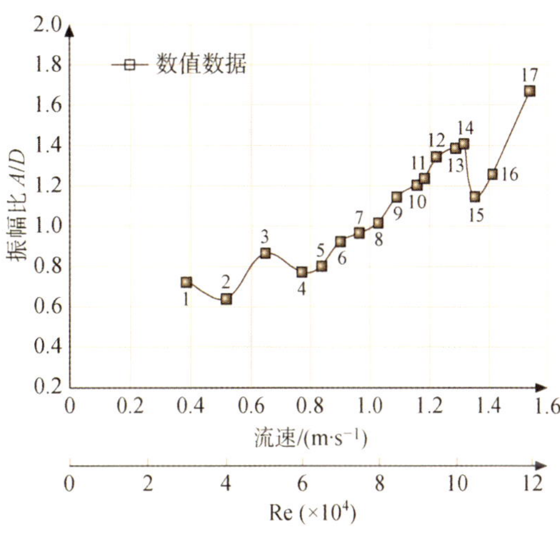

图 4.79　表 4.10 中一个湍流被动控制圆柱功率包络点的振幅比

④ 雷诺数 85 000－95 000≤Re≤95 000－105 000：这是从涡激振动上支流到驰振的过渡区域。随着弹簧刚度和系统阻尼分别保持在 $K=1\ 800\ Nm^{-1}$ 和36.09 Nsm^{-1} 水平，雷诺数从 Re=100 000 ($U^*=8.65$)增加到 Re=105 000($U^*=9.08$)，带湍流被动控制的单圆柱振幅显著降低。此处从涡激振动上支流到驰振的过渡区域和 Ding 的研究中的雷诺数 80 000≤Re≤95 000 区域不同。其原因是涡激振动和驰振的速度范围需要额外的分辨率来弄明白涡激振动的下支流是否如 Park 等人全面解释的那样已经被驰振的激发而压制住了。同样参考 4.2.3 节流体动力学原理的第四原理。在该程序中，所有式(4.17)中可能影响涡激振动和驰振的分离的参数，D、a 以及 m^* 都恒定不变。因此，涡激振动和驰振的分离受到 K、ζ 和流动速度的变化的影响(见图 4.80 和图 4.81)。

⑤ 雷诺数 Re≥105 000：这是驰振区域。大家都知道驰振是一种高振幅和低频率的流致运动。带湍流被动控制的单圆柱的最大振幅在计算流体动力学数字仿真结果中可达圆柱直径的 1.6 倍，雷诺数 Re=120 000($U^*=9.85$)。

(2) 频率曲线。在图 4.82 中，振幅比 f_{osc}/f_n，湍流被动控制圆柱水的图表与雷诺数 Re 和流速 U 相对照。f_{osc}的振动频率通过圆柱在记录期间位移的快速傅里叶变换(FFT)进行

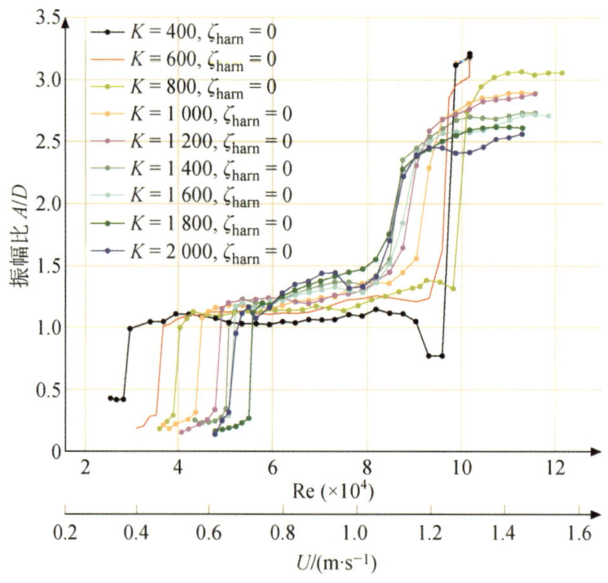

图 4.80　粗糙圆柱在不同刚度时无外部阻尼情况下的震荡曲线

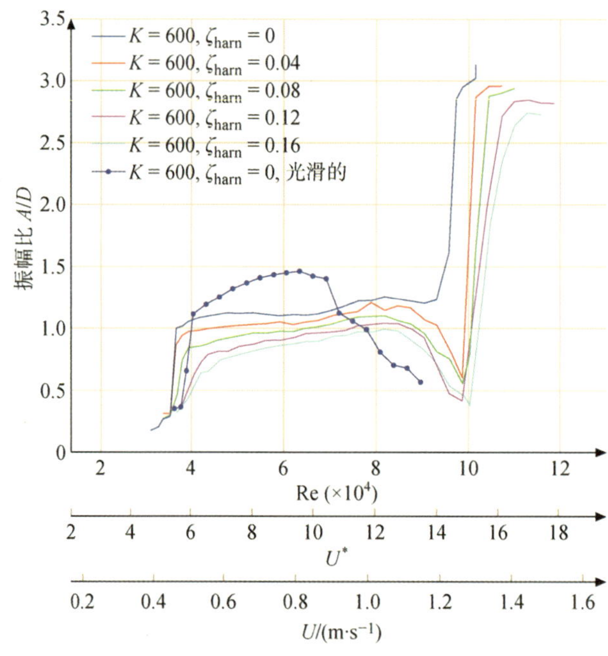

图 4.81　弹簧常数等于 600 Nm^{-1} 情况下粗糙圆柱在不同阻尼值时振幅曲线

计算。

由图 4.82 和图 4.83 可以观察到以下结果：

① 与图 4.83 实验中相同的刚度和系统阻尼，频率从点 1 增加到 2。降低的部分—点 2、3、4 主要是由于刚度和系统阻尼的不同造成的。

② 在雷诺数 Re=60 000(U^*=7.78)时，涡激振动上支流开始。随着弹簧刚度 K 的增

加，水中系统的自然频率从1.11增加到 1.67，且振动频率从 1.18 上升到 1.81。但振幅比保持在约 1.07 不变，这在涡激振动中很典型。随着雷诺数趋于100 000，频率下降表明在向驰振过渡。频率的下降伴随着圆柱振幅的快速下降，与图 4.83 的实验结果一致。

③ 在驰振支流，雷诺数 Re≥105 000（$U^*=9.08$）时，频率比降低—这是驰振的特性—从1.08下降到1.04。在雷诺数 Re=120 000（$U^*=9.85$）的情况下，计算流体动力学仿真和实验中，振动频率与系统自然频率保持相近，这也是驰振的一个特性。

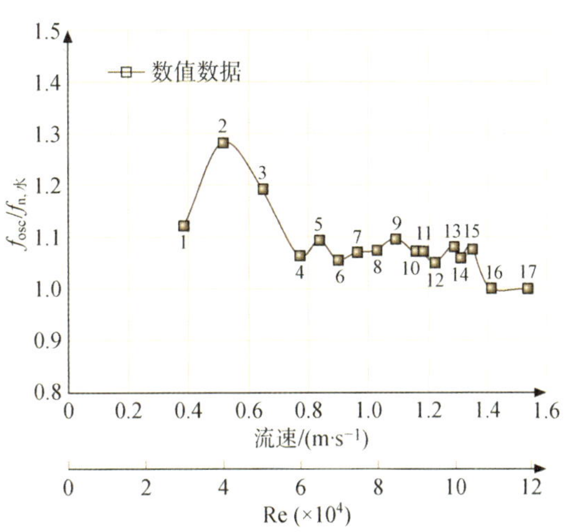

图 4.82　表 4.10 中一个湍流被动控制圆柱功率包络点的频率比

(3) 计算流体动力学对比实验利用功率包络。单湍流被动控制圆柱涡激振动水生洁净能源（VIVACE）转换器可利用功率是发生器引出的功率，等于涡激振动水生洁净能源（VIVACE）从流体中引出的功率减去结构、传输和内部发生器损失所耗散的功率。根据振幅和频率曲线的数字结果，Liu 和 Bernitsas 使用以上展示的数学模型计算了单湍流被动控制圆柱涡激振动水生洁净能源（VIVACE）系统的利用功率 P_w。图 4.84 描述了利用功率包络对照雷诺数 Re 和流速（U），用计算流体动力学进行计算，并展示了 Chang 的实验结果。相应的计算流体动力学结果显示在表 4.10 中。

功率可以在从 0.38 到 1.54 ms⁻¹的广泛的流速范围内加以利用。其上限仅仅取决于

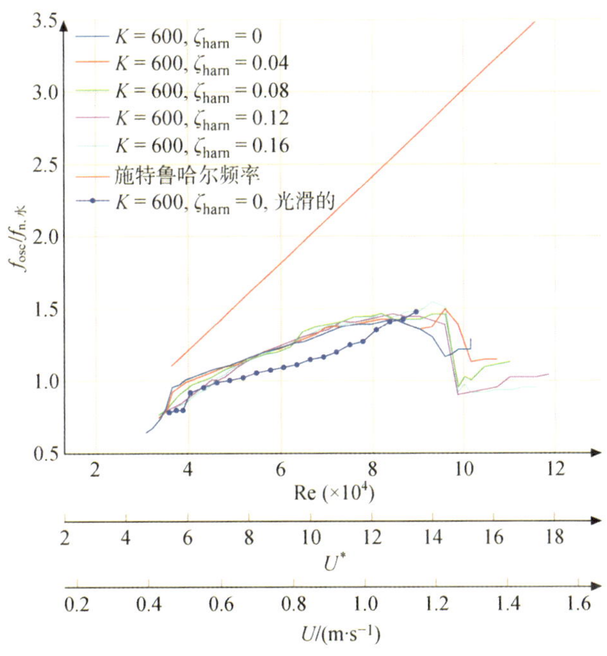

图 4.83　在弹簧常量等于 600 Nm⁻¹情况下，不同阻尼值时粗糙圆柱振幅曲线

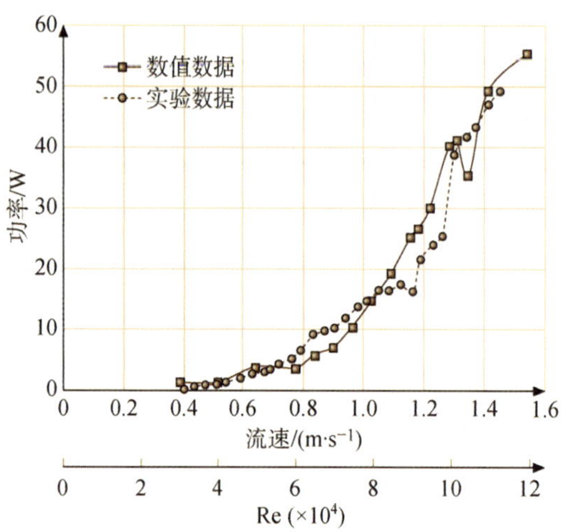

图 4.84　单个湍流被动控制圆柱涡激振动水生洁净能源的计算流体力学最佳利用功率包络和实验的对比

第一低湍流自由表面尾流(LTFSW)通道的限制。在涡激振动的原支流中,单湍流被动控制圆柱涡激振动水生洁净能源(VIVACE)的利用功率非常小,在雷诺数 Re=30 000(U^*=5.50)时仅达到了1.27 W。这不仅仅归因于在如此低速的流体中可利用的功率小,还因为原支流的振幅和频率低。随着流速的增加,流体中的功率以流速立方的比例增加—如式(4.48),同时涡激振动的上支流开始,导致能量转换的急剧上升。这可以从图 4.84 中计算流体动力学计算和实验测量看出来。第二个功率转换急剧上升的情况发生在驰振开始时。在当前的计算流体动力学结果中,其从35.53 W (Re=105 000,U^*=9.08)爬升至 55.53 W (Re=120 000,U^*=9.85)。在实验测量中,转换的功率从16.37 W(Re=90 667,U^*=7.43)上升到 49.35 W(Re=113 076 ,U^*=9.29)。使用二维非定常雷诺平均纳维斯托克斯(2-D-URANS)仿真计算的利用功率包络与实验中获得的结果接近。小误差主要由两个原因造成。一是在数字仿真中使用的阻尼模型和实验装置有差异。二是在海洋可再生能源实验室(MRELab)中的实验是在第一低湍流自由表面尾流(LTFSW)通道中进行的,圆柱会撞上安全制动限制其在驰振中的流动,这导致了测试中的振幅小于仿真中的振幅。

即使数值有些许差异,图 4.84 中两个图表的斜度是相似的,表明两个图表有相同的趋势,由此获取了功率转换对比流速的重要变化。

根据图 4.84 中实验结果和数字结果的比较,可以得出两个结论:

① 实验测量使用了不同的弹簧刚度 K。但是,功率包络上的最佳点是在 K=2 000 Nm^{-1}以及相应于不同的雷诺数或流速的从 0.04 到 0.14 间不同利用阻尼系数时达到的(见图 4.85)。数字结果的获得基于固定的利用阻尼系数 ζ=0.12,并将与不同的雷诺数和流速相应的弹簧刚度 K 从400 到2 000 Nm^{-1}进行变化。该利用功率包络的仿真结果与实验结果非常匹配。这表明最佳点—在单湍流被动控制圆柱涡激振动水生洁净能源(VIVACE)转换器的功率包络上—可以通过两种方式用两组不同的(K、ζ)达成。如在雷诺数 Re=75 000 (U^*=7.94)时,

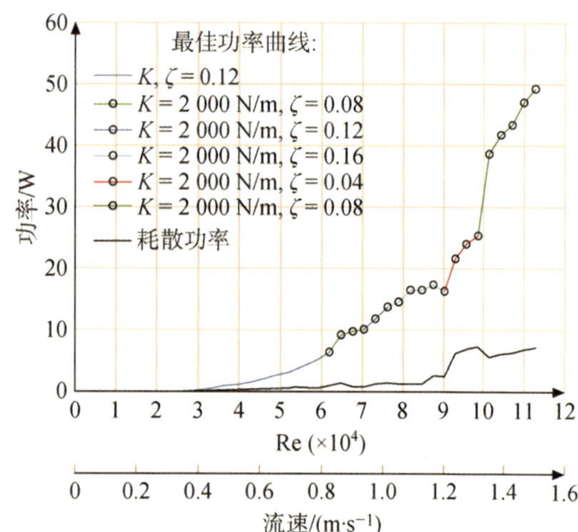

图 4.85　实验利用功率包络和相应的耗散功率及系统刚度和阻尼信息

利用功率为 10.49 W(K=1 200 Nm^{-1},C=29.91 Nsm^{-1})和10.43 W(K=1 036 Nm^{-1})。这两组数据的利用功率间的差距只有 0.57%。

② 实验结果展现了雷诺数 Re=90 667(U^*=7.43)时局部有所下降。数值结果展现了雷诺数 Re=105 000(U^*=9.08)时有个低谷。这个现象说明涡激振动和驰振之间的过渡可以通过调整湍流被动控制圆柱的弹簧刚度和利用阻尼系数进行变化。

6）实验结果和数字仿真结果的后处理

在海洋可再生能源实验室(MRELab),通过实验测量或计算流体动力学模拟收集的数据会进行后处理以提取有用的信息。事实上,5 台不同的数学模型用来提供补充信息。这 5 台都基于式(4.43)而且基于简化设想进行区分。它们的定义如下：

(1) 1a 号数学模型：

① 理想附加质量无法从流体动力学力中分离。

② 流致运动中振荡器的曲线可以通过正弦函数进行估计。

(2) 1b 号数学模型：

① 理想附加质量可以从流体动力学力中分离。

② 流致运动中振荡器的曲线可以通过正弦函数进行估计。

(3) 2a 号数学模型：

① 理想附加质量无法从流体动力学力中分离。

② 流致运动中振荡器的曲线无法通过正弦函数进行估计。

(4) 2b 号数学模型：

① 理想附加质量可以从流体动力学力中分离。

② 流致运动中振荡器的曲线无法通过正弦函数进行估计。

(5) 3 号数学模型：

这个模型基于 Vikestad 等人的论点,附加质量从可用数据中计算。4.3.7 节将详细描述。

升力的重建。使用以上 5 个任意数学模型对数据进行数学后处理的一个重要因素是升力时间关系曲线图的有效性。升力可以通过称重传感器或者对位移时间关系曲线图的力的重建获得。在海洋可再生能源实验室(MRELab)人们使用以下步骤来重建升力时间关系曲线图：

(1) 通过 V_{ck}控制器电机的编码器测量位移。

(2) 后向差分用于位移的时间导数。

(3) 低通滤波用于矩阵实验室来消除随数字微分法特别产生的噪音。

(4) 滤波产生的相移用矩阵实验室代码进行消除。

(5) 为二阶导数重复该过程。该方法论的准确度已经被反复测试过,信号复制极佳。

(6) 计算衍生出式(4.43)中系数的数值,用来重建每个时刻的升力。

后处理的举例。该后处理程序的部分结果展示在图 4.86 中。特别说明的是,在 4.86(a)中,振幅比的峰值通过时间关系曲线图,对于每个速度取 60 秒间隔的 40～60 个最高值的平均数进行计算。使用快速傅里叶变换(FFT),图 4.86(b)中对频率进行了计算。在图 4.86(c)中按照上述程序对升力进行了重建。关于位移的力相位导前如图 4.86 所示。产生的功率和效能分别如图 4.86(e)、(f)所示。

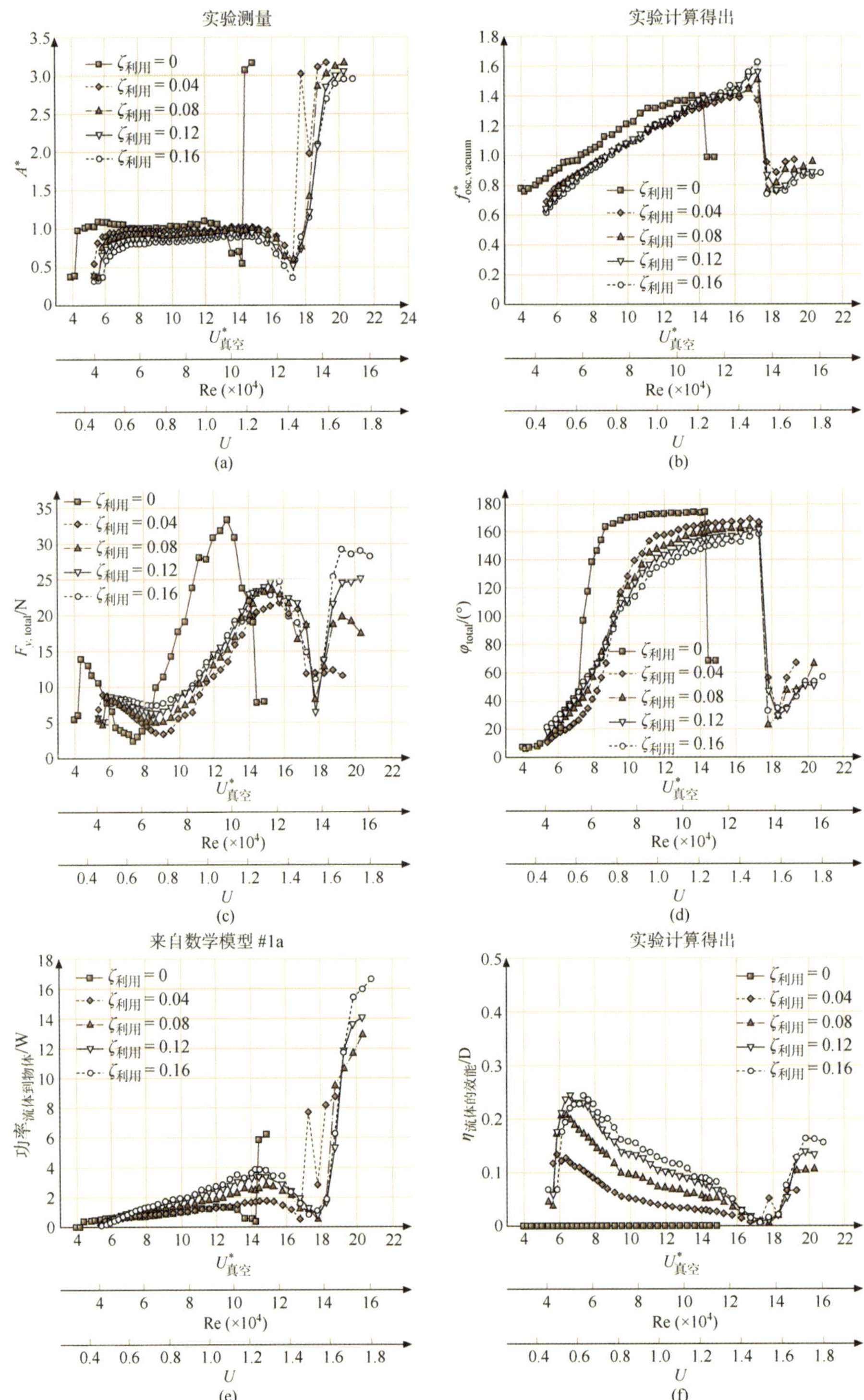

图 4.86　一组已给急流对比流速的实验数据或计算流体力学数据后处理示例

(a) 振幅比对比降速、雷诺数和流速　(b)频率比对比降速、雷诺数和流速　(c) 总的重建横向力对比降速、雷诺数和流速　(d) 位移上总的力相位导前对比降速、雷诺数和流速　(e) 从流体到物体提炼的功率对比降速、雷诺数和流速　(f) 总的液体动力对比降速、雷诺数和流速

4.3.7　可变附件质量数学模型

基于 4.3.6 节实验结果和数字仿真结果的后处理所展示的程序，升力时间关系曲线可以重建。给定数据集的时间平均可变附加质量就可以通过取所有振动周期的平均值来进行计算。对于一个流致运动、涡激振动或驰振中的圆柱振动系统，从式(4.43)开始，可以使用下面的程序从另一个方面对数字或实验数据进行后处理。

假设(式 4.43)中的升力 F_{fluid} 为正弦曲线，从涡激振动中的物体的曲线进行相位平移，可以对 $F_{\text{fluid}}(t)$ 和 $y(t)$ 做以下替换：

$$F_{\text{fluid}}(t) = F_{\text{o}} \sin(\omega t + \phi) \tag{4.64}$$

$$y(t) = y_{\text{o}} \sin(\omega t) \tag{4.65}$$

式(4.43)可以写成

$$\left(m_{\text{osc}} + \frac{F_{\text{o}} \cos \phi}{\omega^2 y_{\text{o}}}\right)\ddot{y} + \left(C_{\text{total}} - \frac{F_{\text{o}} \sin \phi}{\omega y_{\text{o}}}\right)\dot{y} + ky = 0 \tag{4.66}$$

然后附加质量系数 C_{a} 就可以基于强制函数计算如下：

$$C_{\text{a}} = -\frac{8}{nTm_{\text{d}}(\omega^2 y_{\text{o}})^2}\int_t^{t+nt} F_{\text{fluid}}(t)\ddot{y}\,\mathrm{d}t \tag{4.67}$$

相应的水里的自然频率就可以计算如下：

$$f_{\text{n,water}} = \frac{1}{2\pi}\sqrt{\frac{K}{m_{\text{osc}} + m_{\text{d}}C_{\text{a}}}} \tag{4.68}$$

该分析简单明了，由 Vikestad 等人提出。

为了测试时间平均可变附加质量系数可以更好地在共振模型中获得涡激振动的想法，Lee 等人先前收集的涡激振动数据被进行了后处理并绘制图标(见图 4.87～图 4.89)。分析用的涡激振动水生洁净能源(VIVACE)系统参数如表 4.11 所示。图 4.88 表明，附加质量系数可以取负数。另一方面，振动频率在整个涡激振动同步范围内变得和水里自然频率计算结果相等。

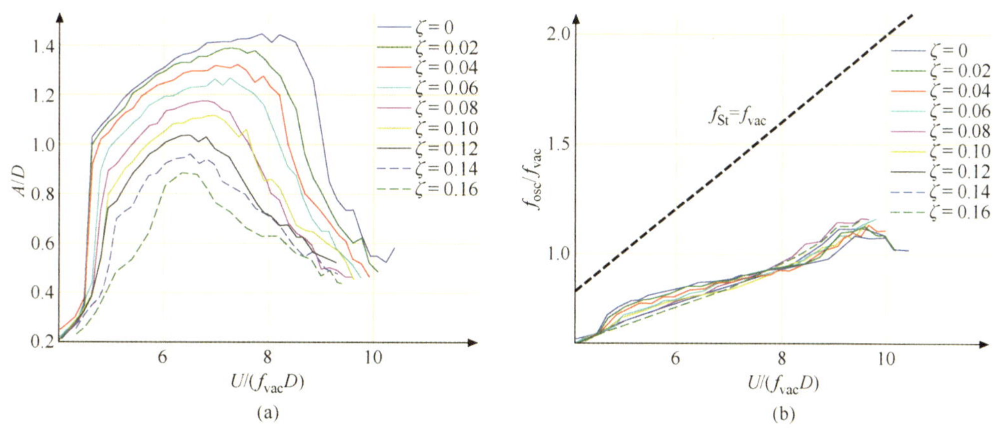

图 4.87　Lee 和 Bernitsas 使用可变附加质量数学模型的后处理数据

(a) 光滑圆柱在涡激振动中的横向位移的振幅值/圆柱直径对比　(b) 降速。涡激振动中光滑圆柱的物体振动频率/真空频率对比降速

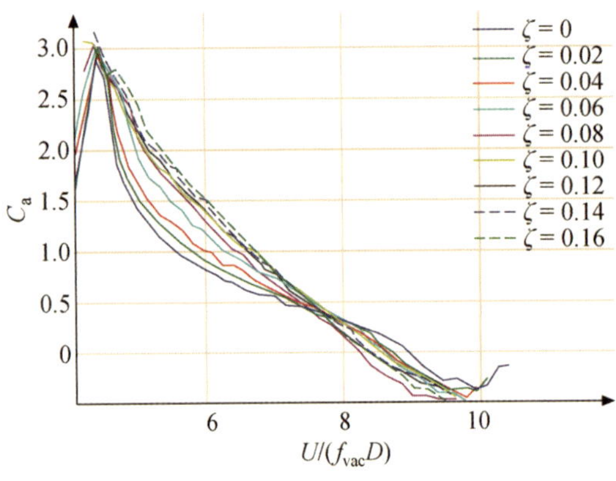

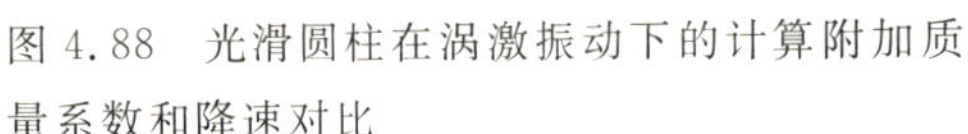

图 4.88　光滑圆柱在涡激振动下的计算附加质量系数和降速对比

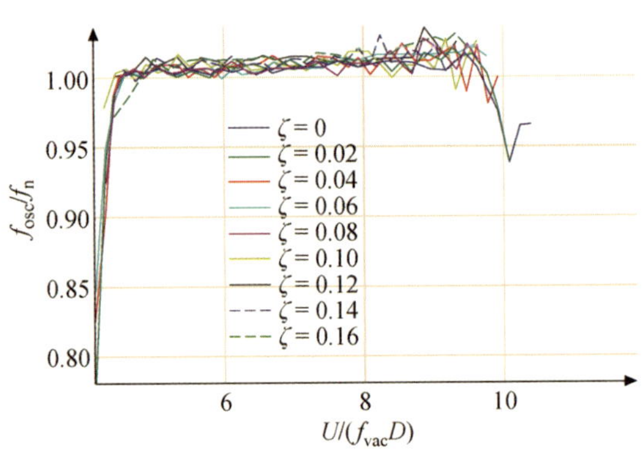

图 4.89　光滑圆柱在涡激振动下的计算振动频率比和降速对比

表 4.11　振荡器属性

参数	数值
m_{osc}/kg	10.94
D/m	0.088 9
L/m	0.914 4
ρ/kgm^{-3}	999.103
K/Nm^{-1}	400～1 800
ζ	0～0.16

4.3.8　物理模型和模型等价

海洋可再生能源实验室(MRELab)在其报告中阐明,使用流致运动进行海洋流体动能转换的主要挑战在于数据的减少和常见等价模型。这是在同一个实验室中模型的挑战,当然在处理来自不同实验室数据时就更具挑战性了。

(1) 弹簧即使是第一次使用也没必要是线型的。

(2) 粘滞阻尼一定不能是线型的。

(3) 垂直于圆柱的流动即使是在梢流引起的涡激振动中也可以不完全是二维的。

(4) 流致运动模型的设计完全不同于 MHK 能量转换器,因此结果不具可比性。

前两个案例已经在海洋可再生能源实验室(MRELab)用 V_{ck} 控制器进行了处理,他们使用某种线性或非线性函数取得了所需的阻尼和弹簧刚度,模仿了一个数学精确振荡器。第三个挑战会在第 4.3.8 节梢流效用中进行评估。最后一个挑战是最主要的,仅在第 4.3.8 节实验模型等价中进行阐述。

1) 梢流效用

在圆柱处于流致运动中时,梢流限制圆柱的长度,超过该长度则正升力显示在横向上。负升力则受梢流的影响特别显示在圆柱的其余长度上。如图 4.90 所示,第一个低湍流自由表面尾流(LTFSW)通道用涡激振动振荡器设置,涡激振动水生洁净能源(VIVACE)转换器设定在新的低湍流自由表面尾流(LTFSW)通道中。两个设置在实验室使用的振荡器参数列在表 4.12 中。虽然参数并不完全相等,但这些数据足以在数量上说明梢流的效用。

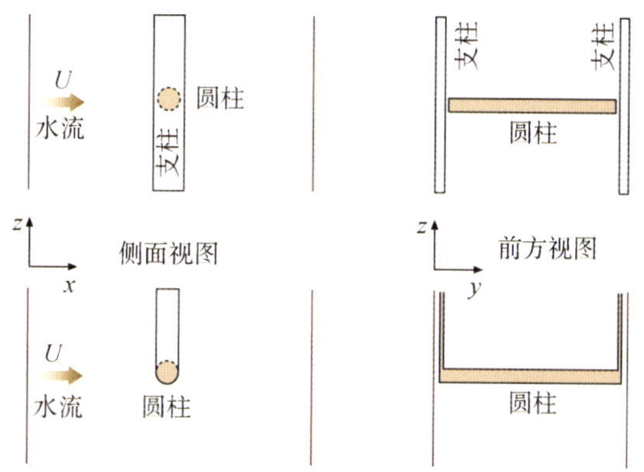

图 4.90　在新通道中使用的涡激振动水生洁净能源(VIVACE)转换器和在第一低湍流自由表面尾流(LTFSW)通道中使用的涡激振动振动器

表 4.12　两个模型的实验参数

设备参数	涡激振动振荡器	涡激振动水生洁净能源(VIVACE)转换器
m^*	1.725	1.67
$f_{n,water}$	1.118 3	1.014 1
ζ	0.015 8	0.02

图 4.91 对比了涡激振动振荡器和涡激振动水生洁净能源(VIVACE)转换器的实验结果。转换器设置中获得的最大振幅和同步范围很明显小于 Par 等人获得的涡激振动振荡器数据。这归因于 Kinaci 等人估算的梢流效用。

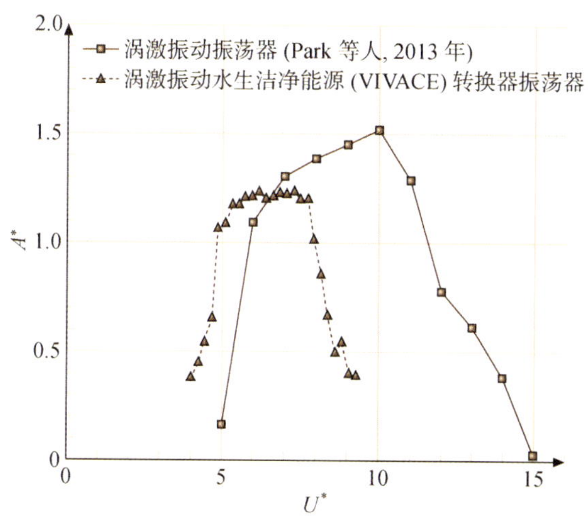

图 4.91　按照表 4.1 所列数据对涡激振动振荡器和转换器振荡器的涡激振动曲线的对比

每一个振荡器中的这种效用都不同，只能在认定流致运动数据可用来比较之前进行估算。梢流效用在如图 4.20 所示的荷兰隧道测试领域中变得很显著。

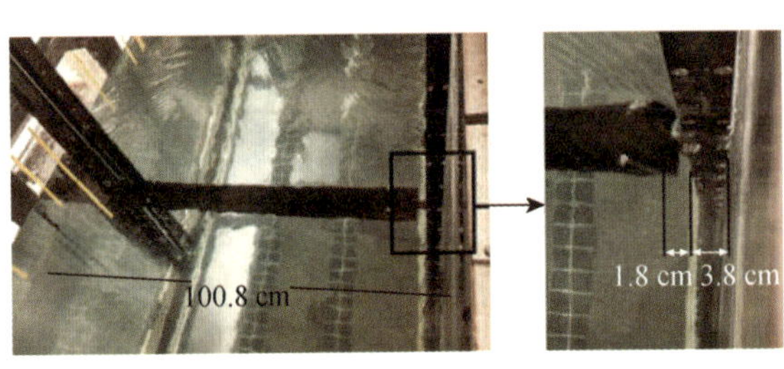

图 4.92 在新的低湍流自由表面尾流(LTFSW)通道中的涡激振动水生洁净能源(VIVACE)转换器模型

能量提取用的涡激振动水生洁净能源(VIVACE)转换器模型包括所有的转换设备以及造成高梢流效用的支持性水下标记层。但是这使得新通道测试部分的更深度可以达到七个圆柱直径的振幅(见图 4.92)。同一图中还提供了设置的测量数据。标记层位于水中且占据了测试横剖面的很大一部分空间。通道的宽度为 w_c=100.8厘米，每一侧各有3.8厘米宽的标记层。标记层附着在通道的树脂玻璃边壁上。每一侧标记层和圆柱之间有1.8厘米的空间。圆柱的长度为89.6厘米。也就是说，转换器振荡器和涡激振动振荡器在第一个通道中所要达到的目标不同。对比梢流效用的这两种极端情况可以获得关于梢流的有价值的信息。

产生升力的圆柱的有效长度可以通过研究三维稳定的计算流体动力学分析产生的流线来获得(见图 4.93)。可以总结出，将圆柱的有效长度减少到各端长 15.8 厘米并不能有助于升力的产生，因此有效长度 L_e 变为

$$L_e = 100.8\ \text{cm} - 2(3.8\ \text{cm} + 1.8\ \text{cm} + 15.8\ \text{cm}) = 58\ \text{cm} \tag{4.69}$$

将圆柱有效长度 L_e 和通道宽度 w_c 代入式(4.17)，在这个实验设置下，梢流效用因数 α 可以计算为

$$\alpha = 0.575\ 2 \tag{4.70}$$

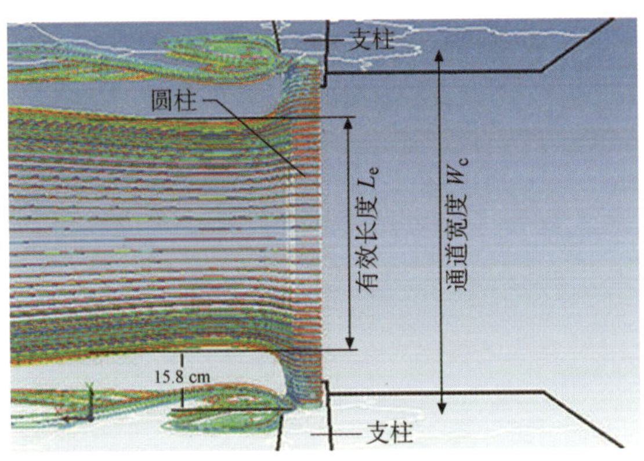

图 4.93 雷诺数 Re=75 000 时来自于三维非定常雷诺平均纳维斯托克斯模拟低湍流自由表面尾流(LTFSW)通道的有效圆柱长度

2) 实验模型等价

在第 4.3.1 节第一低湍流自由表面尾流(LTFSW)通道中讨论的五个堵塞效应以及在第4.3.8节开始列出的四个因素导致了收集关于流致运动数据的来源的多样性。为了对收

集自不同实验室,不同实验设备,尤其是不同来源如流致运动振荡器、ALT 转换器或挠性立管的数据进行恰当的对比,需要大量的研究工作,这并不在这次研究的范围内。

4.3.9 评量基准

不同的技术,尤其是海洋流体动能设施,有不同的方法来评估其性能,因此评量基准难上加难。近来,人们做比较都是基于功率密度比如功率比重量、功率比体积,而非效率数据。表4.13列出了波能设施的数据和最近的涡激振动水生洁净能源(VIVACE)转换器计算的数据。当然,波场和洋流条件是迥然不同的。此外,关于是否考虑压载物为重量的组成部分或者体积仅仅是结构占据的部分还是也包括不会有空间的交替使用的锚泊或系泊系统也是有争议的。

除了即使在低速水流中也可以有效运行外,涡激振动水生洁净能源(VIVACE)转换器还有一个优势是和圆柱协同作用,在设计合理的小型阵列中而非振动中产生更多的功率(见图4.29)。从流体动力学相互作用中得到的收获很显著,但是由于转换器的体积小巧造成的重量的减少对涡激振动水生洁净能源(VIVACE)功率密度有更大的正面影响。

表 4.13 波能设备和涡激振动水生洁净能源(VIVACE)转换器的功率密度

设备	kW	m^2	Mg	kW/m^3	kW/Mg
F-30F	108.8	2 160	1 622	0.005 9	0.067 1
B-HBA	3 090.4	4 350	1 600	0.005 5	0.193 3
Bref-SHB	19.86	220	200	0.004 5	0.099 3
F-OWC	371.6	6 500	1 800	0.004 4	0.206 4
Bref-HB	3.24	42	31	0.002	0.104 5
B-OF	498.6	2 020	3 800	0.001 9	0.131 2
F-2HB	338.6	4 750	5 233	0.000 8	0.064 7
# 设备	涡激振动水生洁净能源(VIVACE)/Mg	混凝土/Mg	kW	kW/Mg 涡激振动水生洁净能源(VIVACE)+底座	kW/Mg 涡激振动水生洁净能源(VIVACE)无底座
1	0.226 7	8.165	1.2	0.143	5.29
2	0.453 5	8.165	2.9	0.336	639
3	0.680 3	8.165	4.2	0.475	6.17
4	0.907 2	8.165	6.0	0.661	6.61

在河流、洋流以及潮汐中蕴含的水平海洋流体动能是一种丰富的资源。由于洋流流速低于 3 节河流流速低于 2 节,涌流技术还不能够以有竞争力的成本有效地取得绝大部分的水平海洋流体动能。海洋流体动能产业在成熟之前必须克服在技术发展、市场方面以及常规上的一些挑战。海洋流体动能利用技术在能够与其他可再生能源技术进行竞争之前,需要研究突破来改进功率与重量比。稳定升力技术(SLT)是涡轮机,在利用水平流体动力学

能源中占据主导地位。他们需要在减少最低流速 2 ms^{-1}这一门槛上有所突破。

交变升力技术(ALT)为利用水平海洋流体动能提供了替代方案。交变升力技术是以振荡器的形式利用了流体结构相互作用不稳定性的优势。它们有两种形式:水翼在振颤不稳定性中或抖振物体在涡激振动、驰振或者两者的共存环境中。在多物体交变升力技术中,缝隙流可能会被用来进一步加强振荡器的动力学。涡街及多物体交互作用提供了交变升力且被鱼类用来有效提升在水中的推进力。因此交变升力技术动力学在海洋环境中是自然现象。两种机制实际上在整个的雷诺数范围中都大范围地产生。通过使用涡街,触发驰振不稳定性甚至叠加涡激振动和驰振,都可以利用自然发生的交变升力在所有稳定的低速或快速的水流中建立非线性振荡器。与抖振横截面及其靠近的二维物体间的相互干扰可以产生比振动中的同样的物体产生多得多的有活力的流致运动效应。这使得一个振荡器中增加的流体动力学能源转换成机械能的同时减少海洋流体动能转换设备所占用的空间。

涡激振动水生洁净能源(VIVACE)转换器可能是交变升力技术中离商业化最近的,其有以下几个属性:

(1) 它是以海洋环境中自然发生的交变升力为基础。

(2) 其潜在的物埋机理在很大程度上能实现甚至是低速流中的海洋流体动能转换为机械能。

(3) 多体干扰使振荡器中更多的海洋流体动能转换为机械能。

(4) 物体间的近距离减少了涡激振动水生洁净能源(VIVACE)占用的空间使转换功率密度更高。

(5) 通过将多个圆柱振荡器恰当配置成紧密阵型,可以设计出三维转换器,对功率和体积比产生正面影响,这是所有可再生能源设备的薄弱环节。

新的海洋流体动能技术的发展需要使用诸如船模实验池、再循环通道、用来保证数学精确振荡器模型中在闭环内不含流体动力学力的控制机制、流动显示以及计算流体力学等大型实验设施进行广泛的基础研究。

海洋流体动能产业还没有达到成熟的水平,而一旦成熟它就可以对国家或国际可再生能源组合做出贡献。接下来的 5—10 年是新的海洋流体动能技术发展的重要时期。如果该产业不能展现一个坚实可靠的在能量水平化成本(LCOE)基础上可以和其他可再生的和常规的能源技术相竞争的稳定升力技术或交变升力技术,政府以及私人投资方都会对这个巨大的能源失去兴致。

4.4 术语

拉丁符号

- A:横向位移的振幅值
- $A^{\square}$:振幅比 A/D,60 个最高峰值的平均数
- ALT:交变升力技术
- c,C_{total}:阻尼总数
- c_{bearing}:摩擦阻尼
- c_{harness}:利用阻尼

- C_a:圆柱的潜流附加质量系数($C_a=1.0$)
- $C_{Y,total}(t)$:瞬时升力系数
- $C_{Y,total}$:升力系数
- $C_{Y,vortex}(t)$:瞬时涡旋力系数
- $C_{Y,vortex}$:涡旋力系数
- d:串列圆柱间的间距
- D:圆柱直径
- $f_{n,vacuum}$:真空中的自然频率$=f_{n,vacuum}=1/(2\pi)\sqrt{k/m_{osc}}$
- $f_{n,water}$:水中的自然频率$=f_{n,water}=1/(2\pi)\sqrt{k/(m_{osc}+m_a)}$
- f_{osc}:物体振动频率
- $f^*_{osc,vacuum}$:真空振动频率比 $=f^*_{osc,vacuum}=f_{osc}/f_{n,vacuum}$
- $f^*_{osc,water}$:水振动频率比$=f^*_{osc,water}=f_{osc}/f_{n,water}$
- $F_{Y,potential}$:横向上的瞬时势
- $F_{Y,total}$:横向上瞬时总力
- $F_{Y,vortex}$:横向上瞬时涡旋力
- k:平均砂砾高度
- k, K,$K_{virtual}$:弹簧常数
- L:圆柱长度
- m_{osc}:振动质量
- m_a:附加质量
- m_d:位移流体质量
- m^*:质量比 $m^*=m_{osc}m_d$
- P:砂纸厚度
- P_{F-B}:流体动力学功率转换为物体机械功率
- $P_{F(D)}$:流体中通过高度 D 的流体动力学功率
- $P_{F(2A+D)}$:流体中通过高度 $2A+D$ 的流体动力学功率
- $P_{dissipated}$:耗散功率 P_{fluid}流体中的功率
- $P_{harnessed}$:利用流体动力学功率转换为物体机械功率
- PTC:湍流被动控制
- Re:$=UD/v$ 雷诺数
- S_{ij}:指应变率张量
- St:斯特鲁哈尔数
- t:时间
- T:砂纸条总厚度
- T_{osc}:圆柱振动的一个周期
- U:流速
- U^*_{vacuum}:降速$=U/(f_{n,vacuum}D)$
- U^*_{water}:降速$=U/(f_{n,water}D)$
- $y(t)$:横向上瞬时圆柱运动

希腊符号

- ζ_{vacuum}：包括摩擦力及功率利用的总阻尼系数 $c/(2\sqrt{m_{osc}k})$
- ζ_{water}：包括摩擦力及考虑附加质量时的功率利用的总阻尼系数 $c/(2\sqrt{k(m+m_a)})$
- $\eta_{(D)}$：$\eta_D = P_{F-B}/P_{F(D)}$ 高度为 D 的相关的流体的效能
- $\eta_{(2A+D)}$：$\eta_{(2A+D)} = P_{F-B}/P_{F(2A+D)}$ 高度为 $2A+D$ 的相关的流体的效能
- $\eta_{harnessed(D)}$：$\eta_{harnessed(D)} = P_{harnessed}/P_{F(D)}$ 高度为 D 的相关的流体的效能
- $\eta_{harnessed(2A+D)}$：$\eta_{harnessed(2A+D)} = P_{harnessed}/P_{F(2A+D)}$ 高度为 $2A+D$ 的相关的流体的效能
- μ：水的动态粘滞度
- μ_t：涡粘性
- ν：流体运动粘性
- ρ：水密度
- τ_{ij}：雷诺应力张量
- ϕ_{total}：总升力和圆柱运动之间的相位角
- ϕ_{vortex}：涡升力和圆柱运动之间的相位角
- $\omega_{n,vacuum}$：真空中系统的未衰减自然频率
- $\omega_{n,water}$：水中系统的未衰减自然频率
- ω_{osc}：振动的角频率

参考文献

4.1 NREL: Renewable electricity futures study, Vol. 2, Renewable electricity generation and storage technologies, http://nrel.gov/analysis/re-futures/(2012)

4.2 EERE-DOE: Assessment of energy production potential from tidal streams in the United States, Final project report, http://energy.gov/eere/water/downloads/assessment-energy-production-potential-tidal-streams-united-states (2011)

4.3 EERE-DOE: Mapping and assessment of the United States ocean wave energy resource, http://energy.gov/eere/water/downloads/mapping-and-assessment-united-states-ocean-wave-energy-resource (2011)

4.4 EERE-DOE: An Evaluation of the US Department of Energy's Marine and Hydrokinetic Resource Assessments (Marine and Hydrokinetic Energy Technology Assessment Committee Board on Energy and Environmental systems National Research Council, Washington (2013)

4.5 EERE-DOE: Marine and Hydrokinetic Energy Projects (US Department of Energy, Wind and Water Power Technologies Office, Washington 2013), DOE/EE-0924

4.6 EERE-DOE: Ocean tidal power, http://www.eere.energy.gov/consumer/renewable_energy/ocean/index.cfm/mytopic=50008 (2015)

4.7 EERE-DOE: Ocean wave power, http://www.eere.energy.gov/consumer/renewable_energy/ocean/index.cfm/mytopic=50009 (2015)

4.8 Renewables 2015 Global Status Report, (REN21 Sec-retariat, Paris 2007)

4.9 REN21: Global Status Report 2014, http://www. ren21. net/states-of-renewables/global-stocking-report (2014)

4.10 NREL: Levelized cost of energy calculator, http://www. nrel. gov/analysis/tech_lcoe. html (2015)

4.11 C. Matlack: Hopes dim for renewable power from ocean waves and tides, Bloomberg Business-week, http://www. businessweek. com/articles/2014-12-09/hopes-dim-for-renewable-power-from-ocean-waves-and-tides (2014)

4.12 J. Falnes: Ocean Waves and Oscillating Systems (Cambridge Univ. Press, Cambridge 2002)

4.13 J. Brooke: Wave Energy Conversion, Elsevier Ocean Engineering Book Series, Vol. 6 (Elsevier, Amsterdam 2003)

4.14 Commission of the European Committee: Wave energy project results: The exploitation of tidal marine currents, http://www. eere. energy. gov/consumer/renewable_energy/ocean/index. cfm/mytopic=50010 (1996) Report EUR16683EN

4.15 European Ocean Energy Association: Wave energy technology http://www. eu-oea/index. asp? bid=232 (2015)

4.16 R. Boud: Status and Research and Development Priorities 2003: Wave and Marine Current Energy, DTI Rep. FES-R-132 (UK Department of Trade and Industry, London 2003)

4.17 R. Bedard, O. Siddiqui, M. Previsic, B. Polagye: Economic Assessment Methodology for Tidal In-Stream Plants, Tech. Rep. EPRI TP 002NA (Electric Power Research Institute, Palo Alto 2006)

4.18 R. Bedard, M. Previsic, G. Hagerman, B. Polagye, W. Musial, J. Klure, A. von Jouanne, U. Mathur, J. Partin, C. Collar, C. Hopper, S. Amsden: North American ocean energy status, Proc. 7th Eur. Wave Tidal Energy Conf. '07 (2007)

4.19 K. A. Haas, H. Fritz, S. French, B. Smith, V. Neary: The Assessment of Energy Production Potential From Tidal Streams in the United States, Tech. Rep. (Georgia Tech Research Corporation, Atlanta 2011)

4.20 M. J. Khan, M. T. Iqbal, J. E. Quaicoe: River current energy conversion systems: Progress, prospects and challenges, Renew. Sustain. Energy Rev. 12, 2177-2193 (2008)

4.21 M. J. Khan, G. Bhuyan, M. T. Iqbal, J. E. Quaicoe: Hydrokinetic energy conversion systems and as-sessment of horizontal and vertical axis turbines for river and tidal applications: A technology sta-tus review, Appl. Energy 86, 1823-1835 (2009)

4.22 D. G. Hall, K. S. Reeves, J. Brizzee, R. D. Lee, G. R. Carroll, G. L. Sommers: Feasibility Assessment of the Water Energy Resources of the United States for New Low Power and Small Hydro classes of Hy-droelectric Plants, Tech. Rep. DOE-ID-

11263 (Idaho National Lab, Idaho Falls 2006)
4.23 P. Jacobson: Assessment and Mapping of River-ine Hydrokinetic Resource in Continental United States (Electric Power Research Institute, Palo2012)
4.24 A. S. Bahaj: Generating electricity from the oceans, Renew. Sustain. Energy Rev. 15, 3399-3416 (2011)
4.25 A. S. Bahaj: Marine current energy conversion: The dawn of a new era in electricity production, Phil. Trans. R. Soc. 371, 20120500 (2012)
4.26 R. Bedard: Prioritized Research, Development, De-ployment and Demonstration (RDD and D) Needs: Marine and Other Hydrokinetic Renewable Energy (Electric Power Research Institute, Palo Alto 2008)
4.27 EPRI: http://www. epri. com/Our-Work/Pages/Renewables. aspx (2015)
4.28 E. Bachynski, M. M. Bernitsas, M. M. Brown, S. Coblitz, S. Dole, H. Y. Kim, T. Witkin, P. E. Bernitsas, E. Fassezke: Marine Renewable Energy: Potential Contribution to the World's Energy Production and Consumption (MERLab Dept. of NA&ME, University of Michigan, Ann Arbor 2013)
4.29 International Energy Agency: World energy out-look 2012, http://www. iea. org (2013)
4.30 International Renewable Energy Agency: Renew-able power generation costs 2012, http://www. irena. org (2013)
4.31 A. S. Bahaj, L. E. Myers: Fundamentals applicable to the utilization of marine current turbines for energy production, Renew. Energy 28, 2205-2211 (2003)
4.32 Gorlov: Helical turbine http://en. wikipedia. org/wiki/Gorlov _ helical _ turbine (2015)
4.33 Underwater Ocean Trbines: http://inhabitat. com/underwater-power-generating-ocean-turbines/(2015)
4.34 R. W. J. Lacey, V. S. Neary, J. C. Liao, E. C. Enders, H. M. Tritico: The IPOS framework: Linking fish swimming performance in altered flows from laboratory experiments to rivers, River Res. 28, 429-443 (2011)
4.35 J. C. Liao: A review of fish swimming mechanics and behaviour in altered flows, Phil. Trans. R. Soc. B. 362, 1973-1993 (2007)
4.36 J. C. Liao, D. N. Beal, G. V. Lauder, M. S. Triantafyllou: Fish exploiting vortices decrease muscle activity, Science 302, 1566-1569 (2003)
4.37 J. C. Liao, D. N. Beal, G. V. Lauder, M. S. Triantafyllou: The Ka'rma'n gait: Novel kinematics of rainbow trout swimming in a vortex street, J. Exp. Bio. 206, 1059-1073 (2003)
4.38 A. Ojima, K. Kamemoto: Numerical simulation of unsteady flows around a fish, Proc. 3rd Int. Conf. Vortex Flows Vortex Models, Yokohama'05 (2005)
4.39 M. S. Triantafyllou, G. S. Triantafyllou, D. K. P. Yue: Hydrodynamics of fishlike

swimming, Annu. Rev. Fluid Mech. 32, 33-53 (2000)

4.40 G.S. Triantafyllou, A. H. Techet, Q. Zhu, D. N. Beal, F. S. Hover, D. K. P. Yue: Vorticity control in fish like propulsion and maneuvering, Integr. Comp. Biol. 42, 1026-1031 (2002)

4.41 G.S. Triantafyllou, M. S. Triantafyllou: An effi-cient swimming machine, Sci. Am. 272(3), 64-70 (1995)

4.42 M.J. Wolfgang, J.M. Anderson, M.A. Grosenbaugh, D.K.P. Yue, M.S. Triantafyllou: Near-body flow dynamics in swimming fish, J. Exp. Biol. 202, 2303-2327 (1999)

4.43 R.D. Blevins: Flow-Induced Vibration (Krieger, Florida 1990)

4.44 M.P. Paidoussis, S.J. Price, E. de Langre: Fluid-Structure Interactions (Cambridge Univ. Press, Cambridge 2011)

4.45 J. Guckenheimer, P. Holmes: Nonlinear Oscilla-tions, Dynamical Systems, and Bifurcations of Vector Fields, Applied Mathematical Sciences, Vol. 42 (Springer, Berlin, Heidelberg 2002)

4.46 P.W. Bearman: Vortex shedding from oscillating bluff bodies, Annu. Rev. Fluid Mech. 16, 195-222 (1984)

4.47 P.W. Bearman: Circular cylinder wakes and vor-tex-induced vibrations, J. Fluid Mech. 27, 648-658 (2011)

4.48 M.M. Bernitsas, K. Raghavan, Y. Ben-Simon, G.M.H. Garcia: VIVACE (vortex induced vibration aquatic clean energy): A new concept in generation of clean and renewable energy from fluid flow, J. Offshore Mech. Arct. Eng. 130(4) (2006)

4.49 M.M. Bernitsas, K. Raghavan, Y. Ben-Simon, G.M.H. Garcia: The VIVACE converter: Model tests at Reynolds numbers around 105, J. Offshore Mech. Arct. Eng. 131(1), 1-13 (2006)

4.50 S.S. Chen: A review of flow induced vibration of two circular cylinders in crossflow, J. Press. Vessel Techno. 108, 382-393 (1986)

4.51 R.D. Gabbai, H. Benaroya: An overview of model-ing and experiments of vortex-induced vibration of circular cylinders, J. Sound Vib. 282, 575-616 (2005)

4.52 R.A. Kumar, C.H. Sohn, B.H.L. Gowda: Passive control of vortex-induced vibrations: An overview Recent Patents on Mech, Eng. 1, 1-11 (2008)

4.53 T. Sarpkaya: Vortex-induced oscillations: A selec-tive review, J. Appl. Mech. 46, 241-257 (1979)

4.54 T. Sarpkaya: A critical review of the intrinsic na-ture of vortex induced vibrations, J. Fluids Struct. 19(4), 389-447 (2004)

4.55 C.H.K. Williamson, R. Govardhan: Vortex-induced vibrations, Annu. Rev. Fluid Mech. 36, 413-455 (2004)

4.56 M. M. Zdravkovich: Flow Around Circular Cylinders, Vol. 1 (Oxford Univ. Press, Oxford 1997)

4.57 M. M. Zdravkovich: Flow Around Circular Cylinders, Vol. 2 (Oxford Univ. Press, Oxford 2002)

4.58 Y. Constantinides, O. H. Oakley Jr., S. Holmes: Analysis of turbulent flows and VIV of truss spar risers, Proc. 25th Int. Conf. Offshore Mech. Arct. Eng., Hamburg'06 (2006)

4.59 Y. Constantinides, O. H. Oakley Jr.: Numerical pre-diction of VIV and comparison with field exper-iments, Proc. 27th Int. Conf. Offshore Mech. Arct. Eng., Estoril'08 (2008)

4.60 K. Vikestad, J. K. Vandiver, C. M. Larsen: Added mass and oscillation frequency for a circular cylinder subjected to vortex-induced vibrations and external disturbance, J. Fluids Struct. 14, 1071-1088 (2000)

4.61 T. Sarpkaya: In-line and transverse forces on cylinders in oscillatory flow at high Reynolds numbers, J. Ship Res. 21, 200-216 (1977)

4.62 T. Sarpkaya: Hydrodynamic resistance of rough-ened cylinders in harmonic flow, J. R. Inst. Nav. Archit. 120, 41-55 (1978)

4.63 T. Sarpkaya: Fluid forces on oscillating cylinders, J. Waterw. Port Coast. Ocean Div. 104(3), 275-290 (1978)

4.64 L. Foulhoux, M. M. Bernitsas: Forces and moments on a small body moving in a 3-D unsteady flow, J. Offshore Mech. Arct. Eng. 115(2), 91-104 (1993)

4.65 A. S. Richardson, J. R. Martucelli, W. S. Price: Re-search study on galloping of electric power trans-mission lines, Proc. 1st Int. Conf. Wind Eff. Build. Struct. '65 (1965) pp. 612-686

4.66 A. Bokaian: galloping of a circular cylinder in the wake of another, J. Sound Vib. 128, 71-85 (1989)

4.67 C. C. Chang, R. A. Kumar, M. M. Bernitsas: VIV and galloping of single circular cylinder with surface roughness at $3.0\times10^4 \leqslant Re \leqslant 1.2\times10^5$, Ocean Eng. 38(16), 1713-1732 (2011)

4.68 E. S. Kim, M. M. Bernitsas, A. R. Kumar: Multi-cylin-der flow induced motions: Enhancement by pas-sive turbulence control at 28 000 < Re < 120 000, Proc. 30th Offshore Mech. Arct. Eng. Conf., Rotter-dam'11 (2011), Paper 49405

4.69 E. S. Kim, M. M. Bernitsas, A. R. Kumar: Multi-cylin-der flow induced motions: Enhancement by pas-sive turbulence control at 28 000 < Re < 120 000, J. Offshore Mech. Arc. Eng. ASME Trans. 135(1), Pa-per OMAE-11-1069 (2013)

4.70 H. R. Park, M. M. Bernitsas, C. C. Chang: Robust-ness of the map of passive turbulence control to flow-induced motions for a circular cylinder at 30000 < Re < 120000, Proc. 31st Offshore Mech. Arct. Eng. Conf., Nantes'13 (2013),

Paper 10123

4.71 H. R. Park, M. M. Bernitsas, E. S. Kim: Selective sur-face roughness to suppress flow-induced mo-tions of two circular cylinders at 30; 000 < Re <120000, Proc. 31st Offshore Mech. Arct. Eng. 2013 Conf., Nantes'13 (2013)

4.72 H. R. Park, M. M. Bernitsas, E. S. Kim: Selective sur-face roughness to suppress flow-induced mo-tions of two circular cylinders at 30 000< Re< 120 000, J. Off-shore Mech. Arct. Eng. ASME Trans. 136(4), Paper OMAE-13-1067 (2014)

4.73 K. Raghavan, M. M. Bernitsas: Effect of free sur-face on VIV for energy harness-ing at $8\times10^3<Re<1.5\times10^5$, Proc. 26th Int. Offshore Mech. Arct. Eng. Conf., San Diego'07 (2007), Paper 29726

4.74 G. R. S. Assi, J. R. Meneghini, J. A. P. Aranha, P. W. Bearman, E. Casaprima: Experimental inves-tigation of flow-induced vibration interference between two circular cylinders, J. Fluids Struct. 22, 819-827 (2006)

4.75 G. R. S. Assi, P. W. Bearman, J. R. Meneghini: On the wake-induced vibration of tandem circular cylinders: The vortex interaction excitation mech-anism, J. Fluid Mech. 661, 365-401 (2010)

4.76 L. Ding, L. Zhang, E. S. Kim, M. M. Bernitsas: 2-URANS versus experiments of flow induced motions of multiple circular cylinders with passive turbulence control, J. Fluids and Structures 54, 612-628 (2015)

4.77 E. S. Kim, A. Bas, B. Francis, N. A. Melliti, P. E. Bernitsas, A. Vahid, A. Kana, H. R. Park, M. M. Bernitsas: Two-cylinder flow-induced mo-tions at 28000 < Re < 120000: Enhancement in ultra-low speeds, Proc. 31st Offshore Mech. Arct. Eng. Conf., Nantes'13 (2013), Paper 10870

4.78 H. P. Ruscheweyh: Aeroelastic interference effects between slender structures, J. Wind Eng. Ind. Aerodyn. 14, 129-140 (1983)

4.79 M. M. Zdravkovich: Flow induced oscillations of two interfering circular cylinders, J. Sound Vib. 101(4), 511-521 (1985)

4.80 M. M. Zdravkovich: The effects of interference be-tween circular cylinders in cross flow, J. Fluids Struct. 1, 239-261 (1985)

4.81 M. M. Zdravkovich: Review of interference induced oscillations in flow past two parallel circular cylinders in various arrangements, J. Wind Eng. Ind. Aerodyn. 28, 183-200 (1988)

4.82 M. M. Zdravkovich, E. B. Medeiros: Effect of damp-ing on interference-induced oscillations of two identical circular cylinders, J. Wind Eng. Ind. Aerodyn. 38, 197-211 (1991)

4.83 M. M. Zdravkovich, D. L. Priden: Interference between two circular cylinders; series of unexpected discontinuities, J. Ind. Aerodyn. 3, 255-270 (1997)

4.84 E. S. Kim: Synergy of Multiple Cylinders in Flow In-duced Motion for Hydrokinetic

Energy Harnessing, Ph. D. Thesis (University of Michigan, Ann Arbor 2013)

4.85 Decarboni. se: Flutter instability, http://decarboni. se/publications/renewable-electricity-futures-study-volume-2-renewable-electricity-generation-and-storage-technologies/95-technology-characterization (2015)

4.86 L. Arnold: Fluid energy converting method and apparatus, US Patent 4 184 805 B2 (1980)

4.87 C. C. Kerr: Transfer of kinetic energy to and from fluids, US Patent 8 469 663 B2 (2013)

4.88 M. M. Bernitsas, K. Raghavan: Converter of cur-rent, tide, or wave energy, US Patent 7 493 759 B2 (2009)

4.89 M. M. Bernitsas, K. Raghavan: Enhancement of vortex induced forces and motion through surface roughness control, US Patent 8 047 232 B2 (2011)

4.90 M. M. Bernitsas, K. Raghavan: Reduction of vor-tex induced forces and motion through surface roughness control, US Patent 8 684 040 B2 (2014)

4.91 Marine Renewable Energy Laboratory, Univer-sity of Michigan, http://name. engin. umich. edu/facilities/mhl/facilities/basin/(2015)

4.92 M. M. Bernitsas, K. Raghavan, G. Duchene: In-duced separation and vorticity using roughness in VIV of circular cylinders at $8\times10^3<Re<1.5\times10^5$, Proc. 27th Offshore Mech. Arct. Eng. Conf., Es-toril'08 (2008)

4.93 M. Bernitsas, K. Raghavan: Reduction/suppres-sion of VIV of circular cylinders through roughness distribution at $8\times10^3<Re<1.5\times10^5$, Proc. Of the 27th Offshore Mech. Arct. Eng. Conf., Estoril'08 (2008) pp. 15-20

4.94 E. M. H. Garcia: Prediction by Energy Phenomenol-ogy for Harnessing Hydrokinetic Energy Using Vortex-Induced Vibrations, Ph. D. Thesis (Univer-sity of Michigan, Ann Arbor 2008)

4.95 C. C. Chang: Passive Turbulence Control for VIV Enhancement for Hydrokinetic Energy Harness-ing Using Vortex Induced Vibrations, Ph. D. Thesis (University of Michigan, Ann Arbor 2011)

4.96 C. C. Chang, M. M. Bernitsas: Hydrokinetic en-ergy harnessing using the VIVACE converter with passive turbulence control, Proc. 30th Offshore Mech. Arct. Eng. Conf., Rotterdam'11 (2011), Paper 50290

4.97 J. H. Lee: Hydrokinetic Power Harnessing Utilizing Vortex Induced Vibrations Through a Virtual c-k VIVACE Model, Ph. D. Thesis (University of Michi-gan, Ann Arbor 2010)

4.98 J. H. Lee, N. Xiros, M. M. Bernitsas: Virtual damper-spring system for VIV experiments and hydroki-netic energy conversion, Ocean Eng. 5-6, 732-747 (2011)

4.99 J. H. Lee, C. C. Chang, N. Xiros, M. M. Bernitsas: Integrated power take off and virtual oscilla-tor system for the VIVACE converter: VCK system identification,

Proc. ASME Int. Eng. Congr. Expo. Lake Buena Vista'09 (2009), Paper IMECE2009-11430

4.100 J. H. Lee, M. M. Bernitsas: High-damping, high-Reynolds VIV tests for energy harnessing using the VIVACE converter, Ocean Eng. 38(16), 1697-1712 (2011)

4.101 H. R. Park: Expansion of the High-Lift Regime in Vortex Induced Vibration to Enhance VIV for Har-nessing Hydrokinetic Energy of Even Slow Water Currents, Ph. D. Thesis (University of Michigan, Ann Arbor 2011)

4.102 H. R. Park, M. M. Bernitsas, A. R. Kumar: Selective roughness in the boundary layer to suppress flow induced motions of circular cylinder at $30\,000 < Re < 120\,000$, Proc. 30th Offshore Mech. Arct. Eng. Conf., Rotterdam'11 (2011)

4.103 H. R. Park, M. M. Bernitsas, A. R. Kumar: Selective roughness in the boundary layer to suppress flow induced motions of circular cylinder at $30000 < Re < 120000$, J. Offshore Mech. Arct. Eng. ASME Trans. 134(4) (2012)

4.104 H. R. Park, R. A. Kumar, M. M. Bernitsas: Suppres-sion of flow induced motions of rigid circular cylinder on springs by localized surface roughness at $3\times10^4 \leqslant Re \leqslant 1.2\times10^5$, Ocean Eng. 111, 218-233 (2015)

4.105 K. Raghavan: Energy Extraction from a Steady Flow Using Vortex Induced Vibration, Ph. D. Thesis (Uni-versity of Michigan, Ann Arbor 2007)

4.106 K. Raghavan, M. M. Bernitsas: Enhancement of high damping VIV through roughness distribution for energy harnessing at $8\times10^3 < Re < 1.5\times10^5$, Proc. 27th Offshore Mech. Arct. Eng. Conf., Esto-ril'08 (2008), Paper 58042

4.107 K. Raghavan, M. M. Bernitsas: Experimental in-vestigation of Reynolds number effect on vortex induced vibration of rigid cylinder on elastic sup-ports, Ocean Eng. 38, 719-731 (2010)

4.108 K. Raghavan, M. M. Bernitsas, D. Maroulis: Effect of Reynolds number on vortex induced vibrations, Proc. IUTAM Symp., Hamburg'07 (2007) pp. 23-26

4.109 K. Raghavan, M. M. Bernitsas, D. Maroulis: Effect of bottom boundary on VIV for energy harnessing at $8\times10^3 < Re < 1.5\times10^5$, Proc. Offshore Mech. Arct. Eng. '07 (2007)

4.110 K. Raghavan, M. M. Bernitsas, D. Maroulis: Effect of bottom boundary on VIV for energy harnessing at $8\times10^3 < Re < 1.5\times10^5$, J. Offshore Mech. Arct. Eng. 131(3), 031102 (2009)

4.111 Vortex Hydro Energy: http://www. vortexhydroenergy. com/(2014)

4.112 W. Wu: CFD Modeling and Model-Test Calibration of VIV of Cylinders with Sroughness, Ph. D. Theory (University of Michigan, Ann Arbor 2011)

4.113 L. Ding, M. M. Bernitsas, E. S. Kim: 2-D URANS vs. experiments of flow induced motions of two cir-cular cylinders in tandem with passive turbulence control for $30000 < Re < 105000$, Ocean Eng. 72, 429-440 (2013)

4.114 L. Ding, Y. Chen, E. S. Kim, M. M. Bernitsas: 2-D URANS vs. experiments of flow induced motions of multiple circular cylinders with passive turbu-lence control, Proc. 32nd Offshore Mech. Arct. Eng. Conf., Nantes' 13 (2013), Paper 10911

4.115 L. Ding, L. Zhang, C. C. Chang, M. M. Bernitsas: Nu-merical simulation and experimental validation for energy harvesting of single-cylinder VIVACE converter with passive turbulence control, J. Re-new. Energy 85, 1246-1259 (2016)

4.116 L. Ding, L. Zhang, C. Wu, X. Mao, D. Jian: Flow induced motion and energy harvesting of bluff bodies with different cross sections, Energy Con-vers. Manag. 91, 416-426 (2015)

4.117 L. Ding, L. Zhang, C. M. Wu, E. S. Kim, M. M. Bernit-sas: Numerical study on the effect of tandem spacing on flow induced motions of two cylin-ders with passive turbulence control, Proc. 34th Offshore Mech. Arct. Eng. Conf., Newfoundland'15 (2015), Paper 42301

4.118 A. Kana, R. Alter, M. M. Bernitsas: Two-dimensional RANS Simulations of a Series of Fish-shaped Geometries for 10 000<Re<150 000(Marine Renewable Energy Laboratory and Vortex Hydro Energy, Dept. of NA&ME, University of Michigan, Ann Arbor 2013)

4.119 J. Wang, H. R. Park, M. M. Bernitsas: Mathematical processing of experimental data for VIV and gal-loping of rigid circular cylinders on linear springs: Mathematical model #1 (Dept. of NA&ME, Univer-sity of Michigan, Anne Arbor 2013) (MRELab #007 2013)

4.120 B. Yucekaya, H. R. Park, M. M. Bernitsas: Mathe-matical processing of experimental data for VIV and galloping of rigid circular cylinders on linear springs: Mathematical model #2, MRELab #008 (2013) (Dept. of NA&ME, University of Michigan, Anne Arbor 2013)

4.121 E. M. H. Garcia, C. C. Chang, H. R. Park, M. M. Bernit-sas: Effect of damping on variable added mass and lift of circular cylinders in vortex-induced vi-brations, Proc. MTS/IEEE Ocean'14 (2014)

4.122 US Energy Information Administration: Annual Energy Outlook 2014 with Projections to 2040, DOE/EIA-0383 Tech. Rep. (DOE, Washington 2014)

4.123 R. Ferry, E. Monoian: A Field Guide to Renewable Energy Technologies (Land Art Generator Initia-tive, Pittsburgh 2012)

4.124 World Energy Council: Survey of Energy Resources 2004, http://www.worldenergy.org/documents/ser2004.pdf (2004)

4.125 S. S. Schwartz (Ed.): Proceedings of the Hydroki-netic and Wave Energy Technologies Techni-cal and Environmental Issues Workshop (Revolve Inc., Washington 2006)

4.126　R. Bedard, M. Previsic, B. Polagye, G. Hagerman, A. Casavant: North America Tidal In-Stream En-ergy Conversion Technology Feasilbility Study, EPRI Tidal In Stream Energy Conversion (TISEC) Project (2006)

4.127　Franklin and Assoc.: Avoided pollution report, appendix A (1992)

4.128　A. Babarit, J. Hals, M. J. Muliawan, A. Kurniawan, T. Moan, J. Krokstad: Numerical benchmarking study of a selection of wave energy converters, Renew. Energy 41, 44-63 (2012)

4.129　R. Bedard, M. Previsic, O. Siddiqui, G. Hagerman, M. Robinson: Tidal in Stream Energy Conversion (TISEC) Devices, Tech. Rep. EPRI-TP-004NA (Eletric Power Research Institute, Palo Alto 2005)

4.130　Verdant Power: http://www.verdantpower.com/technology.html (2014)

4.131　Ocean Renewable Power Company: http://www.orpc.co (2015)

4.132　Alden Turbine: http://energy.gov/articles/fish-friendly-turbine-making-splash-water-power (2015)

4.133　Hydro Green Energy Technology: http://hgenergy.com/index.php (2015)

4.134　J. B. Johnson, D. J. Pride: River, Tidal, and Ocean Current Hydrokinetic Energy Technologies: Status and Future Opportunities in Alaska, Report pre-pared for the Alaska Energy Authority, by the (Alaska Center for Energy and Power, 2010)

4.135　Marine Current Turbines: https://www.google.com/search? q=Images+of+marine+ hydrokinetic+energy+technology&client=safari& rls=en&tbm=isch&tbo=u&source=univ&sa=X& ei=LkNmVLC0JouUyQTl3YKwDw&ved=0CB8QsAQ

4.136　M. J. Wolfgang, J. M. Anderson, M. A. Grosenbaugh, D. P. K. Yue, M. S. Triantaphyllou: Near body flow dynamics in swimming fish, J. Exp. Biol. 202, 2303-2327 (1999)

4.137　C. Eloy: Optimal Strouhal number for swimming animals, J. Fluids Struct. 30, 205-218 (2012)

4.138　J. H. Gerrard: The mechanics of the formation region of vortices behind bluff bodies, J. Fluid Mech. 25, 401-413 (1966)

4.139　W. Wu, M. M. Bernitsas, K. J. Maki: 2D-URANS sim-ulation vs. experimental measurements of flow induced motion of circular cylinder with pas-sive turbulence control at 30 000<Re <120 000, Proc. 30th Offshore Mech. Arct. Eng. Conf., Rotter-dam'11 (2011), Paper 50293

4.140　W. Wu, M. M. Bernitsas, K. J. Maki: 2D-URANS simulation versus experimental measurements of flow induced motion of circular cylinder with passive turbulence control at 30 000<Re<120 000, J. Offshore Mech. Arct. Eng. 136(4) (2014)

4.141　A. Barrero-Gil, G. Alonso, A. Sanz-Andres: Energy harvesting from transverse galloping, J. Sound Vib. 329(14), 2873-2883 (2010)

4.142 H. Sun, M. P. Bernitsas, E. S. Kim, M. M. Bernit-sas: Virtual spring-damping system for fluid in-duced motion experiments, Proc. 34th Offshore Mech. Arct. Eng. Conf., Newfoundland'15 (2015), Paper 42179

4.143 S. Pacala, R. Socolow: Stabilization wedges: Solv-ing the climate problem for the next 50 years with current technologies, Science 305, 968-971 (2004)

4.144 A. S. Bahaj, L. Blunden, A. Anwar: Tidal-Current Energy Device Development and Evaluation Pro-tocol, Tech. Rep. URN 08/1317 (University of Southampton, Southampton 2008)

4.145 J. C. Mankins: Technology Readiness Levels: A White Paper (Advanced Concepts Office, Office of Space Access and Technology, NASA, Washington 1995)

4.146 TAUW: http://www.tauw.nl/(2013)

4.147 OHMSETT: http://ohmsett.com/facility.html (2015)

4.148 J. Ding, S. Balasubramanian, R. Lokken, T. Yung: Lift and damping character-istics of bare and straked cylinders at riser scale Reynolds num-bers, Proc. Off-shore Technol. Conf. '04 (2004), Pa-per 16341

4.149 H. R. Park, R. A. Kumar, M. M. Bernitsas: Enhance-ment of flow induced mo-tions of rigid circular cylinder on springs by localized surface rough-ness at $3\times10^4\leqslant Re\leqslant1.2\times10^5\leqslant Re\leqslant1.2\times10^5$, Ocean Eng. 72, 403-415 (2013)

4.150 H. Schlichting: Boundary Layer Theory, 7th edn. (Springer, Berlin, Heidelberg 1955)

4.151 J. Mercier: Large Amplitude Oscillations of a Circu-lar Cylinder in a Low Speed Stream, Ph. D. Thesis (Stevens Institute of Technology, Hoboken 1973)

4.152 Marine Renewable Energy Laboratory: Four-Cylinder School in Synergistic FIM, Video I, https://www.youtube.com/watch? v=IcR8HszacOE (2010)

4.153 Marine Renewable Energy Laboratory: Four-Cylinder School in Synergistic FIM, Video II, https://www.youtube.com/watch? v=Z6qONd4hsjo (2010)

4.154 A. Khalak, C. H. K. Williamson: Investigation of the relative effects of mass and damping in vortex-induced vibration of a circular cylinder, J. Wind Energy Ind, Aerodyn 69-71, 341-350 (1997)

4.155 A. Khalak, C. H. K. Williamson: Motions, forces and mode transitions in vortex-induced vibrations at low mass-damping, J. Fluids Struct. 13, 813-851 (1999)

4.156 A. Isidori: Nonlinear Control Systems, Communi-cations and Control Engineering (Springer, Berlin, Heidelberg 1995)

4.157 J. K. Vandiver: Damping parameters for flow-in-duced vibration, J. Fluids Struct. 35, 105-119 (2012)

4.158 E. Konstantinidis: Apparent and effective drag for circular cylinders oscillating transverse to a free stream, J. Fluids Struct. 39, 418-426 (2013)

4.159　A. Vinod, A. Banerjee: Surface protrusion based mechanisms of augmenting energy extraction from vibrating cylinders at Reynolds number 3×10^3-3×10^4, J. Renew. Sustain. Energy 6, 063106 (2014)

4.160　B. H. Huynh, T. Tjahjowidodo, Z. W. Zhong, Y. Wang, N. Srikanth: Nonlinearly enhanced vortex induced vibrations for energy harvesting, Proc. IEEE Int. Conf. on Adv. Intell. Mechatron. (AIM), Busan'15 (2015) pp. 91-96

4.161　D. T. Walker, D. R. Lyzenga, E. A. Ericson, D. E. Lund: Radar backscatter and surface roughness mea-surements for stationary breaking waves, Proc. R. Soc. Lond. '96, Vol. A452 (1996) pp. 1953-1984

4.162　R. Govardhan, C. H. K. Williamson: Modes of vortex formation and frequency response for a freely-vi-brating cylinder, J. Fluid Mech. 420, 85-130 (2000)

4.163　R. Govardhan, C. H. K. Williamson: Resonance for-ever: Existence of a critical mass and an infinite regime of resonance in vortex-induced vibration, J. Fluid Mech. 473, 147-166 (2002)

4.164　C. H. K. Williamson: Vortex dynamics in the cylin-der wake, Annu. Rev. Fluid Mech. 28, 477-539 (1996)

4.165　M. F. Unal, D. Rockwell: On vortex formation from a cylinder, Part 1: The initial instability, J. Fluid Mech. 190, 491-512 (1988)

4.166　O. M. Griffin: Vortex shedding from bluff bodies in a shear flow: A review, J. Fluid Eng. 107(3), 298-306 (1985)

4.167　R. Govardhan, C. H. K. Williamson: Defining the modified Griffin plot in vortex-induced vibration: Revealing the effect of Reynolds number using controlled damping, J. Fluid Mech. 561, 147-180 (2006)

4.168　H. M. Blackburn: Effect of blockage on spanwise correlation in a circular cylinder wake, Exp. In Fluids 13, 134-136 (1994)

4.169　A. Roshko, V. Chattoorgoon: Flow force on a cylin-der near a wall or another cylinder, J. Fluid Mech. 15, 1-3 (1975)

4.170　P. Reichl, K. Hourigan, M. C. Thompson: Flow past a cylinder close to a free surface, J Fluid Mech. 533, 269-296 (2005)

4.171　A. Khalak, C. H. K. Williamson: Dynamics of a hy-droelastic cylinder with very low mass and damp-ing, J. Fluids Struct. 10(5), 455-472 (1996)

4.172　J. B. V. Wanderley, S. H. Sphaier, C. Levi: A numer-ical investigation of vortex induced vibration on an elastically mounted rigid cylinder, Proc. 27th Offshore Mech. Arct. Eng. Conf. '08 (2008), Paper 57344

4.173　J. B. V. Wanderley, S. H. Sphaier, C. Levi: A numer-ical investigation of vortex induced vibration on an elastically mounted rigid cylinder, Proc. 28th Offshore Mech. Arct. Eng. Conf. '09 (2009), Paper 79725

4.174　P. R. Spalart, S. R. Allmaras: A one-equation tur-bulence model for aerodynamic flows, Rech. Aerosp. 1, 5-21 (1994)

4.175 A. Travin, M. Shur, M. Strelets, P. Spalart: De-tached-eddy simulations past a circular cylinder, Flow Turbul. Combust. 63, 293-313 (2000)

4.176 O. K. Kinaci, S. Lakka, H. Sun, M. M. Bernitsas: Computational and experimental assessment of turbulence stimulation on flow induced motion of circular cylinder, Proc. 34th Offshore Mech. Arct. Eng. Conf., Newfoundland'15 (2015), Paper 42357

4.177 J. H. Liu, M. M. Bernitsas: Envelope of power har-vested by a single-cylinder VIVACE converter with passive turbulence control, Proc. 34th Offshore Mech. Arct. Eng. Conf., Newfoundland '15 (2015), Paper 42333

4.178 O. K. Kinaci, M. M. Bernitsas, S. Lakka: Effect of tip-flow on vortex induced vibration of circular cylin-ders for $Re < 1.2 \times 10^5$, Ocean Eng. 117, 130-142 (2015)

第 5 章　海洋热能转换

Muthukamatchi Ravindran, Raju Abraham

海洋热能转换(OTEC)是利用海洋中可获得的热梯度来运行一个热机来产生工作输出。尽管这个概念在近一个多世纪里是简单而古老的,但在过去的 30 年里,它已经获得了动力,因为全世界都在寻找一种清洁的、持续的能源来取代化石燃料。要想利用 OTEC 的巨大潜力,还需要克服技术上的障碍。但这项技术已经足够成熟,可以建立商业发电厂。本章从 OTEC 的技术和经济方面进行了介绍,并概述了当前的状况。同时基于印度的 OTEC 经验,为这项未来有前景的技术提出了一些进一步的研究和技术指导。

海洋表面海水被太阳加热,波浪运动将被加热的水与向海面下大约 100 米的深度的水混合。该混合层被形成于高纬度地区的温跃层的深冷水分离。这个边界有时在温度上标记为急剧的变化,但更多时候这种变化是逐渐发生的。因此,导致了垂直的温度分布,由被温差介于 10°～25 ℃之间的界面隔开的两层组成。在赤道水域发现了更高的数值。这种简单的描述意味着在一些海洋区域中有两个巨大的水库,提供运行热力发动机所需的热源和水槽。这种利用海洋温差的概念称为 OTEC 或海洋热能转换。

5.1　OTEC 原理和系统

OTEC 是一种将太阳辐射转化为电能的能源技术。只要温暖的表层水和冷水之间的温度相差 20 度左右,OTEC 系统就能产生相当大的能量,这是非常经济的。据估计,这一潜力约为发电机 10^{13} W 的发电量。在 OTEC 过程中使用的冷深海水也有丰富的营养物质,它可以用于培养海洋生物和近岸或陆地上的植物生命。

在地球上,以短波长辐射形式的太阳能的年发电量约为 1.52×10^{18} kWh(单位为功率 1.73×10^{14} kW),其中多达 70%被海洋-陆地-大气系统吸收为热量,最终作为长波辐射被辐射回太空。这相当于 240 W/m^2 的发电量。整个海洋吸收的能量相当于海平面的 95 W/m^2 或 37×10^{12} kW。与人类的能量消耗相比,这是一种巨大的能量。我们的海洋吸收的太阳能总量至少是人类目前消耗量的 4 000倍。采用 OTEC 技术,从海洋能源到电力的转换效率为 3%,我们需要 1%的可再生能源就能满足目前人类的总需求。海洋太阳能这种相对较小的能量被利用不会对环境产生不利影响,必须开发技术将其转化为有用的形式,并将其传输给用户。

在一个 OTEC 工厂里,大量 800 至 1 000 米深处的海水被输送到地表,温度在 8°～4 ℃之间。利用 27°～29 ℃的温暖地表水和深海冷水来提取能量。这个概念是基于在蒸汽动力装置中使用的热力学朗肯循环。图 5.1 显示了全球范围地表海水和1 000米深度海水之间的温差分布。运用传统蒸汽动力装置中常用的热力学概念，对 OTEC 发电的性能进行了评估。主要区别在于暖海水和冷海水传热过程中需要大量的海水，导致输水泵的消耗功率达到涡轮机发电量的 20%～40%。

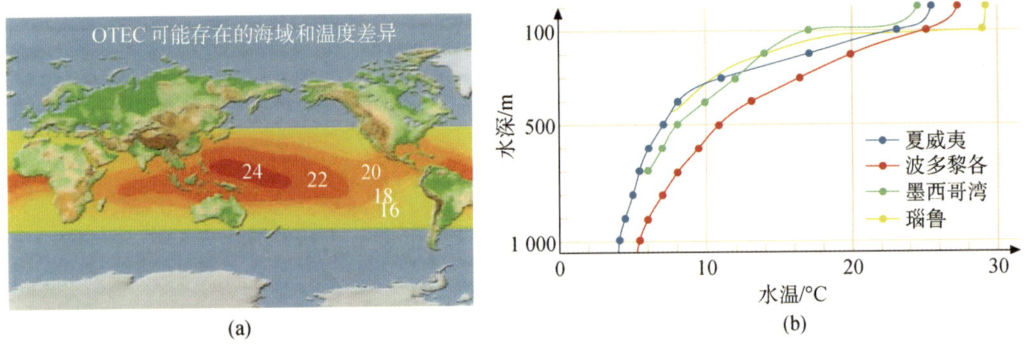

图 5.1 海洋深度随温度的变化
(a) 热带地区具有不同温差的海洋表面 (b) 四个不同地点的垂直区域温度分布

海洋热能转换是资本密集型产业；然而，领先的技术和高等级的工厂可以大大降低单位成本。对陆基发电厂而言，其发电成本达到 25 MW 预计将与化石燃料单位相当。但对于岛屿来说，任何规模的 OTEC 电厂都比传统的发电机组便宜。像印度这样的国家在地理上处于有利地位，就像 OTEC 的潜力一样。深海冷水的上升可以解决诸如全球变暖和食物短缺等问题。

5.1.1 剥离技术

OTEC 系统的主要好处是发电。与其他间歇式的可再生能源系统相比，OTEC 动力循环的发电机系统可以在连续模式下发电。有一些与 OTEC 相关的衍生技术，能够产生商业价值。较大的 OTEC 工厂可用于生产电力、水和其他副产品，如空调和水产养殖（见图 5.2）。

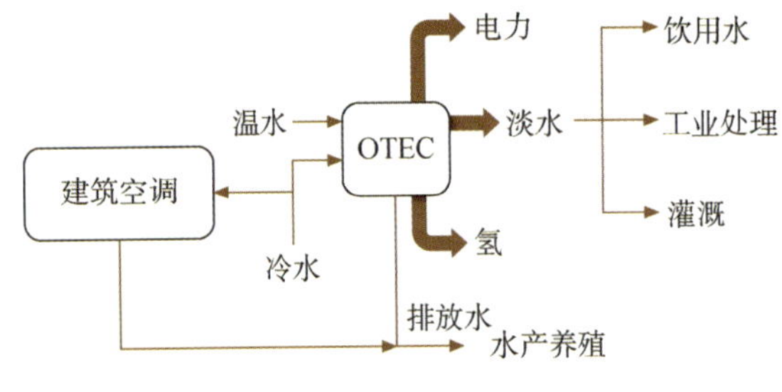

图 5.2 OTEC 剥离技术

1）脱盐作用

一个两阶段的 OTEC 循环被提出，即在第一个阶段产生电力，然后在第二阶段生产水，可以最大限度地利用可获得的热能，以生产水和电。在第二阶段中，从 OTEC 电厂流出的温度差异（例如，大约 10°～12 ℃）的海水，用来通过一个由闪蒸器和一个表面冷凝器组成的系统来生产海水淡化的水。同时生产淡化海水和电力，在经济上对岛屿具有市场吸引力。例如，一个 50 兆瓦的混合循环电站，每天生产多达 62 000 立方米的水，可以满足一个发展中国家的大约 30 万人或者一个工业化国家中多达 10 万人需求。

2）空气调节

在空调系统中使用冷深水作为冷却液具有巨大的经济潜力，通过 OTEC 能够提供了大量的能量。例如，仅仅 1 立方米/秒的 7 °C 深海水能生产 5800 吨空调制冷量（大致上满足

5 800个房间的空调制冷能力),主要消耗是用于抽海水的水泵,需要消耗约 360 kW 功率,同时节省5 000 kWh 能量,其投资回收期估计为 3～4 年。相同数量的海水通过 OTEC 工厂能产生 500 kWh 的能量(通过空调系统可以节约 1/10 的电力)。

3) 水产业

深海冷水在包括硝酸盐、磷酸盐、硅酸盐等无机营养物质方面是非常肥沃的(近 28 倍),它可以进行商业化的海洋农业。在日本(富山湾和高池)和美国(夏威夷)等许多国家,有几个重要的深海水产养殖研究设施。深海海水的商业利用已经在夏威夷启动。据估计,来自 10 MW OTEC 海水养殖设施的鱼类年收入为 3.3 亿每年。在夏威夷成功地展示了鲍鱼、海带、紫菜、微藻、龙虾、鲑鱼、牡蛎海胆等的水产养殖。由于深海冷水相对纯净,因此,不需要在像使用地表水的过程中进行昂贵的净化和过滤就可以培育出敏感的幼虫期。

4) 金属生产

海水含有铀、锂等金属,大量的海水被抽入 OTEC 系统,并排放回大海。深海海水中这种金属的浓度更高。这些矿物的提取是 OTEC 系统的另一个好处,并且在许多研究实验室中进行了研究。

5.1.2 不同类型的 OTEC 工厂

OTEC 工厂根据所建立的位置和使用的热力循环进行分类。工厂的成本和规模是由热力学循环和使用的工作流体决定的。

1) 基于位置的 OTEC 电站

根据海岸附近深海深度可达 600～1 000米的可用范围,OTEC 系统可以安装在三种可能的位置。

浮动工厂。当深海从海岸的距离较大时,即从海岸线到 10～15 千米或更多,OTEC 工厂可以放置在漂浮平台上,冷水管垂直向下悬挂。需要一根水下电缆才能将电力传输到岸上。另一种情况是,所产生的能量可以被用来生产从海水中获得的氨或氢等能源密集型材料。这些产品必须通过船只运输到主要陆地。在设计过程中,需要仔细考虑在波浪、风和洋流的作用下保持浮动平台的位置。

结构平台工厂。海床在一定距离上很浅,然后突然有近1 000米高的落差,并且大约离岸 10 千米左右,这样 OTEC 可以安装在一个浅水区的平台上,产生的电能可以通过海底电缆传输到大陆。在水深约 50～100 米海床开始倾斜的地方建一座平台底座塔。

路基工厂。如果在海岸 2～3 千米范围内满足水深条件,整个工厂可以位于陆地上,冷水管道沿着海底延伸到 800～1 000 米的深度。这样省去了浮动平台或结构平台的昂贵结构。

2) 基于电力循环的 OTEC 工厂

OTEC 过程主要有三种类型:闭式循环、开式循环和基于热力学过程的混合循环。之前利用电力循环分析为优化 OTEC 的成本做出了很大的努力。

(1) 闭式循环的工厂。在封闭循环系统中,从温暖的表面海水中传输的热量会导致低沸点工作流体(如氨)蒸发。膨胀的蒸汽驱动连接到发电机上的涡轮,涡轮驱动发电机发电。冷海水通过一个含有蒸发工作流体的冷凝器,将蒸汽重新变成液体,然后通过系统回收(见图 5.3)。在封闭循环装置中,采用低压力比制造氨涡轮机的技术是可行的。用于 OTEC 系统的热交换机可以是钛或铝板换热器。将一个封闭的循环扩大到5～25兆瓦甚至100兆瓦的OTEC工厂是很容易的。

(2) 开式循环工厂。开放循环的OTEC工厂将温暖的表层水作为工作流体。水在接近真空的表面温度下蒸发。膨胀的蒸汽驱动一个连接到发电机上低压涡轮机，涡轮机驱动发电机发电。这种蒸汽已经失去了盐分，而且几乎是纯淡水，它通过深海寒冷的海水时被冷凝成液体。如果冷凝器使蒸汽与海水直接接触，冷凝水可用于饮用水、灌溉或水产养殖。直接接触冷凝器(DCC)代替表面冷凝器能够产生更多的电力，但这会使蒸汽与冰冷的海水混合，这种混合物被送回海洋。在温暖的表层海水持续供应的情况下反复进行这一过程。(见图5.4)。

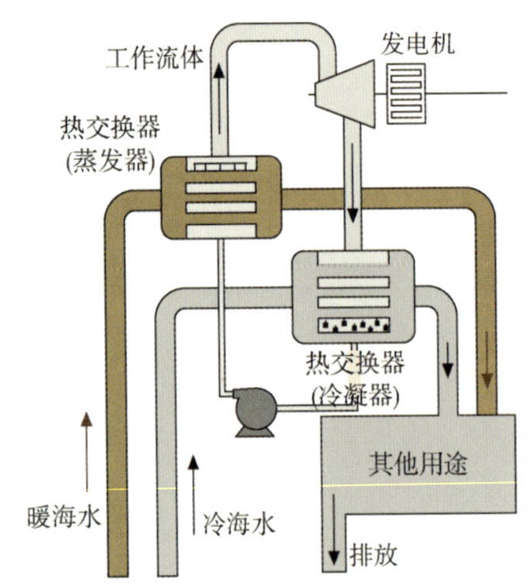

图5.3　闭式循环OTEC工厂

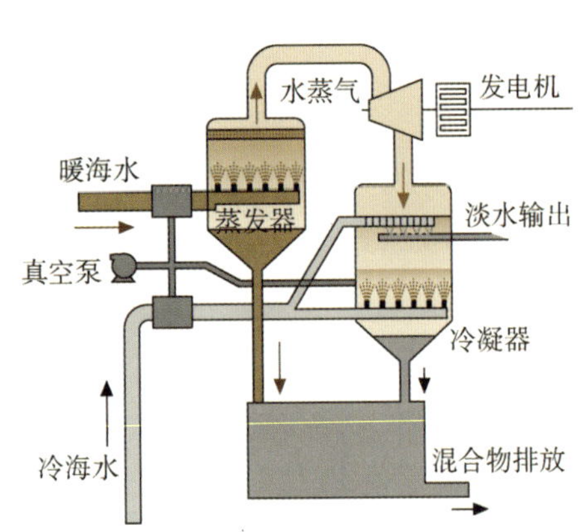

图5.4　开式循环OTEC工厂

由于在涡轮上的压降是水蒸发的压力和冷凝后剩余的压力之间的差值，所以开放循环系统需要非常大的涡轮来捕获相对少量的能量。开放循环过程的发明者乔治克劳德计算出，一个6兆瓦的涡轮机的直径需要大约10米，而且他无法设计出一个比这更大的涡轮机。最近对克劳德工作的重新评估表明，现代技术在他的设计上并没有显著的提高，因此，开放循环涡轮机的数量限制在6 MW左右。商业规模的OTEC工厂需要很多台涡轮机，这将显著增加系统的复杂性，并降低其效率。此外，还需要一个复杂的真空系统来制造和维护高达25 m bar的真空。

在理想的开循环工厂中，真空泵在启动后可以关闭，因为蒸发器里的所有水都会凝结在冷凝器中，留下一个真空。然而，在表面和深层海水中溶解过程中发生的真空泄漏和不可冷凝的气体，需要真空泵的连续运转。这些传统的开式和闭式的OTEC工厂的整体热效率非常相似，接近2.5%。使用开式循环的优点：

① 传统的表面热交换器被淘汰了。

② 能附带生产饮用水。

③ 水本身就是工作流体，因此没有环境污染。

潘-贝尔循环是闭式和开式循环的组合。在整潘-贝尔循环中，来自热水闪蒸汽的蒸汽在氨交换器的表面冷凝成液体，蒸汽作为封闭循环的工作流体。蒸汽冷凝后被排放到海洋中，或者作为淡水的来源被保存。与闭式和开式的循环相比，潘-贝尔循环具有许多潜在的优势，如取消低压汽轮机、降低热交换面积相比。

混合动力系统类似于“潘-贝尔循环”，即都有开式和闭式循环系统，以优化电力和淡水的生产。从蒸发器里流出的暖水被送到一个闪蒸室，在那里闪蒸为蒸汽。由此产生的蒸汽通过封闭循环冷凝器中的冷水循环，将其冷凝成海水淡化冷凝器中的淡水。在真空条件下，温水进入一个闪蒸室，在真空中蒸发成蒸汽，与开放循环的蒸发过程类似。蒸发器里的工作液体蒸发成蒸汽驱动涡轮机产生电能，并在冷凝器中凝结成液体。真空泵与海水淡化冷凝器相连，以保持闪蒸室和海水淡化冷凝器中的真空(见图 5.5)。电力和水的同步生产是最大的优势，并且电力和水的数量可以根据需求而变化。

3）先进的电力循环

OTEC 功率循环利用了大部分的净电力来输送海水和工作流体。由于它具有较小的温度差，功率循环的总效率非常低。下面讨论了许多改进 OTEC 功率循环的总体效率的尝试。

(1) 卡利纳循环。在几个开发的 OTEC 系统中，最主要的是朗肯循环，卡利纳循环和上原循环。在朗肯循环中使用的工作流体是纯氨，循环使用诸如氨水之类的混合物。美国科学家卡利纳博士开发了一种使用氨水的系统，用于工作流体，为早期的朗肯循环提供了显著的效率提升(见图 5.6)。在卡利纳循环中，工作流体(蒸汽)通过涡轮膨胀，在进入冷凝器之前的阶段，它是通过吸收器液化的。同时，在工作流体(液体)进入蒸发器之前的阶段，从蒸发器和无法蒸发的液体中产生的蒸汽被分离器分离，液体与再生器中的剩余液体混合在一起以提高效率。卡利纳循环使用的是一种工作流体混合物，它在蒸发器和冷凝器中有较低的性能，因为有些部件容易蒸发或凝结，而其他部分则不容易。

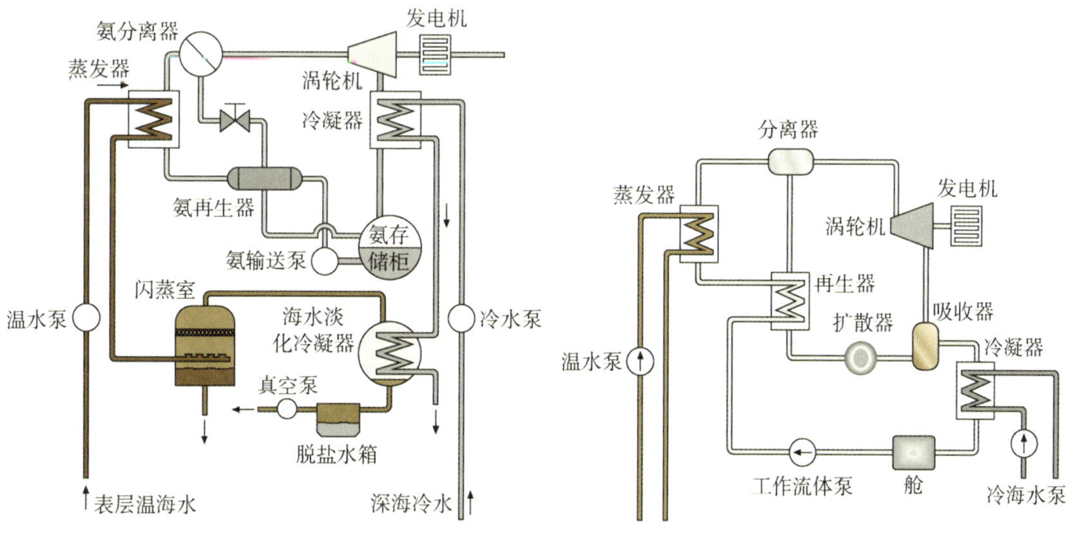

图 5.5　混合循环 OTEC 流程

图 5.6　卡利纳循环原理

朗肯循环的热效率在 28 ℃表面水和 4 ℃的深海海水的条件下大约是 3%，但在同样的条件下，卡利纳循环中热效率达到 5%。但也存在一些问题，例如，与朗肯循环相比，蒸发器和冷凝器的效率损失很大，这是由于氨水混合的工作流体造成的。

(2) 上原循环。上原循环提供了一个额外的涡轮机,通过从第一个涡轮机中提取蒸汽来减少凝汽器的负载。萃取意味着在它完成工作后将蒸汽从涡轮中抽出来,但还没有完全从涡轮机中扩展出来(从涡轮中抽出一些蒸汽)。此外,在进入再生器之前,冷凝器中的萃取液和液化液被加热器加热,从而提高效率。该循环还有一个后冷凝器,它将冷凝器中不能液化的蒸汽液化(见图 5.7)。

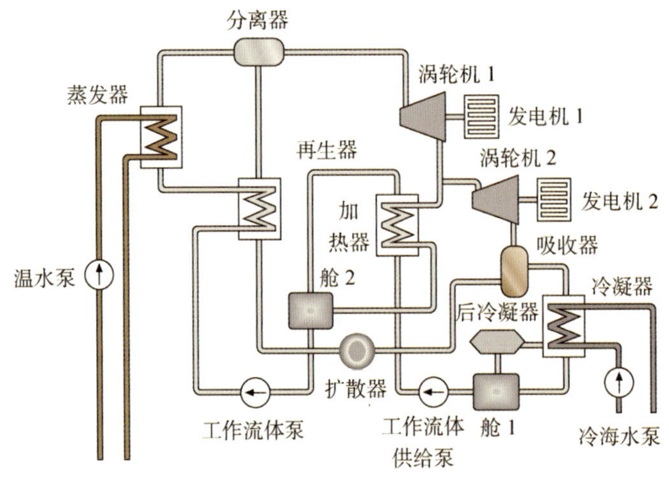

图 5.7　上原循环原理

(3) 循环的对比。卡利纳循环增加了一个分离器、一个再生器和一个吸收器来提高它的效率。上原循环增加了第二台涡轮机、一个加热器和一个后冷凝器,以提高其效率。在卡利纳循环中,由于蒸发器和冷凝器的负荷过重,海水的吸收量不能减少。在上原循环中,可以减少进水量,从而减少进水管的直径和重量。然而卡利纳循环只有一个涡轮机,但上原循环有两个涡轮机。从主涡轮机产生的蒸汽被提取出来以减少冷凝器的负荷。上原循环比卡利纳循环效率有所提高,但由于增加了另一个涡轮机和加热器,该工厂的投资成本更高。上原教授的研究表明,卡利纳循环的热效率 4.9%,而上原循环效率为 5.4%。这比卡利纳循环高出 10%,比朗肯循环高出 30%。该估计是在 28 ℃热水进口温度和 6 ℃冷水进口温度下进行的。

5.2　世界范围内的 OTEC 装置的历史

此前 OTEC 的研究和发展都是由 Avery 所讨论的。OTEC 的概念最早在 1881 年被法国工程师 Arsene d' Arsonval 提出。然而,第一个实验系统是由 George Claude 在 1929 年设计和建造的,并在古巴的马坦萨斯湾进行了实地测试。这个 OTEC 工厂产生了 22 千瓦(总量)的电力。在克劳德的循环中,表层水在真空室中蒸发。由此产生的低压蒸汽被用来驱动涡轮发电机,而相对较冷的深海海水则被用来压缩涡轮机下游的蒸汽。由于场地选择不当和电力系统和海水系统不匹配,电站未能实现正常发电。然而,该工厂确实运营了几个星期。其次是一个 2.2 兆瓦的浮动工厂的设计,为里约热内卢的城市生产多达 2 000 吨的冰。克劳德能够将他的工厂部署在离港约 100 千米的一艘船上,但不幸的是,他在安装长距离的垂直冷水管道将深海海水运送到船上尝试了很多次，并于 1935 年放弃了他的尝试。他的失败可以归因于缺乏海上工业以及海洋工程专业知识，就像今天一样。他最大的技术挑战是在海上安装所需的海水管道。现在的情况明显不同，因为这类操作已经被证明是有记录的。表 5.1 列出了 OTEC 历史上的重大事件。

表 5.1　OTEC 历史上的重大事件

1881	法国科学家 J · D · 阿森瓦尔提出了 OTEC 的概念
1926	法国科学家克劳德商业化初探
1933	克劳德建造了一个漂浮的 1200 千瓦的 OTEC 工厂，但它失败了
1970	新发电系统研究协会作为主题之一启动了这个实验
1972	OTEC 发展计划在美国启动
1973	佐贺大学开始实验
1974	OTEC 是阳光工程的优先项目，美国在能源研究与开发协会（ERDA）项目下启动了他们的 OTEC 研究，第一次在美国举行的国际 OTEC 会议
1977	佐贺大学 1kW 功率 OTEC 实验取得成功
1979	美国小型 OTEC 成功地生产了 50 千瓦的电能
1980	在泰米尔纳德的一个 25 兆瓦的浮动 OTEC 工厂的提议提出
1981	OTEC-1 试验测试 1 MWe 换热器
1981-1985	夏威夷 STF 长期生物污垢和腐蚀试验
1981	东京电力公司等成功地在瑙鲁共和国进行了 120 千瓦的 OTEC 测试。
1982	九州电气公司等成功地生产了 75 千瓦。
1982	法国提议在塔希提岛建造一个 5 兆瓦特的工厂
1985	佐贺大学建成 75 千瓦 OTEC 试验工厂
1990	IOA（国际 OTEC 协会）由台湾、美国、日本等组织。
1993-1998	美国建造了 210 千瓦的试验工厂，这是在科纳的开式循环
1997	印度海洋技术研究所和佐贺大学签署技术合作备忘录
1999	国际 OTEC/DOWA（深水海洋协会）会议在伊玛丽城佐贺大学附近召开
2001	1 MW 的浮动 OTEC 工厂是由 NIOT 建造的，但在冷水管道的部署上失败了。
2002	在帕劳（帕劳的 FDE）利用可再生能源进行的海水淡化论坛于 10 月举行
2003	佐贺将建设新的试点混合型 OTEC 工厂，3 月在京都举办第三次世界自然基金会。
2010	洛克希德马丁建议在夏威夷建设 10 兆瓦闭路循环 OTEC 工厂

在 20 世纪 50 年代，一家法国公司计划在非洲象牙海岸建造一个 OTEC 工厂，发电量为 3.5 兆瓦，但后来由于政治原因而被取消。1973 年的海湾石油危机，点燃了寻找石油替代品的过程，并重新审视了其他的选择，如风能、太阳能、生物能等。达尔松瓦尔的概念在 1979

年成功地证明了这一点，当时在夏威夷附近的一艘驳船上安装了一个小型工厂（小型OTEC），在几个月内产生了50千瓦的总发电量，净产量为18千瓦。

这个闭式循环的工厂是由私营企业和夏威夷州赞助的。对1 MW OTEC工厂的热交换机进行了成功的测试，被称为OTEC-1，它的热功率约为35 MW。在OTEC-1中，氨被用作工作流体，用聚乙烯管从670米深的海底泵出冷水。随后，一个由日本公司组成的财团在瑙鲁岛建造了一个120千瓦总功率的工厂，在瑙鲁岛运营了2年。1982年，在托库诺岛上建立了一个50千瓦的闭式循环的OTEC工厂，并在岛上建造了2年的板热交换机。这些发电站主要是证明了这一概念，由于规模太小，无法扩展到商业领域。OTEC装置是由美国联邦政府和夏威夷州赞助的一个小型OC-OTEC陆基实验装置，在NELHA使用了一台涡轮发电机，该发电机在水面海水温度为26 ℃深海海水温度为6℃时，其输出为210千瓦时。到1993年9月，最高的表面温度是27.5 ℃，相应地产生了255 kWh（总量），这是有史以来最大的OTEC输出（见图5.8）。该工厂一直运行到1998年退役。OTEC历史上的主要事件总结在表5.1和表5.2中。

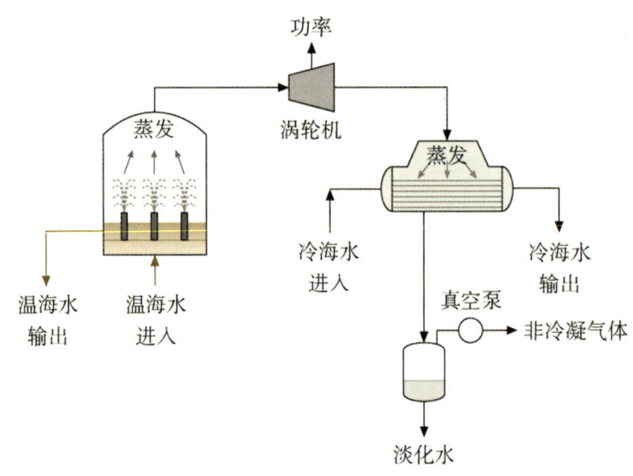

图5.8　210 kW开式循环工厂（1993—1998）

表5.2　半工业规模海洋热能转换系统测试

序号	主要项目	特点	评论
1	美国小型OTEC计划	一个完整的OTEC系统，包括一个670米的冷水管道（CWP），在1978—1979年的小型OTEC项目中被建造、部署和测试，这个项目是由一个由洛克希德导弹和空间部门领导的工业团队进行的私人资助。微型otec是用现成的组件在28个月内建成的	生产了18 kW的净功率，与预期的性能一致，在4个月的海上作业中，包括首次生产的OTEC电源，显示了OTEC浮动系统的可行性

（续表）

序号	主要项目	特点	评论
2	OTEC-1 项目是由美国能源部进行的，目的是在海洋环境中以 35 MWt 的规模演示 OTEC 换热器的运行	安装了一个模拟的 OTEC 动力系统，其中涡轮发电机被一个通过涡轮模拟压降的节流阀代替。该设备包括 35 MWT 管壳式换热器，700 米长，2 米直径塑料 CWP 和泵。提供了用于测试生物污染控制方法，如 AAMTAP 和氯注入。CWP 是在岸上组装的，然后被拖到离夏威夷凯鲁亚科纳大约 10 英里的一个地点，在那里它被颠倒并插入到船上的万向节上。万向节允许运动通过 30°的角度。在海上作业 4 个月期间的重大成就	(a) 系统运行良好，最大波高为 4 米，最大地下电流为 3 节。风速为 45 节，船舶横摇角为 18° (b) 热交换器循环与预测的性能密切相关。生物污染控制是通过注入 60 ppb 的氯，每天 1 小时 (c) CWP 的部署和手术是成功的。管道在海况中幸存下来，导致管道在万向节上移动到 30 度角
3	日本岸基 100 千瓦的 OTEC 试验工厂与瑙鲁共和国、东京电力公司和东芝 CORPN 1980 合作，在瑙鲁岛上的一个工地上建造了一个 100 千瓦（OTG）的 OTEC 工厂	1981 年 10 月至 1981 年 12 月进行发电作业。热回路操作一直持续到 1982 年 7 月。Nauru 测试的目的是提供精确的实验数据，以证明整个电力循环的性能，并展示整个试验工厂的建设和运营。这些目标都已圆满完成	该工厂首次展示了基于陆地的 OTEC 净发电，并建立了总净发电量 31.5 千瓦的记录。这也是 OTEC 与公用事业电网的电力连接的第一次演示
4	日本小型 OTEC 计划。一个小型 OTEC 工厂被建造用于在 Shimane 州海岸（1979）的海上试验	测试包括了一个钢制的 CWP，长 190 米，由 12 米长的管状部分组成，直径为 26.7 厘米（OD）和 0.45 厘米的壁厚，以及法兰连接。管道由一个浮子支撑，并由连接在管道上的钢缆固定在一起，并固定在 300 米深的海底。OTEC 电厂和水泵安装在研究船上，这艘船被安装在浮子上	该程序成功演示了系统的部署和操作，包括热传递测量

5.2.1 印度经验

OTEC 的研究在印度马德拉斯理工学院于 1985 进行了实地调查、可行性研究等。并于 1993 年，在钦奈成立了国家海洋技术研究所（NIOT），开始了对 OTEC 的积极研究。

1）海洋热能转换

在地球科学部（MoES）的赞助下，NIOT 设计并开发了一个 1 MW（总量）浮动的 OTEC 工厂，在 29℃到 7℃之间使用氨作为工作流体。工厂组件是在一艘驳船上组装的，该驳船将在 1 000 米深的地方使用高密度聚乙烯（HDPE）管，直径为 1 米（见图 5.9）。HDPE 管道用专门设计的月球池系统将深海冷水输送到驳船上。一个封闭的朗肯循环的动力循环由诸如蒸发器、涡轮发电机、冷凝器、海水和工作流体泵等部件组成。温暖的海水在板式换热器中与工作流体交换热量，使其在蒸汽中发生相变，并允许这种蒸汽在四阶段的轴向涡轮机中进行扩展。该涡轮机驱动一个额定功率为 1 MW 的交流同步发电机，额定功率为 440 V 和 50 Hz。涡轮机的蒸汽在板式冷凝器中冷凝，再用工作液泵将其泵回蒸发器。在冷凝器中，热量与从1 000米深的冷海水进行交换。研究项目的细节被讨论过但是项目不能被执行，主要是在摄入量的联合中失败了。所有的预调试和测试都在 2001—2004 年间得到了令人满意的结果。

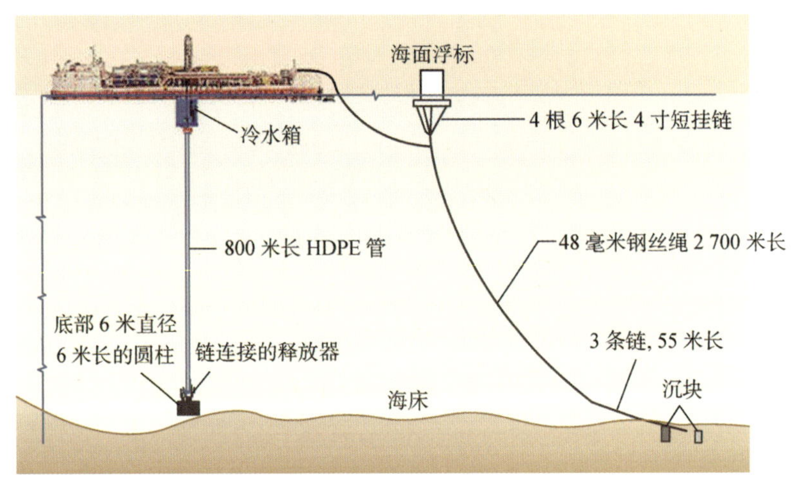

图 5.9　1 MW 浮体循环工厂

图 5.10　卡瓦拉蒂岛每天 100 立方米的海水淡化厂

2）海洋温度驱动的海水淡化

作为副产品，2004 年试验并成功地利用海水温差进行了海水淡化。在低温度的热海水淡化中，在真空条件下 28～29 ℃的海面水在真空中蒸发。大约 12～14 ℃的深海海水被用来冷凝蒸发的蒸汽来产生淡水。这种技术的主要吸引力在于操作简单和易于维护。这是在卡瓦拉蒂岛，拉克沙德克群岛的试运行，其容量为 100 m³/d，如图 5.10 所示。自 2005 年 5 月以来，该公司正在生产可饮用的优质水，并向岛民提供。在 2010 年至 2011 年期间，岛上还安装了类似的两个工厂，即 Agatti 和 Minicoi。

5.3 OTEC 技术的现状

5.3.1 OTEC 开发技术

20 世纪 70 年代的石油危机推动了 OTEC 的研究，并有许多国际组织尝试来展示这项技术。许多商业工厂是根据选定的地点条件来设计的。20 世纪 80 年代之后，主要目标是开发 OTEC 技术，如新的功率循环和 OTEC 工厂的新材料。世界上有许多机构在从事 OTEC 的研究。许多亚洲和非洲国家对 OTEC 感兴趣。在大约 100 个国家中，OTEC 工厂的运行所需的气候条件得到了满足。它们位于北纬 40 度和南纬 40 度的范围内。在太平洋地区建造一个 310 兆瓦的 OTEC 工厂的试点项目正在进行中。韩国、菲律宾、斯里兰卡、新几内亚等国都对 OTEC 感兴趣。

5.3.2 国际上对 OTEC 的研究

美国阿贡国家实验室(ANL)提出了一种混合的 OTEC 系统，它具有开式和闭式系统的优点，同时消除了两者的缺点。在 ANL 测试设备中，对不同类型的换热器进行了测试，如外壳、管板、板框和板鳍等。主要采用不同的工作流体对垂直双流铝管蒸发器、喷淋束、水平壳管蒸发器等进行了测试，以评价其传热特性。ANL 还测试了一种带有雪佛龙型通道的阿尔法拉瓦尔式蒸发器。为 OTEC 应用开发了一种称为特灵热交换器的特殊加固铝热交换机，测试范围为 1 MW。

海洋能源研究所(IOES)已经在 OTEC 研究上持续了 30 多年。该研究所致力于研究领域如：超功率循环、工作流体、特殊涂层的传热研究、喷淋淡化系统、氢气和储存的生产、锂和存储的提取以及深海水的实验研究等。

美国和日本正在开展各种大规模的研究项目，以开发更便宜、更紧凑的 OTEC 电力系统。太平洋国际高技术研究中心(PICHTR)于 1986 年在夏威夷成立，为美国-日本联合开发的 OTEC 技术项目建立。它的主要目标是为 OTEC 系统组件提供一个操作测试平台。预计的产品包括电力、淡水、水产养殖产品和空调。他们在夏威夷自然能源实验室(NELHA)为 OTEC 的研究安装了一个直径 1 米的管道。

5.3.3 OTEC 工厂的商业设计

在法国、日本、中国台湾和印度尼西亚等其他几个国家和地区，也有零星的研究和开发，在印度也有一些可行性研究和初步设计研究是在 20 世纪 80 年代之后进行的。有一些特定的、详细的商业设计，范围从 25 到 200 MW 的 OTEC 工厂。它包括陆基电站、结构平台电站和漂浮的电站。在一些报告中也讨论了电力利用情况。商业 OTEC 工厂过去设计的综合清单见表 5.3。高昂的投资成本，再加上一个成熟的试点工厂的运营数据，一直是阻碍 OTEC 技术商业化的主要障碍。

5.3.4 关于 OTEC 商业化的工业提案

有许多国际机构参与 OTEC 技术的商业化。他们中的大多数在电厂安装、电力分配、深海作业等领域都有国际专长。海洋太阳能(SSP)是一个由政府支持的财团,由许多美国最著名的工业巨头组成。SSP寻求长期合同,从OTEC工厂销售电力、淡水和海洋文化产品,并拥有100兆瓦的净电力和400 MLD的海水淡化厂。SSP声称,已经进行了四项独立的工程评估,他们的OTEC设计在技术上是合理的,在经济上是可行的。Xenesis是一家与日本佐贺大学有技术合作的日本公司。

马凯海洋工程公司。参与了过去的设计、开发计划、材料鉴定和各种海水吸收装置的制造。他们还参与了小型OTEC工厂的海水系统设计。

设计和部署了从300至1 400毫米不等的管道。1987年,马凯公司已经部署了两段1 000毫米的HDPE管道,它们的长度为915米和610米,深度为701米,用于夏威夷海洋科学技术(HOST)公园。在接下来的一年里安装了一个直径为450毫米的管道,以取代6年前安装的300毫米管。2001年,Makai公司完成了一个直径为1.4米的HDPE海水供应系统的安装,其深度为915米,长度约为3 050米,每秒泵出1 705公斤4 ℃的海水。这是世界上最大和最深的冷水系统,是为夏威夷州安装的。

这些管道是为OTEC和水产养殖研究提供的。然而,夏威夷OTEC工厂出于几个原因没有工作,但是冷水仍然从海底泵出,以支持使用冷水的业务蓬勃发展。由于成功地使用了冰冷的富营养水(见图5.11),OTEC工业园区已经从300英亩增加到547英亩。

OTEC系统的概念设计项目特点和评论如表5.3所示。

图5.11 夏威夷能源自然实验室水族养殖场

表5.3 OTEC系统的概念设计

序号	主要项目	特点	评论
1	日本在1974至1977期间,一个项目,名为"阳光工程"的100 MWE浮动OTEC工厂的概念设计在日本成立(1980)	第一阶段对1 MWe的陆地工厂进行研究,并对100 MWe浮动平台进行了研究。平台结构设计、站台维护、立管电缆设计及换热器改进。氨作为工作流体。板式换热器被集成在25 MWe电源模块中	估计费用3550美元/千瓦(最大)

（续表）

序号	主要项目	特点	评论
2	40 MWe结构平台的夏威夷工厂(1982)	通用电气公司提出了一个塔式安装的OTEC工厂，将安装在离岸2 200米海上100米深处，在夏威夷瓦胡岛河河点	生产的电力将由水下电缆输送到夏威夷电力公司(HECO)工厂，以供其客户使用。总成本估计为3.2亿美元(8 000美元/千瓦)
3	波多黎各电力局(PARA)——一座安装50兆瓦(OTE)的OTEC工厂(1985)	PURAA提出了一个安装在40米(OTE)的OTEC塔架位于大陆架的边缘，深度约75米，从波多黎各蓬塔金枪鱼近海200米处通过水下电缆进行电力传输	从塔的距离约为1 500米的深度1000米处汲取冷水。预计费用378万美元
4	台湾50兆瓦(net) 岸基OTEC装置 台湾电力公司(1985)	选择了中国台湾东部地区的三个海岸站点。四个12.5 MWe(net)动力模块使用氨作为工作流体 用钛管制成的壳管式换热器。一种由混凝土制成的10米直径15米长的CWP	估计成本 4 920～5 69[illegible]美元/千瓦
5	在塔希提岛的5 MWe OTEC工厂的成本估算。位于塔希提岛的岸上和浮动的OTEC工厂。赞助-法国中心国家倾力开发海洋(CNEXO)(1985)	详细的现场研究，对封闭和开放循环选项的评估，构造和部署冷水管道的方法，以及对受欢迎的替代方案的成本的估计。初步调查结果显示，在帕佩特港为预计的工厂选址	建立了封闭循环和开循环系统的工厂布局 总成本开放循环-547MFF 关闭循环-523 M FF
6	OSEA 100 MWe OTEC发电厂。SSP设计的浮动OTEC工厂，它将为波多黎各水电局提供电力。(1985)	(a)水下作业的设计，使主要的动力装置部件可以放置在船体外的海洋中 (b)一个四级蒸汽循环以改善水流和工作流体之间的平均温差R.22.一个带有钢管段的CWP栅栏结构	施工、部署和操作的细节是不可用的 估计成本250兆美元(2500美元/千瓦)
7	SOLARAMCO概念的40 MWe(net)OTEC工厂在船上(1990)液氨做工作流体	夏威夷的温度差异为22～23℃。用于水电解的OTEC电力，为船用氨合成提供氢(125 MT/天)	该提议包括测试4个10 MWe电力模块，这些模块配备了不同的热交换器类型 估计费用250亿美元(6 250美元/千瓦)

（续表）

序号	主要项目	特点	评论
8	200 MWe（nom）OTEC 浮动工厂。（1990）	由水电解生产的氧气和氢气与低成本的煤相结合，产生低污染的液体汽车燃料。该电厂在驳船的每一端都有四个动力模块 CWPs，由纤维增强塑料（FRP）或轻质混凝土制成的直径为 710 米，由万向接头或球窝式安装支撑	能量转移是通过生产1 750 吨/日的甲醇来完成的估计成本（最大） 1 313 MUMYM（6 560 美元/千瓦）

5.4 对未来的 OTEC 工厂的设计考虑

在过去，OTEC 的示范工厂已经成功，而 OTEC 技术的商业化预计将在不久的将来实现。研究和开发工作仍在继续，OTEC 已经足够成熟，可以建立商业工厂。然而，也存在着需要进一步关注的制约因素和局限性。下面的讨论是关于在 OTEC 上的工作流体、设备、材料的选择，以及所产生的电力的利用。

5.4.1 工作流体的选择

在 OTEC 工厂中，工作流体的选择很重要。设备的选择、管道的尺寸、工作条件等都取决于工作流体的选择。以下是在选择工作流体时要考虑的重要特征：

（1）低温沸腾和冷凝在 25 和 10℃之间。

（2）液体流体的高传热系数。

（3）材料相容性：金属，油，垫圈等。

（4）环保。

（5）低比容和高热汽化。

（6）安全：无毒、不易燃、非爆炸性。

以下是常见的工作液体：

① 氨；

② 氟碳（R-22）；

③ 四氟乙烷（HFC-134a）；

④ 丙烷（C3H8）；

⑤ 丙烯（C3H6）（丙烷）。

所有的氟碳都消耗臭氧层，因此不能考虑任何未来的 OTEC 项目。氨易于获得，具有较好的热力学性质，尤其是铜及其合金具有腐蚀性。此外，它的存储和处理的毒性很大。氨不能洗掉管道和换热器表面上的任何油脂沉积物。丙烷是可燃的，每升丙烷含有26.2兆焦耳能量。它的泄漏很容易被检测到，当它蒸发时，它的体积增加了大约 270 倍。丙烷不存在水或空气污染的可能性。

HFC-134a 的热力学和物理性质，加上它的低毒性和不可燃性，使它成为一种非常高效和安全的制冷剂。HFC-134a 与铜、钢和铝具有长时间的稳定性。它具有零臭氧消耗潜力(ODP),并且具有全球变暖潜势(GWP) 1 200。当暴露在建议的暴露限值以下时,HFC-134a 没有急性或慢性危险,如1 000 ppm、8 或 12 小时。然而,吸入高浓度可能会导致暂时性的神经系统抑郁。液态的 HFC-134a 可以冻结皮肤或眼睛接触引起冻伤。然而,它并不是一种环保的制冷剂。因此,如果选择 HFC-134a 存在一个大的安全问题。但是氨的成本较低,容易获得,而且具有较好的热力学性质,如蒸发热、压力比等。实验研究表明,氨水的污染会对装置的性能产生不利影响。按重量计,约含 1%氨的水传热系数将会降低 8~10%,从而导致功率损失。因此,建议在使用氨作为工作流体时保持氨水浓度低于 0.1%。表 5.4 中示出了不同工作流体的性能比较。

表 5.4　用于 OTEC 的工作流体的性能

	氨		丙烷		HFC-134a	
化学式	NH_3		C_3H_8		CF_3CH_2F	
分子量	17.03		44.09		102.0	
温度	25℃	10℃	25℃	10℃	25℃	10℃
密度/(kg/m³)						
液体	603.68	625.0	496.08	516.45	1 205.9	1 259.8
蒸汽	7.903	4.907	19.42	13.57	32.359	20.243
饱和蒸汽压/kPa	1 003.5	615.20	918.62	633.10	666.06	414.92
汽化热/(kJ/kg)	1 165.21	1225.03	337.50	364.02	178.0	404.5
比热/(kJ/(kgK))						
液体	4.82	4.695	2.760	—	1.44	
蒸汽	3.088	2.694	1.703	2.52	0.204	—
传导性/(W/(mK))						
液体	0.477	0.512	0.091	0.103	0.082 4	—
蒸汽	0.031	—	0.015	—	0.014 5	—

在 OTEC 工厂,大量的工作流体将被储存和处理(见图 5.12)。在空气中低浓度的氨蒸汽会刺激眼睛、鼻子和喉咙。高浓度氨蒸汽吸入人体会产生窒息感,迅速引起呼吸道的灼烧感,并可能导致死亡。液态无水氨在接触皮肤时造成严重烧伤,而吸入人体则会对口腔、咽喉和胃部造成严重的腐蚀作用。在 OTEC 装置中,在以下操作中要处理大量的工作流体,如转移到储罐、排气和排放、测试部件,工厂操作时应遵循的安全准则。

图 5.12　氨运输到 OTEC 工厂

在每个操作之前都要准备一个详细的检查表，并且要对整个团队进行详细的介绍。应该对管道内的压力进行持续监测。在紧急情况下，操作人员必须通过在站台两侧的逃生路线撤离，以确保他们的安全。

5.4.2 原料精选

OTEC换热器的材料选择是基于两个标准：①对海洋环境的耐蚀性；②与工作流体的相容性。多种材料被认可如铝、铜镍合金、不锈钢和钛。以下材料的组合可考虑作为OTEC工厂工作流体的热交换器：

- 钛-氨
- Cu-Ni-丙烷
- Cu-Ni-HFC-134a
- 铝-丙烷
- 铝-HFC-134a

1）铝和铝合金

铝等级5052、5083、5086和6061适用于海水应用。这种金属可以安全地与任何用于OTEC的工作流体一起使用。它具有很高的导热性，低密度，良好的延展性，但不适合焊接。它在大于3 m/s的海水速度下受到点蚀，但在小于2.2 m/s的速度下对海水是相当惰性的。这是因为在其表面由于氧化而形成保护层，在低流速下不会被海水剥离。在海洋环境中可以与铝一起使用的其他金属是在获得耐腐蚀性的过程中获得类似的氧化表面条件的那些金属。为了控制电蚀，需要开发特殊的技术。钛必须与铝绝缘，如果后者不被电腐蚀破坏的话。当使用铝时，应进行适当的包覆。热交换管可以用铝做适当的熔覆。ANL对铝作为热交换器的使用进行了广泛的研究。在ANL开发和测试的特殊热交换器被称为特灵热交换器。马德拉斯的研究表明，与钛相比，铝合金所需吨减少了15%，而占地面积减少了2%。钛的成本几乎是铝合金的10倍。

2）不锈钢

海水的氧含量足以维持表面上的铬氧化物的钝化膜，只要海水速度足够高就可以防止碎片沉积在表面上。推荐的下限速度是1.5米/秒。如果发生碎片沉积或污垢，则会引起不同的曝气腐蚀。然而，应该注意的是，较高的海水速度会导致换热器中的压力降更高，这是应该避免的。在使用不锈钢的地方，应使用高铬含量的合金，如355 S 80，因为在海洋环境中较低的铬合金的不太可靠。此外，含有钼的不锈钢(326 S 16)在低海水速度下具有更大的耐腐蚀性能。属于奥氏体级的钢材用于海洋应用(型号316和304)。不锈钢的防腐机理不同于碳钢、合金钢和大多数其他金属。在这些情况下，形成一层真正的氧化膜，将金属与周围的大气层分离开来。据报道，与传统的双工钢相比，不锈钢的AL-XN和29-4C具有优异的耐海水性。高镍铬含量对氯化物应力腐蚀开裂具有耐腐蚀性能。

如果流速保持在最小1.5 m/s以下。奥氏体钢易受点蚀和缝隙侵蚀的影响。钼的添加通常用于诸如泵叶轮的高速服务系统中。3%钼已被用于在OTEC工厂的叶轮。钼在点蚀或缝隙侵蚀之前提供较长的诱导期。这些钢的深海经验随轻微的边缘攻击或隧穿而变化。不锈钢与任何工作流体兼容，具有良好的可加工性和焊接性。

3）铜镍合金

最常见的合金组合是 90/10 和 70/30 的铜镍合金。所有的铜镍合金都与氨不相容。然而，它们还有其他的优势。它们在海水流速低于 4.5 米/秒的情况下是耐腐蚀的。90/10/1.5 铜-镍-铁合金也能很好地抵抗海洋生物的污染。海水的氯化处理，防止污染，不会增加铜镍的腐蚀率。但是被 H2S 污染的海水提高了腐蚀速率。钛和铜镍可以一起使用，没有明显的电偶腐蚀。

4）钛

由于钛保护膜的自我修复能力，它几乎不受海水的影响。钛不能与各种铜合金、低碳钢和铝一起使用，因为它们经受电镀腐蚀。钛与大多数工作流体相容。在大多数海洋应用中，在钛表面能形成一层薄薄的氧化膜，并提供完全的保护。尽管钛具有优异的腐蚀性能，但在海洋环境中遇到的一些问题是：①海水在 250℃ 加热时在缺氧的裂缝处点蚀；②在拉伸应力和表面缺陷的存在下的应力腐蚀开裂。当工厂在 28℃ 的环境温度下运行时，这些类型的效应将不会在 OTEC 工厂中遇到。钛有能力承受高速的冲击从而可以忽略腐蚀。这也是材料最重要的考虑方面。

总之，钛和高合金不锈钢（AL 6xN 和 29～4C）可以使用 30 年。铜一镍（90/10）合金是一种很好的海水吸附剂，但与氨不相容。铝合金适用于 OTEC 的应用，但机械清洗以防止侵蚀是有限的。用深海冷水对铝合金进行点蚀试验得到铝的平均寿命为 12～15 年。

5）材料的结构

碳素钢是最常用的海洋结构应用材料。影响这种金属行为的最重要的参数是去极化阴极区所需的氧气，这可能会影响到腐蚀速度。通常情况下，一层锈涂层，或石灰性的鳞片，或一层生物污垢会在几个月内形成，并将起到干扰的作用。与表面海水相比，碳钢的深海腐蚀速率往往较低。由于温度低，腐蚀的速度往往随着时间的推移而降低。增加 0.1%～0.5% 的镍对提高对海洋环境的抵抗力是有效的。增加 1%～2% 的铬会使腐蚀率降低一半。应为所有碳钢结构的海洋结构提供适合于海洋环境的环氧基涂层。复合技术正在开发中，由于重量轻、耐腐蚀，这对 OTEC 工厂的海洋结构来说是一个很好的选择。

5.4.3　设备选择

OTEC 项目的主要成本是电力模块组件，如换热器、涡轮机、海水泵、存储系统。下面的部分是对这些主要组件的选择原则的描述。

1）热交换器的选择

热交换机是 OTEC 工厂最重要的组成部分。考虑到低进和最大热回收的严格要求，反流型板式换热器同时可以考虑做蒸发器和冷凝器。由于电力循环的低热效率，OTEC 换热器的工作负载很低，甚至低至 2.5%。一边是海水，另一边是氨的两相混合物，这使得整个过程变得复杂。热交换机的制造成本几乎是该工厂总成本的 30%～50%。所需的传热面是蒸发器和冷凝器的 7～8 m^2/kW（净获得）。传统的外壳和管式换热器设计，传热率较低，需要非常大的体积（1.7～1.9倍）的板式换热器。双流型换热器的传热面积大约是使用板式换热器的 1.5 倍。这将增加材料库存和制造成本。在表 5.5 中，对壳管换热器和板翅式换热器进行了定性比较。

表 5.5　对不同换热器的技术进行可行性比较

序号	形式	密封式	板翘式	板式换热器
1	目前的海洋状况下的技术水平	较发达的	更多的发展/工作需要	发展中
2	换热器的体积	大	相对较小的	最小
3	原料库存	大	小	最小
4	海水侧热传递系数	较低	较高	较低
5	海水侧污垢	较低	较高	较低
6	清洗程序使用频率	低	高	中
7	所需传热面积	多	少	最少
8	换热器每单位体积传热面积	低，约 200 m^2/m^3	高，约 500 m^2/m^3	约 300 m^2/m^3
9	制造工艺	已经存在	需要开发	已经存在
10	换热器压降	较低	较高	中
11	最大工作压力	60 bar	25 bar	15 bar

需要更多的实验数据，包括污染率、污染控制措施以及更经济的制造工艺的开发。如果采用防漏系统相比不采用防漏系统，可以大大降低制造成本。在前者中，昂贵而精密的焊接接头被橡胶密封取代。每个盘子都装有一个垫圈，密封通道，并将液体引导到不同的通道中。在类似的操作条件下，高角板的整体传热系数比低角板高出约 33%。然而，高角板的水侧压降是湍流的近四倍。板的数量和大小取决于流量、流体的物理性质、压降和温度程序。印度 OTEC 装置中板式换热器的试验结果如图 5.13 所示。表 5.6 中列出了一些总传热系数(k)的报告值。

表 5.6　报告的总传热系数值

海水通道速度 m/s	K 值(W/m^2k)	蒸发器氨侧	数据来源
0.61	4 801	带涂层	佐贺大学
0.61	4 431	带涂层	阿法拉伐报告
0.60	3 145	不带涂层	C. B. Panchal 分析
0.64	3 000	不带涂层	埃弗里报告
0.60	3 662	带涂层	NIOT 项目测试

ANL 和佐贺大学的实验研究证明，在氨的一侧涂上一层特殊的涂层可以使 k 值提高 30%到 40%甚至更多。微小空穴起到核化的作用，增强了气化过程。当 OTEC 换热器工作在接近低温时，涂层有明显的差异。涂层是通过使用压缩空气在喷砂板表面喷洒熔融不锈钢来实现的(见图 5.14)。

2）**涡轮机选型**

涡轮机的选择取决于所选择的循环的类型。高产量的工厂将建立在封闭循环的基础上。与径向流涡轮机相比，轴流式涡轮机能提供更好的隔热效率和零件负载效率。然而，建设成本将会更高。该机组由一个涡轮齿轮箱交流发电机组成，预计总体效率为 80%。涡轮盘和转子叶片的主要部件可由板式换热器上的特殊试验结果制成，如图 5.13 所示。

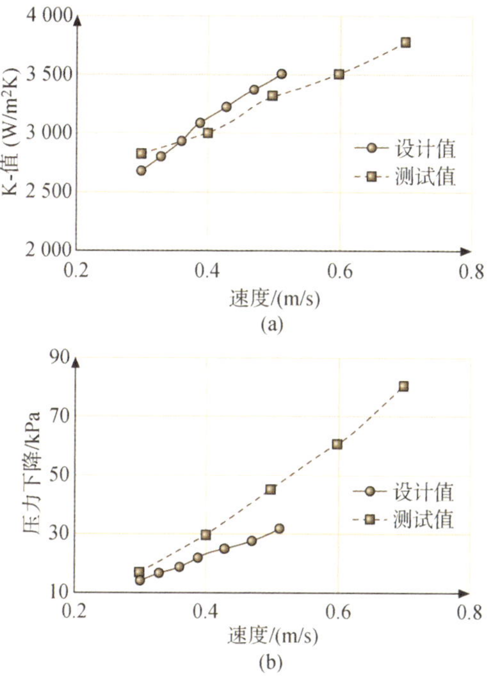

图 5.13　板式换热器的试验结果

(a) 热喷涂涂层板式换热器的整体换热系数随流道速度变化的测试结果

(b) 在不同的通道速度下测量板式换热器中的压力损失

图 5.14　氨涂板

用不同的通道速度测量板换热器的压力损失。这些结果与设计相关性材料 17-4PH 半奥氏体不锈钢进行了比较。17-4PH SS 因其耐腐蚀而闻名。在装配中发生裂缝腐蚀的可能性被排除了，因为它很接近。该材料可选用 17-4PH SS，可承受高应力、高抗裂纹扩展和耐腐蚀。轴也可由 17-4 PH 不锈钢 H1025 39-42 HRc 制成。所有涡轮转子叶片的材料在 H1025 条件下是 17-4PH 不锈钢，它提供了更大的横向延展性，更低的过渡温度，以及更有用的断裂韧性水平。OTEC 汽轮机采用旁通调速方式。作为安全措施，在涡轮的入口设置一个快速关闭阀。

3）海水泵的选择

对于 OTEC 应用，所要求的泵应具有满足大流量和低扬程要求的特性，这限制了混流离心泵的选择。在工作流体循环中，也考虑了抽氨水的离心泵。海水泵将消耗该工厂生产的总发电量的 30%到 40%。

材料的设计、强度和耐久性的选择在设计阶段应考虑到船舶运动（漂浮植物）、沉浮的波动和海水腐蚀。根据这些材料的优异耐腐蚀性和用于污垢控制的氯化海水中的稳定性，选择适合于海洋环境的材料，如叶轮和轴用不锈钢、外壳用镍铸铁。

为浮动的工厂提供了一种特殊的滚柱推力轴承，以满足大约 5%的俯仰运动。泵的叶轮是由 ASTM A351 级材料制成的。泵壳的内壁可以涂上一层氧化铜，并覆盖一层环氧树脂。在每个进料泵下面的沉箱中引入氯，以防止套管和叶轮的污垢积聚。某些钢，如双相钢在高电位下显示出高的点蚀概率，并且随着电位的降低而显著降低点蚀概率。

5.4.4 海水进气系统和部署

OTEC 系统的关键部件之一是将冷水从1 000米的深度输送到 OTEC 平台。这些海水进水管必须处理大量的水，因此通常直径大。这些管道必须能够承受海浪、洋流和腐蚀的影响，并且在很长一段时间内都能承受生物污染，如 25～30 年。一般管道的长度从 1 到 4 到 5 公里不等，取决于工厂的类型。管道与浮动平台的连接设计，以及在各种环境条件下对管道行为的研究，是一项具有挑战性的任务。海洋-陆地工厂的水系统对排泄管和系统所有管道的冲浪带都有特殊要求。在漂浮的工厂中，管道可以作为系泊的一部分，就像小型的 OTEC 工厂一样。在另一种情况下，系泊与管道分离，管道垂直悬挂在驳船上。OTEC-1 实验使用了这种配置。

1）进气管材料

选择最经济、技术上最合适的管道，其预期寿命本身就是一个问题。管道的选择必须考虑到其承受负荷、抗压、在冷水流入水池中温度升高的能力，以及海水中可能引起的腐蚀。除了传统的钢管外，还有其他几种管道材料，如铸铁、混凝土、HDPE、FRP。大多数的实验装置到目前为止，都使用了 HDPE 或聚乙烯管。在推荐的工厂中，HDPE 被选为提供冷热水的材料。表 5.7 给出了各种类型的管道的属性。

2）定位系统

定位有两种选择：一个浮动平台，如动态定位系统和系泊系统。带有推进器的动态定位系统比系泊系统更昂贵。然而，深水系泊系统仍然是一个技术难题。选择合适的海上平台系泊系统取决于水深、环境条件、平台类型和尺寸、平台运动、操作周期、需要临时或永久系统、最大允许漂移、成本等因素。系泊系统有三种类型（见图 5.15）。

表 5.7　关于不同类型管道材料的比较声明

系列号	性能	铸铁	混凝土	钢	高密度聚乙烯	玻璃钢
1	强度	一般	一般	很好	一般	好
2	密度	重(7 500 kg/m^3)	轻(2 400 kg/m^3)	重(7 950 kg/m^3)	最轻(955 kg/m^3)	轻(1 500 kg/m^3)
3	弹性	一般	一般	好	很好	很好
4	抗拉强度	196 N/cm^2	59 N/cm^2	24 500 N/cm^2	588 N/cm^2	9 800 N/cm^2
5	耐海水	受影响	较小影响	受影响	很小影响	很小影响
6	保护涂层	需要	不需要	需要	不需要	不需要
7	阴极保护	需要	不需要	需要	不需要	不需要
8	水力特性和摩擦浮力	一般 最小浮力	好 最小浮力	好 最小浮力	最好 最大浮力	最好 有浮力
9	证明记录	好	好	好	不可长时间使用	不可长时间使用
10	热导率	51.128 W/m^2/K	0.963 W/m^2/K	62.748 W/m^2/K	0.499 W/m^2/K	0.209 W/m^2/K
11	本土的可用性	可用	可以	可以	可以	不确定

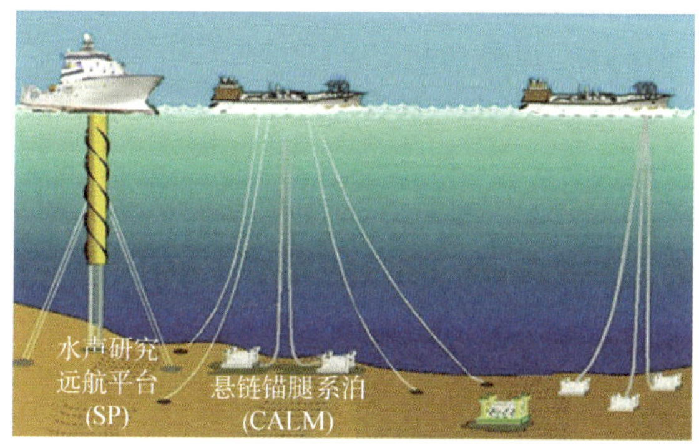

图 5.15　OTEC 驳船维护系统

(1) 单点系泊,平台由单根钢丝绳或链条系统控制。小型 OTEC 证明了 HDPE 管道也可以用于系泊。

(2) 垂直张力系泊,在系泊缆中引入了一些张力。

(3) 多腿悬链式系泊,使用不同的链缆来保持平台的位置。

单点系泊。单点系泊具有适应天气环境的能力,对深水环境是经济的,因为它们会随外界环境条件变化相应调整方向来减少建筑物的受力负荷。单点系泊系统的设计是多种多样的,尽管它们都具有相同的功能。图 5.9 是单点系泊系统的一个例子。

转塔式系泊系统。在这个系统中，有许多悬链系泊腿被连接到一个转塔上，这是停泊的船只/平台的重要组成部分。转塔提供转轴，使船可以绕着腿旋转。

悬链线锚腿系泊(风平浪静)。在这个系统中，一个巨大的浮标被用来支撑固定在海床上的一系列链状链腿。来自海洋的水管和一个缆绳(在OTEC工厂的情况下的冷水管道)连接到浮标的底部；通常情况下，一根合成的绳子将漂浮的平台连接到浮标上。由于平静浮标的响应与在波浪作用下的浮动平台完全不同，这个特殊的系统在承受恶劣环境条件方面有一定的局限性。因此，在极端环境条件下，将该平台与浮标连接断开。对于不可能断开连接的情况，提供了刚性结构的轭架，将船/平台与浮标的顶部绑在一起。刚性的轭这样的设计完全消除了平台和浮标之间的水平运动。

单锚腿系泊(SALM)。该系统采用垂直上升管系统，其在表面附近或表面上有大量浮力，并由预张紧立管保持。采用固定轭的管状铰接提升管。还可采用软管进行系泊连接。立管的布置就像一个倒置的钟摆，因为表面有大量的垂直浮力。当系统从原来的位置上移动时，钟摆的作用就会使立管恢复到原来的位置。正如在前面的例子中提到的，浮动平台通过刚性的轭架或软管连接到SALM浮标的顶部。立管的底部连接到海底上的堆垛或自重混凝土或钢结构。在深水中，SALM系统通常具有中跨铰接(见图5.16)。

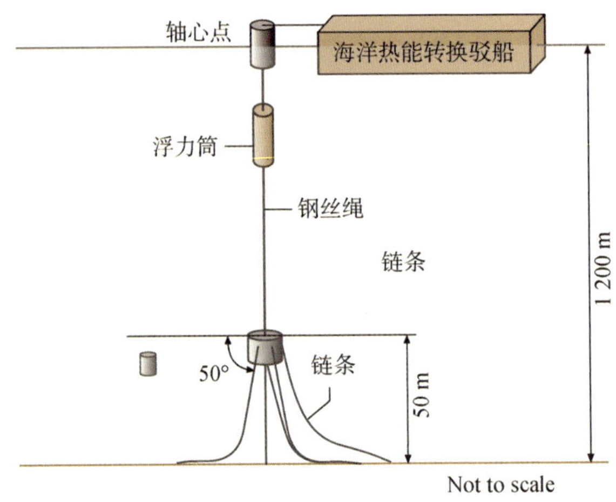

图5.16　配重铰接系泊系统

动态系泊系统。动态定位(DP)既可用作平台定位的唯一来源，也可用于辅助悬链线系泊系统。动态定位系统由一个位置参考系统和计算机控制的推进控制器组成，推进器控制器控制船舶周围的推进器。当使用动态定位系统时，当推进器被手动控制时，它被称为DP辅助系泊和推进器辅助系泊。近年来，动力定位辅助系泊系统在舰船上的应用受到了广泛关注。控制船舶首向、阻尼船的运动，以及随后减少系缆载荷，提高操作效率的能力是需要考虑的关键因素。

在经济设计中，考虑所有风、波浪和水流力，对系泊系统的载荷进行实际估算。疲劳和腐蚀问题是OTEC装置系泊系统的主要挑战。

3）管道布置

冷水管是OTEC工厂的重要组成部分，因为它将冷水输送到电厂。由于冷水的温度大约是 6～7 ℃，所以管道必须长约 1 千米。长管必须被水平拖拽，并在水深超过1 000米的水中垂直地颠倒。这项任务，即冷水管道的部署是一项复杂的操作。幸运的是，像 HDPE 这样的材料漂浮在水中，因此 HDPE 管将自行漂浮。其它材料可能需要漂浮装置来使管道漂浮。HDPE 是柔性的，但是它也有一个极限弯曲半径，并且在展开过程中必须保证弯曲应力不超过极限值。当管道被拖到工地后，它必须是垂直的，因为这种起重机驳船需要以较慢的速度降低管道，并且能够处理管道上所有的重量。必须首先部署系泊，然后在管道垂直后，需要连接到船上。管道的直立是一项非常精细的任务，可能遇到空气锁而导致失败，因此整个过程需要仔细规划和执行。与船只的连接包括潜水员和一些机载设备，如绞车和起重机。一般来说，一艘装有搬运设备的大型驳船，一艘配备了支持和后勤的定位系统的大型船只，拖船和几艘渔船，都是工厂安装过程中所必需的辅助设备。

5.4.5 生物污染控制

海水中的任何固体表面在几小时内就会以可探测的黏液层的形式获得一层微生物。该薄膜厚度增加，通过充当热绝缘体来削弱热交换器的性能。表面上的微污染率取决于许多因素，如表面的性质、表面附近存在的营养物质的种类和数量、环境的氧化能力、海水的 pH 值。随着海水通过热交换器壁的快速流动，薄膜的松散部分顶部破裂。然而，随着时间的推移，膜变得更硬和致密，降低了传热系数，甚至高达 60%。对热流的阻力是以热传递系数的倒数为衡量标准，并被指定为污垢因数(Rf)。一般认为表层海水的典型污垢因子为 0.000 05 m^2K/W，深水为0.000 015 m^2K/W。NELHA 通过 5 年的实验研究表明，深海冷水侧热交换器的生物污垢可忽略不计。通过加入适当的氯，可以防止蒸发器中的生物污垢。以下是一般结论：

(1) 开放(敞口)海水的污损特性与现场无关。

(2) 近海/沿海水域和开放海水的污损特性是不同的。

(3) 低水平的间歇氯化反应可以防止换热器表面的污垢积聚。

下面讨论了许多生物污染控制措施。

1) 加氯消毒

在这个系统中，氯以 NaOCl 的形式注入到进水口中，或者在一个小型的电氯发生器系统的帮助下进行。这种注入可以是连续的，这样氯的浓度永远不会超过 0.5 ppm，或者可以定期间歇进行，但氯浓度可能高达 1.2 ppm。

2) 超声波清洗

在超声波清洗中，高频声波消除了换热器表面的生物污垢。清洗所需的功率是热交换器表面面积 1 W/cm^2。其他的方法，如美国的橡胶海绵和使用刷子的机械清洗也很有效。各种大小和浓度的二氧化硅颗粒在热交换器表面传播，效果有限。由于板式换热器的连续板之间的间隙只有 3～6 毫米，因此污垢很容易妨碍流体的流动，因此需要严格控制换热器的清洁度。在初步评价的基础上，选择了次氯酸钠作为 OTEC 操作中的一种可能的防污剂，以其有效性、易获得性、低成本、便于存储补给等优点。随后在近岸水域中进行实验，在模拟流动室(佩德森装置)的 0.2、0.5、0.8、1、1.2 和 1.5 mg/L 的残渣中进行，并在 1.2 mg/L 的连续残留水平下实现粘泥控制。在该系统中观察到控制和氯化板之间的细菌密度减少了 0.8倍。后来，在 OTEC 站点上进行了实验，将该系统转变为一种间歇模式，以减少 OTEC

驳船上的氯库存。这些研究表明，间歇的氯消毒机制1.2 mg/l 残差（2 小时间隔）对黏性控制是有效的。由于对污染的控制对传热效率至关重要，在沿海和海洋水域使用流动室的剂量和频率是通过在研究船上的海洋站点上的模型板换热器进行验证的。实验研究的结果如表 5.8 所示。

对 OTEC 工厂进行生物污染控制的理想方法是：1.2 ppm 的间歇氯化碳，定期进行机械清洗。然而，为了建立氯的配药制度，必须进行特定的生物污染研究。

5.4.6 近海的 OTEC 工厂输电

OTEC 工厂如果建成，将会在海上 4～100 千米（甚至更多）的海上驻扎，这就提出了一个问题，即这些工厂生产的能源将如何，或者以何种形式，向陆地上的用户市场开放。OTEC 工厂与陆基能源市场之间的联系是整个系统的重要组成部分，因为 OTEC 概念的总体可信度将取决于传输系统的可用性和经济性。在离海岸不到 25 千米处的 OTEC 工厂所产生的电力，可以通过海底电缆作为高压交流（150 千伏）传输。对于长距离，最高达 200 千米，必须通过高压直流（直流电）（250 千伏）的进行传输。到目前为止，OTEC 还没有尝试过水下（12 千米）大容量的功率传输。这必然会造成许多工程问题，特别是在平台定位、电缆设计和安装方面。直流电缆必须是完整的，因为在超过 100 千米的范围内不允许拼接或接头。

对于远比海岸几十千米远的 OTEC 工厂来说，工程和经济方面的考虑似乎都倾向于通过电解去离子化海水来将主要的 OTEC 电能转化为氢。由此产生的氢气可以通过海底管道输送，如果距离不大，或者将 OTEC 工厂本身转化为液态氢或液态氨（NH3），这些氢气可以通过特殊的容器或油轮运输到陆地终端。后一种选择在能源产品的处置方面提供了更大的操作灵活性。海底电缆的安装和服务条件通常比同等的陆地电缆要复杂得多，而且有必要设计每一根电缆来承受特定路线上的环境条件。在一定的限制条件下，纸绝缘实心电缆、充油电缆、充气电缆和聚合物电缆都适用于海底电缆安装。水下电缆安装的深度可达5 500米，长度为 127 千米（丹麦和挪威之间）。

表 5.8 在钛上开发的生物膜厚度

氯剂量制度	生物膜厚度/m		
	第一天	第三天	第六天
连续-1.2 ppm	9	15	20
2 小时的时间间隔：1.2 ppm	12	18	32
4 小时的时间间隔：1.2 ppm	13	22	45

5.5 结论

OTEC 为可再生能源的产生提供了巨大的潜力，可再生能源与传统发电厂一样具有可再生性。不断增加的能源需求与惊人的臭氧层消耗率和化石燃料的社会环境影响相结合，需要将注意力集中在海洋上的能源需求。世界上有许多国家对 OTEC 的发展非常感兴趣。

有技术和经济的障碍需要克服。但是,建立海洋能源技术的信心和可靠性是当前的挑战。对于主用地的额定功率为 25 兆瓦及以上的发电成本预计可与化石燃料厂相媲美。然而,即使在今天,OTEC 发电厂也将对岛上的社区具有成本竞争力。鉴于许多国家提供的巨大的 OTEC 资源,由于其可再生和无污染的性质,小型发电厂的技术发展计划和实验数据的生成应该被视为对未来技术的投资,而不是预期的。目前与传统燃料厂相比,成本更具竞争力。

参考文献

5.1 M. M. El-Wakil: Powerplant Technology (Tata McGraw-Hill Education, New Dehli 1984)

5.2 N. Lenssen: Providing energy in developing countries. In: State of the World, ed. by L. R. Brown (Norton, New York 1993) pp. 228-235

5.3 C. B. Panchal, K. J. Bell: Simultaneous production of desalinated water and power using a hybrid-cycle OTEC plant, J. Sol. Energy Eng. 109(2), 156-160 (1987)

5.4 M. A. Syed, G. C. Nihous, L. A. Vega: Use of cold seawater for air conditioning, Proc. OCEANS, Vol. 1(1991) pp. 60-64

5.5 F. Matsuda, T. Tsurutani, J. P. Szyper, P. Takahashi: The ultimate ocean ranch, Proc. IEEE OCEANS'98, Vol. 2 (1998) pp. 971-976

5.6 H. Kobayashi, S. Jitsuhara, H. Uehara: The present status and features of OTEC and recent aspects of thermal energy conversion technologies, 24th Meet. UJNR Mar. Facil. Panel (2001) pp. 1-8

5.7 G. T. Heydt: An assessment of ocean thermal energy conversion as an advanced electric generation methodology, Proc. IEEE 81(3), 409-418 (1993)

5.8 B. K. Parsons, D. Bharathan, J. A. Althof: Thermodynamic Systems Analysis of Open-Cycle Ocean Thermal Energy Conversion (OTEC), NASA STI/Recon Technical Report N 86 23043 SERI/TR-252-2234 (Solar Energy Research Institute, Golden 1985)

5.9 H. Uehara, Y. Ikegami, T. Nishida: OTEC system using a new cycle with absorption and extraction processes, Phys. Chem. Aqueous Syst. (1995) pp. 862-869

5.10 W. H. Avery, W. Chih: Renewable Energy from the Ocean: A Guide to OTEC (Oxford University Press, New York 1994)

5.11 M. Ravindran: The Indian 1 MW floating OTEC plant-An overview, IOA Newsletter Vol. 11 NO. 2/Summer 2000, International OTEC/DOWA Association (2000)

5.12 V. Jayashankar, J. Purnima, M. Ravindran, M. Mitsumori, H. Uehara: The Indian OTEC program, Offshore Technol. Conf. (1998), OTC-8905-MS

5.13 M. Ravindran, R. Abraham, S. Zacharia: Environmental friendly energy options for India, Int. J. Environ. Stud. 64(6), 709-718 (2007)

5.14 M. Ravindran, R. Abraham: The Indian 1 MW demonstration OTEC plant and the pre-commissioning tests, Mar. Technol. Soc. J. 36(4), 36-41(2002)

5.15 R. Abraham, T.R. Singh: Thermocline-driven desalination: The technology and its potential, Int. J. Nucl. Desalination 2(2), 109-116 (2006)

5.16 C.B. Panchal, J.J. Lorenz, D.L. Hillis: Effects of Ammonia Contamination by Water on OTEC Power System Performance, ANL/OTEC-PS-8 (Argonne National Laboratory Report, Lemont 1981)

5.17 C.B. Panchal, D.L. Hillis, J.J. Lorenz, D.T. Yung: OTEC Performance Tests of the Trane Plate-Fin Heat Exchanger, ANL/OTEC-PS-7 (Argonne National Laboratory Report, Lemont 1981)

5.18 J.R. Vadus, B. Taylor: OTEC cold-water pipe research, IEEE J. Oceanic Eng. 10 (2), 114-122 (1985)

5.19 C.B. Panchal, L. Genens, D.L. Hillis, J. Larsen-Basso, S. Zaidi, T. Daniel: Bio fouling and corrosion studies at the seacoast test facility in Hawaii, Proc. OCEANS (1984) pp. 364-369

5.20 P. Sriyutha Murthy, R. Venkatesan, K.V.K. Nair, M. Ravindran: Biofilm control for plate heat exchangers using surface seawater from the open ocean for the OTEC power plant, Int. Biodeterior. Biodegrad. 53(2), 133-140 (2004)

第6章　海上风能

Mareike Strach-Sonsalla，Matthias Stammler，
Jan Wenske，Jason Jonkman，Fabian Vorpahl

1991 年，世界上第一个海上风场范德比海上风场开始向丹麦洛兰岛沿海电网输电。自那时起，海上风能从早期的尝试一直发展到如今数十亿美元的市场份额，并成为全球可再生能源生产的重要支柱。海上风力发电机(OWT)的单机装机容量从范德比风场的 450 千瓦增加到目前(截至 2014 年 10 月)正在进行样机研究的 7.5 兆瓦级。

本章综述了海上风力发电机(OWT)的技术现状，并介绍了海上风力发电机单机的建模和仿真原理。本章还介绍海上风力发电机的部件包括转子、机舱、支撑结构、控制系统和动力电子元件，同时展现了当前技术方面的挑战。本章还从海上风力发电机的设计者和模型师的视角描述了系统动力学和环境(风和海浪)。最后，本章对未来的技术进行了展望。

本章描述动力系统时集中讨论的是海上风力发电机单机-确切地说，是一个水平轴流风机。海上风场和风场效用在本章没有做详细的介绍，但是略有涉及并提供了进一步的参考资料。

20 世纪中期，可再生能源的利用得到了飞速的增长。例如，欧盟(EU)在风能领域的装机比例从 2000 年的 2.2% 增加到 2012 年的 11.4%。为响应该趋势，欧盟各成员国已经达成一致目标，至 2020 年各国 20%的能源消耗将来源于可再生能源。这主要由于两个原因：一是化石能源的独立性已促使其近年来价格更高；二是人们的环境意识越来越强。

风能在能源转变上占有很大份额。截至 2012 年，风能装机容量达282 430兆瓦，其中5 410兆瓦为海上风能。虽然海上风能装机容量仅占总装机容量的 1.9%，但是必须要强调的是，海上风能产业相对来说属于新兴产业且在过去的十年里取得了飞速的发展；欧盟各成员国的海上风力发电机的装机容量从 2000 年的 4 兆瓦增加到 2012 年的1 188兆瓦。在一些国家，无论政治领域还是工业领域都迫切推进海上风能。文献[6.3]阐述了 31 家公司发布了 38 台海上风力发电机模型；德国政府希望 2030 年海上风力发电机装机容量达25 000兆瓦。

总之，海上风力发电机(OWT)通过风中蕴含的能量来发电，产生的电力输送到电网，并由电网输送到用电的千家万户和工业领域。与化石能源相比，海上风力发电机产生的电能不能加以即时控制；海上风力发电机只能基于当前的风力条件进行发电。风力是任意的且不能被收集存储以便后期使用。对于风力的大规模深入认识，决定了所建立的电网的稳定性和提供电力的持续性。从间歇性电力供应到今天的电网建设过程中产生的问题正在促使人们对电网的思路的转变以及对未来如何设计电网的思考。目前许多研究都在致力于这一

领域。

本章综述了海上风力发电机技术目前的工艺水平，并介绍了海上风力发电机单机的建模和仿真原理。海上风力发电机的部件也在此进行了描述，同时介绍了风力是如何产生能量的，海浪及相应的负载如何描述的，以及海上风力发电机单台如何建模和仿真制造。本章以对未来技术的展望结尾。本章描述动力系统时集中讨论的是海上风力发电机单机-确切地说，是一个水平轴流风机(HAWT)。海上风场不在本章的范围内，因此未做详细描述。

最后一点关于海上风力发电机和/或 OWT 的使用的说明：虽然没有明确阐述，但以下说明绝大部分也同样适用于陆上风力发电机。但是，为免混淆，本章统一使用海上风力发电机(OWT)的说法。

6.1 目前的海上风力发电机技术

本节描述了海上风力发电机技术。海上风力发电机的部件(见图 6.1)按照中国际电工技术委员会(IEC)的定义进行介绍。相应地，海上风力发电机这一术语描述了一个由转子-机舱组件(RNA)和支撑结构组成的系统。本节集中介绍如图 6.2 所示的固定底座三叶水平轴流风机，这类风机应用在今天商业海上风场上。6.3 节引入了与此概念不同的技术示例。转子-机舱组件由转子，轮毂和转子叶片以及机舱组成，包含发电机和传动系统以及相应的支撑框架。转子-机舱组件在 6.1.1 节(转子)和 6.1.2 节(机舱)中有描述。术语支撑结构包括基础、下部结构和塔(见图 6.1)，并在 6.1.3 节中进行了描述。控制系统和电力电子设备是风力发电机组的重要组成部分，它们的位置在不同的海上风力发电机概念上有所不同，这在 6.1.4 节(控制系统)和 6.1.5 节(电力电子)中描述。

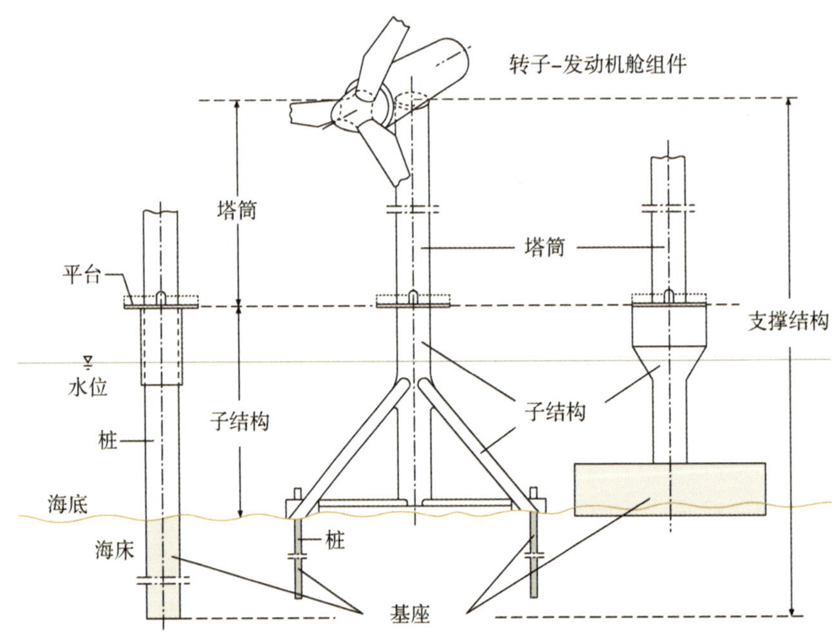

图 6.1　符合 IEC 的海上风力发电机部件

图 6.2　位于德国的海上风场阿尔法文图斯的风力发电机

6.1.1　转子

转子通过利用气动升力将风中的动能转换为转子和传动系的旋转能量。根据对风向的布置，转子可分为逆风转子和顺风转子。今天的大多数风力发电机都有带三个叶片的逆风转子；转子在塔前面朝着风向。

叶尖速度，转速 Ω 与转子半径 R 的乘积和未扰动风速 V_{wind} 之间的比率表示为叶尖速比 λ。即

$$\lambda = \frac{\Omega R}{v_{\mathrm{wind}}} \tag{6.1}$$

目前使用的海上风力发电机设计为约 5～8 的叶尖速比并且因此通过低转矩提供高发电机速度。而且，大多数海上风力发电机是变速的，它们可以改变转子的转速，因此可以在一定风速范围内以最佳的叶尖速比运行。但是，对于变速涡轮机而言，其产生的电力不符合电网频率，必须先转换再馈入电网。

转子产生的能量必须加以控制来避免超过额定功率等的限制。这种方法可以保护机器并防止发电机过载。图 6.3 示出了可变桨距控制的风力发电机的通用功率输出曲线；产生的功率在切入风速以下为零，在切入风速和额定风速之间呈立体增长，在额定风速以上恒定不变，并在达到切出风速后再次变为零。

对于转子的空气动力学控制，变桨距控制是最常见的。这些转子叶片根据风况围绕其纵轴旋转。在高于额定风速的情况下下，转子速度固定，叶片的桨距角增大，从而降低最终流入速度的迎角并保持产生的功率恒定。对于可变桨距的转子，由于必要的轴承和致动器

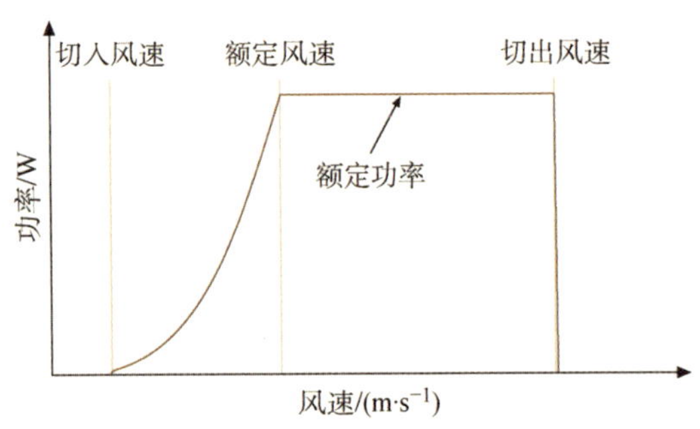

图 6.3 风力发电机的功率输出曲线

系统，转子叶片和轮毂之间的连接相当复杂。

空气动力学控制转子产生功率的另一种可能性是利用失速效应，主动控制或被动控制均可。对于被动失速控制的转子，转子在一定的风速范围内保持固定的转速。此外，转子叶片固定在一定的桨距设定角度，并且不能沿其纵轴旋转。对于主动失速控制的转子，转子的转速是变化的并且转子叶片主动倾斜以失速。在这两种情况下，最终的流入速度的迎角都会增加。这种增加会导致叶片上的流动分离，从而降低叶片上的升力并降低产生的功率。预测失速行为并不容易。此外，阻尼和疲劳性能比变桨距转子更不利，导致叶片成本高于变桨距转子，这就是为什么后者在当前海上风力发电机中更常用的原因。

典型的海上风力发电机有三个转子叶片。这种配置导致关于偏航轴的恒定惯性矩(见6.1.2 节)。更多的转子叶片也会产生这种对称性，但是会增加转子的重量，并因此增加整个涡轮机的成本，而在空气动力学性能方面增益很少。两个或甚至一个转子叶片在不牺牲很多空气动力学性能的情况下给转子带来更差的动态特性。海上风力发电机的两叶片转子是最近研究项目的主题。

1）转子叶片

转子叶片是海上风力发电机中最重要的部件，因为它们实际上是从风中提取能量。它们是大型柔性结构，当人们在空中看见它作为 RNA 的一部分，往往低估其大小。图 6.4 显示了与卡车相比用于数字兆瓦级涡轮机的转子叶片。空气动力学性能和结构强度对于转子叶片的设计都很重要。

对于叶片形状的初步猜测可能完全基于根据 Betz 或 Schmitz 的最佳叶片设计的空气动力学性能来确定，这在文献[6.5]中进行了解释。最佳叶片设计示例如图 6.5 所示，展现了弦长，叶片沿其半径的宽度。转子叶片的横截面是沿着纵轴穿过的不同翼型。对于具有高翼尖速比的转子，即对于海上风力发电机的转子而言，这些翼型的选择对于空气动力学性能

图 6.4 用于兆瓦级风力发电机的转子叶片与卡车的对比

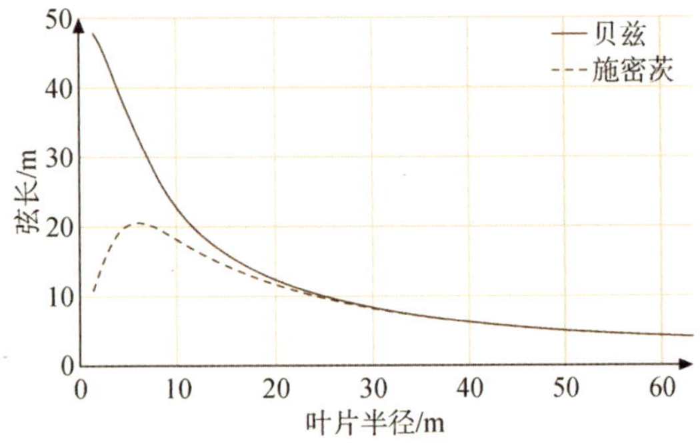

图 6.5 根据 Betz 和 Schmitz，设计叶尖速比为 8 时三叶片转子的最佳叶片弦长

特别重要,因为翼型的升阻比需要很高。此外,转子的空气动力学控制影响翼型的选择。

转子叶片的结构特性是通过动态性能与材料使用量的权衡来确定的。薄的柔性叶片可能需要较少的材料,但必须注意塔筒的间隙(叶片不得撞入塔筒内)。而且,叶根的形状设计通常不同于最佳的空气动力学设计,因为必须将载荷转移到结构中。

转子叶片由复合材料制成,主要由玻璃纤维增强聚酯制成。海上风力发电机常用的大型柔性转子叶片也具有碳纤维。在文献[6.7]中描述了叶片制造中最重要的程序。此外,叶片制造过程的自动化是当前的研究课题.

2) 轮毂

轮毂是连接转子叶片并将转子连接到动力传动系统的组件。海上风力发电机最常见的轮毂形式是刚性的,除了桨距角度变化外,其不允许桨叶运动。也就是说,轮毂和转子叶片通过变桨轴承和各自的驱动装置连接。还有其他类型的轮毂,可以使转子摇动或转动叶片,但它们主要用于带两个叶片的转子。大多数轮毂都是由钢材制成的,既可以是铸造结构也可以是焊接结构。

6.1.2　发动机舱

发动机舱包含动力传动系统,发电机和其他设备,如液压机械,并保护其免受天气影响。它还为动力传动系统提供支撑框架。为了防止咸空气腐蚀发动机舱内的部件,大多数海上风力发电机都有一个过滤系统。通常用逆风涡轮机,有时用顺风涡轮机,机舱需要遵循当前的风向积极地进行电力转换并减少支撑结构上的负载。该主动控制通过调向系统来实现,该调向系统由将机舱与塔筒架连接的调向轴承和转动机舱的调向驱动器组成。维护海上风力发电机比维护陆上风力发电机更具挑战性。因此,一些海上风力发电机发动机舱专为便于维护而设计。例如,一些设计确保有足够的备用空间来存储更换部件,或者船用吊具有足够的能力卸载运输船和提升重型部件,并且机舱内设置有机修间。此外,由于恶劣天气或其他原因,维护人员可能需要呆在机舱内几天,因此救生包,急救箱和行军床被存储在那里。

1) 动力传动系统

动力传动系统是转子和发电机之间的旋转连接。目前,动力传动系统有三大设计理念:中速,高速和直接驱动。

早期的风力涡轮机具有带三级变速箱的动力传动系统,可加速转子的慢速旋转运动。使用这种变速箱可以使用高速发电机。标准的高速发电机在 50 赫兹的电网中以 1 500转/分钟或在 60 赫兹的电网中以 1 800 转/分的额定转速工作。尽管这种类型的动力传动系统具有技术优势,但风力发电行业早期将齿轮箱和高速发电机相结合的主要原因是可以使用现成的工业部件。

由于多个齿轮箱故障以及风力发电机齿轮箱设计的复杂性,德国风力发电机制造商 Enercon 开始设计直接驱动,缓慢转动的多极发电机。虽然直驱式发动机舱通常比传统的动力传动系统重,但相比之下它们在几年内更具有出色的可靠性。

随着海上风能产业的新兴,一些公司试图通过开发由两级变速箱和一台中速发电机组成的中速传动系统来结合直驱和高速传动系统的优点。这种设计可以在不使用变速箱的第三(高速)档位的情况下提供了相对较轻的动力传动系统。这是特别有利的,因为第三档位是普通齿轮箱中的主要故障位置之一。

在当前的海上风力发电机中，三种类型的动力传动系统都在使用。多年来，直接驱动被认为是未来的主导技术；然而对风力发电机齿轮箱和新型中速传动系统的进一步了解让竞争再次开启。关于不同风力发电机动力传动系统概念的总体效率的明确阐述不容易做出。特定场地给定风量分布的年收益率比任意运营点的更能成为基准值。

2）轴承

所有动力传动系统部件，桨距系统和海上风力发电机的调向系统都使用滚柱轴承。轴承设计人员在开发风力发电机机应用轴承时面临几个困难，轴承故障是造成风力发电机机早期可靠性降低的主要原因。

与其他工业应用相比，风力发电机轴承面临随机变化的负载。在高速动力传动系统内，额定转速在转子侧 10 转/分钟和发电机侧1 800转/分钟之间变化。尤其是，在包含整个速度范围的变速箱中，润滑油始终是大型低速轴承和小型高速轴承需求之间的问题。只有具有大量打包添加剂的现代合成润滑油才能满足这些要求。

俯仰和调向轴承的大部分时间都处于停滞状态，同时经受着巨大的弯矩。当它们转动时，转速很低，运动距离很短，而且有时是振动的。这种负载组合阻碍了分离轴承不同部分的润滑膜的形成。主要的损害方式是磨损而不是疲劳。这种应用的轴承设计尤其具有挑战性，目前还没有测试和计算轴承寿命的方法。

3）发电机

目前，海水风力发电机使用三种不同类型的主发电机：感应发电机（IG），双馈发电机（DFIG）以及电动或永磁励磁同步发电机（EESG 或 PMSG）。从理论的角度来看，这些类型的发电机可以与上面提到的三种主要传动系统变型结合使用。在实践中，应用的整个带宽只能在高速传动系统设计中看到。感应发电机的重量比其他类型的更大，因此不适用于中速和直驱动力传动系统。

将永磁材料用于磁场激发似乎在效率，比容和重量方面具有最大的优势。然而直到目前为止，还没有直驱风力发电机组的应用的足够业绩，而稀土材料价格的波动会对成本产生负面影响。例如，2011 年，1 千克生钕的价格从 36 欧元开始，7 月达到顶级水平 195 欧元，并在年底回落到 110 欧元。在同一时间段内，1 千克生镝的价格在 243 欧元和 975 欧元之间，最高峰值为 1 700 欧元。目前的直驱式发电机设计每兆瓦额定发电机功率需要大约 600～800 千克永磁材料，其中 30%是稀土材料，如钕或镝。

主要基于 Enercon 涡轮机技术的 EESG 变体通常非常可靠，但与 PMSG 变体相比，其缺点是具有更大的重量和需要更大的安装空间。在过去有很多与各种发电机概念相关的重量和尺寸问题的讨论；然而，可以说，西门子等制造商的现代直驱式涡轮机开发在其特定的机舱重量方面非常接近实现最新基准齿轮涡轮机（Vestas V90-3.0）。

除此之外，由于成本结构不同，对海上风力发电机的要求与陆基风力发电机的要求不同。故障可能导致大量的停机时间并产生巨大的生产损失。因此，确保高可靠性和精细的服务理念至关重要。因此，直接驱动设计使得海上风力发电机摆脱齿轮箱可靠性问题和变速箱维护。西门子，XEMC Darwind 和阿尔斯通等制造商最近开发并宣布的大多数海上风力发电机都是直驱 PMSG 风机。相比之下，像华锐风电和 Repower 等其他海上风力发电机制造商则倾向于采用 DFIG 的齿轮概念。其他公司，如 Vestas 和 Gamesa 开发了中速 PMSG 的海上风力发电机。尽管如此，我们可以看到，目前市场趋向于直接驱动 PMSG 的海上风力发电机。图 6.6 概述了上述概念和相关的技术参数。

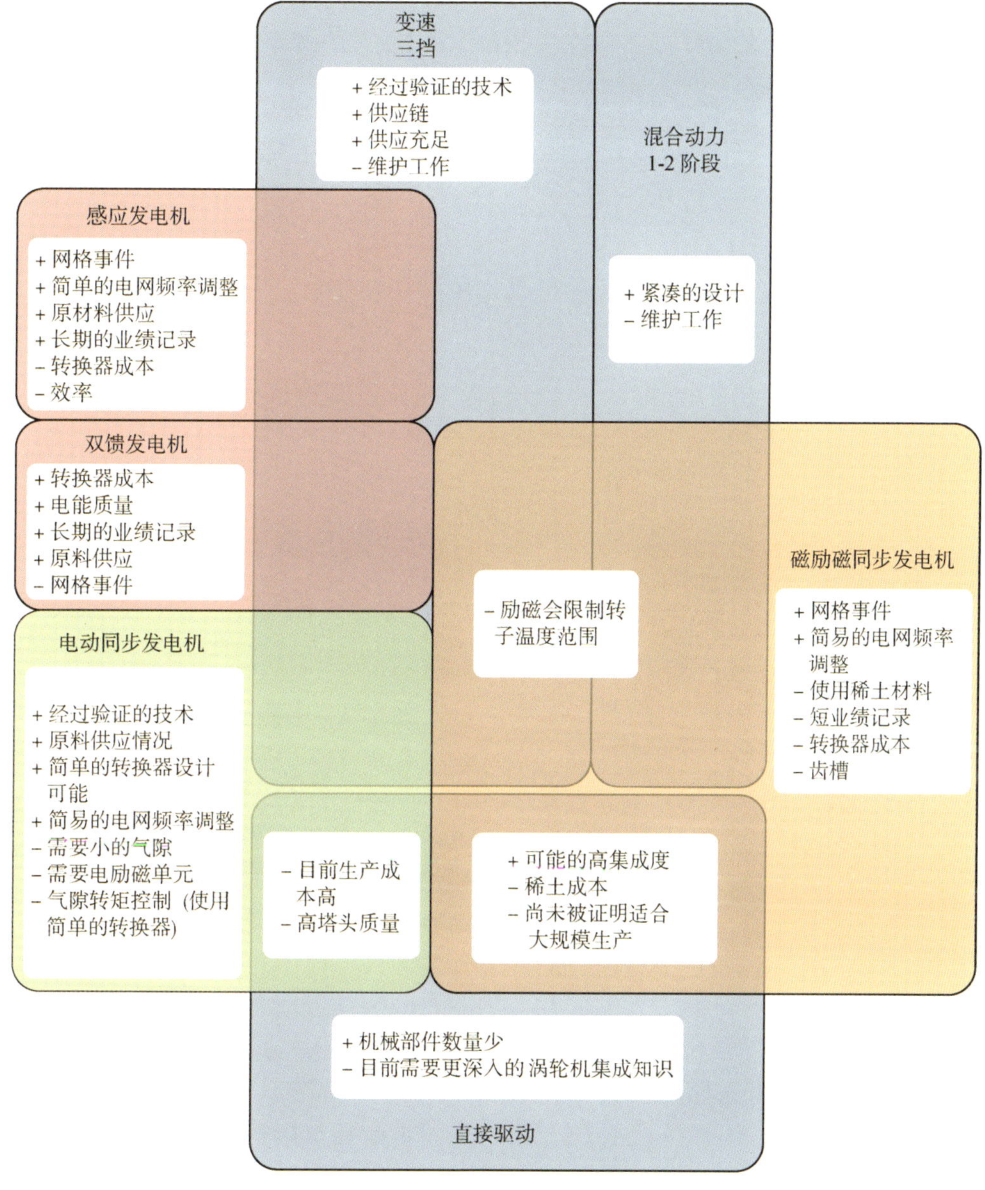

图 6.6　传动系概念和相应参数概述

6.1.3　支持结构

如前所述，支持结构代表了海上风力发电机的塔筒，下部结构和基座。理论上，这些组成部分中每一部分的不同变化的所有组合都是可能出现的。以下提供了下部结构和基座的详细信息，重点介绍了当前现有的配置。他们被放在一起描述，因为基座和下部结构不能对所有配置进行单独分开。一个例子就是重力式下部结构，其下部结构和基座在一定程度上重叠。

1）塔筒

实际上，今天所有的海上风力发电机都有钢管塔筒。通常，它们是由不同的塔筒分段组成的在现场用螺栓连接在一起（见图 6.7）。塔筒分段直径的一个限制因素是运输的原因（桥下最大高度）。对于海上风力发电机，当塔筒分段在沿海制造时，不需要陆路运输，可以避免这种限制。塔筒通常有梯子和/或电梯以及内部不同高度设置的平台，以进入转子机舱组件（RNA）（用于维护）。

图 6.7　用于兆瓦级海上风力发电机组的塔筒分段

塔筒设计的一个重要因素是通过将塔筒的第一固有频率远离通过叶片的频率和/或旋转频率-通常每转一次（1P）和每转三次（3P）来防止共振。文献[6.5]中详细地提供了第一固有频率的调谐。

2）下部结构和基座

目前，海上风力发电场使用单桩，导管架，三脚架，三桩和重力基础下部结构。它们的在外观、荷载如何转移到土壤、固定在海床上的方式以及从经济性考虑它们可以安装的水深方面都不同。到目前为止，用于海上风力发电机的浮动平台尚未用于商业农场，而是处于雏形，还需要再研究。一般来说，在设计海上风力发电机下部结构时，重要的是要考虑由转子推力引起的大的倾覆力矩，该倾覆力矩在额定风速下可能远大于切出风速或甚至 50 年极端风速。所有的下部结构都配备了所谓的次级钢，即梯子，登船平台，用于电缆引导的 J 形管等等。尽管二次钢对于海上风力发电机的操作和维护是必不可少的，并且可能会引起系统的振动和/或附加负载，但它并不是主要结构，也就是承载钢。因此，这里不详细讨论。

单桩。单桩是由打桩入或钻入海床的单根钢管。过渡连接件连接单桩和塔筒，主要以平衡这些桩可能产生的倾斜并得以提供登船平台。单桩的必要直径和质量随着水深的增加而不成比例地增加，因为流体动力荷载决定着大水深的倾覆力矩。因此，对于大于约 30 米的水深，单桩通常是不经济的，它们主要用于浅水区。垂直和水平荷载都通过表面摩擦和剪切力传递到土壤，这需要足够的桩长和直径。

导管架。海上风能中的导管架代表三维（3-D）桁架，通常具有四个倾斜腿（整个下部结构被称为导管架）。德国海上风力发电场 Nordsee Ost 的导管架设计如图 6.8 所示。导管架顶部的腿的间距需要一个过渡件来连接筒和下部结构。就单桩而言,这个过渡件也可以用作登船平台。理论上,也可以选择使用全长导管架(不包括过渡件和塔筒);但是,这种结构至今尚未安装。有两种方法来将导管架固定到海底:桩靴(桩通过固定在桩腿部底部的套管管打入)和导管架插头(桩腿底部的塞子塞入预先打入的桩)。对于导管架,荷载主要作为腿部的轴向载荷传递到土壤中。另外,由于在海底处腿的间距,导管架相对于单桩对倾覆力矩具有更高的抵抗力。与单桩相比,导管架可以被认为是轻质结构。而且,可以假定流体动力学对导管架是无作用的。承载能力和流体动力学特性使导管架适用于更大的水深。然而,由于它是由多个构件组成的需要大量焊接的大型结构,所以导管架的制造和运输更复杂,因此比浅水中的单桩更昂贵。

图 6.8　德国海上风电场 Nordsee Ost 的导管架下部结构准备在德国不莱梅港进行运输

三脚架。目前安装的三脚架下部结构是中心柱三脚架(见图 6.9)。也就是说,它们由中心管组成,中心管由斜管支撑,斜管通过支架连接以提供足够的刚度。过渡件(见图 6.10)用于连接三脚架和塔筒。现有的三脚架使用桩基连接到海底。由于腿的间距,三脚架具有较高的抵抗倾覆力矩的抵抗力,类似于导管架。但是,大的中央构件会导致较高的流体动力载荷,并且几何结构比导管架更难以焊接。一般来说,三脚架可用于与导管架下部结构相同的水深。

图 6.9　准备在德国不莱梅港进行运输的海上风电场的三脚架下部结构

图 6.10 与德国海上风力发电场的 5 MW 海上风力发电机结合使用的三脚架过渡件 Global Tech I

三桩。三桩是 BARD 集团的专利，并且仅用于 BARD Offshore 1 风力发电场。基本上，一个三桅船由三个桩组成，这三个桩通过一个过渡件连接到塔上。安装使用类似于导管架的概念：将三桩的桩底塞子塞入土壤中预先打入的空心桩中。由于桩的直径相对较小，桩的间距提供了所需的刚度并且还使得结构不受流体动力学影响。就像导管架一样，荷载通过桩中的轴向荷载传递到土壤中。

重力式下部结构。重力式下部结构(GBSs)是巨大的混凝土结构，其下部结构和基座之间的区别并不像三脚架或导管架那样清晰。到目前为止，两种基于重力式下部结构的概念已被用于海上风力发电机：

(1) 地面上的底板是锥形的，以符合平均海平面处的塔筒直径。

(2) 单桩连接到基础沉箱上，没有平滑过渡。

GBS 的大重量和覆盖面积使海上风力发电机保持原位，并且负载通过下层土壤层的压力传递到土壤中。与导管架和三脚架等分支结构相比，GBS 对倾覆力矩非常敏感，这意味着它们安装在浅水中。

6.1.4 控制和保护系统

海上风力发电机及其组件包括一大组控制系统和子系统。这里，术语控制系统是指转速和转矩控制以及操作控制。后者负责释放和执行制动操作，启动和关闭等。在下一节中，重点放在前者——桨距控制的变速海上风力发电机的转速和转矩控制。

控制系统的目标是最大限度地提高能量输出，同时仍能在额定功率，额定转速和切出风速等运行限制内工作，并尽量减少海上风力发电机上的静态和动态负载，并满足电网要求。

桨距控制的变速海上风力发电机具有不同的操作模式。超过额定风速时，风机处于定速模式；改变转子叶片的桨距角以尽可能保持转子的转速恒定。在额定风速以下，海上风力发电机处于固定桨距的变速区域，以确保最佳的能源生产。基于这个原理，可以使用不同的控制策略。图 6.11 展示了通用 5 MW 海上风力发电机的转矩-速度控制曲线。图中的实线给出了将产生最佳的能量输出的空气动力学最优的扭矩曲线，这是扭矩和发电机速度之间的二次关系。图 6.11 中的虚线代表涡轮机的真实扭矩-速度曲线。区域 1 低于发电机的切入速度，即涡轮机处于空转位置，区域 1 1/2 是启动区域，区域 2 中控制器遵循最优转矩-速度-曲线，区域 2 1/2 非常陡峭，覆盖了广泛的风速范围，用于使风力发电机产生额定功率(遵循最佳曲线会导致太高的转速，从而导致噪音过大)，在区域 3 中，涡轮机处于变桨距运行模式。

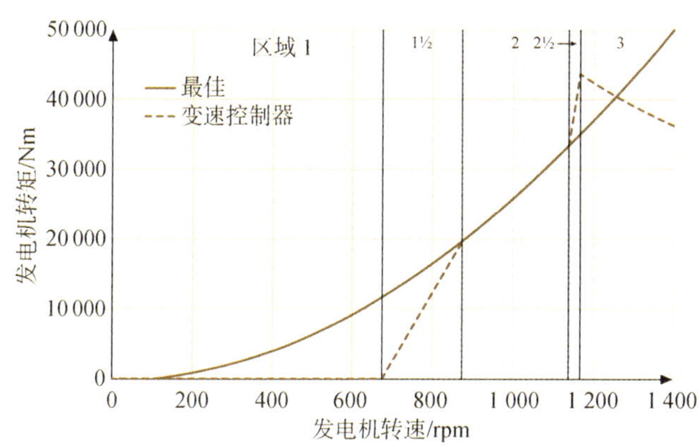

图 6.11　国家可再生能源实验室的 5 兆瓦海上参考发电机扭矩速度控制曲线

制动操作，启动和关闭也通过改变转子叶片的桨距角和倾斜率以及转矩来控制。其他控制系统功能包括调向控制和安全保护功能。

6.1.5　电力电子

由于当前的海上风力发电机是变速发电机，发电机产生的电能(AC)是变频的。为了将频率馈入电网，它需要处于特定的边界内。例如，欧洲目标值为 60 Hz 或 50 Hz。AC-DC-AC (AC：交流电，DC：直流电)转换器将发电机产生的变频电力转换为直流电，然后以电网频率转换为交流电。

对于海上风力发电机，通常使用具有1 200 V 或1 700 V 的反向阻断电压能力的绝缘栅双极型晶体管(IGBT)配电，具有 750 V 和1 200 V 之间的直流电电压水平和 490 V 和 690 V 之间的标称交流电线电压。这些低压转换器的标准配电频率在几千赫的范围内。海上风力发电机越来越多地使用具有3.3 kV 或 6 kV 的更高电压阻断能力的中压变压器以及几个 100 Hz 的配电频率。通常，这会导致在相同的额定功率下具有较低的电流值，并具有一些固有的优点，如损耗较低，铜线较少，可靠性较高，但是投资成本也较高。

在海上风力发电机中，出于维护原因，转换器大多放置在机舱内，并且通常包含并行工作的独立转换器。如果其中一个系统发生故障，这种准冗余可以降低功耗。电力转换器的可靠性对于海上风力发电机的经济性地成功运行至关重要。由于电路板对与环境的微小交互非常敏感。例如，苍蝇降落在电路板上可能导致短路——海上风力发电机转换器装在机柜中并具有水冷电路。

风能被越来越多地使用，其中一个重要方面就是供电电网的质量和风电机组对电网问题的反应。使用转换器的发电机比使用 DFIG 的发电机在处理电网问题方面具有更好的能力。尽管齿轮啮合 DFIG 解决方案所提供的能量质量很高，但需要更复杂的控制工作量和硬件保护系统才能符合当今的大多数电网规范。DFIG 最大的缺点是缺乏完整的电网解耦。

一般来说，高速和中速 PMSG/EESG 比低速 PMSG/EESG 具有更高的效率。这主要是由于材料使用，机械尺寸，气隙尺寸和所需冷却力等设计约束的结果。然而，直接驱动概念的主要优点是减轻了动力传动系机械部件的内部损耗。另一方面，变速箱涡轮，尤其是那些使用双馈风力发电技术的涡轮，在最佳工作点下显示出稍高的效率值。这主要是由于与完整的转换器设计(应用于 PMSG)相比，其所安装的电力电子设备的显著减少(大约节省 50～70%)所致。

6.1.6 当前技术的挑战

虽然在过去的几年中，海上风力发电机的安装和运行获得了很多经验，但仍然存在着未来需要解决的挑战，以达到所需的海上安装能力。与陆基风能相比，海上风能的高成本是其中一个主要挑战。

成本增加的原因可以在海上风力发电机的整个生命周期中找到。规划和建设过程需要更多的时间和精力，主要是因为下部结构设计和电网连接。一个很大的挑战就是资源管理——即在制造或气候窗延迟的情况下，安排需要安装的零部件到货及在海上进行安装。合适的安装船数量少也可能是海上风电项目延期的原因。

在海上风力发电机运行期间，由于只能通过船只或直升机才能进入，所以维护费用比在陆地上要高。这种限制要求海上风力发电机的状态监测系统具有更高的可靠性。将现有的陆基风力发电机海洋化也会产生问题(如发动机舱内腐蚀问题增加)。

尽管面临这些挑战，相关研究部门和行业都发现了很多瓶颈，并正在努力解决这些问题。由于已经从现实的海上风电项目取得大量的实践经验，设计标准正在改进，设计创新正在发生。

6.2 涡轮动力学基础和海洋环境

海上风力发电机是一个高度复杂且动态的系统，受到一系列线性和非线性效应的影响。也就是说，海上风力发电机受静态的，周期的，短暂的和随机的荷载的影响，这些荷载来源于不同的气象的、海洋的，电气的和结构性来源。因此，海上风力发电机的设计和认证在很大程度上依赖于精确的负载分析以及相应的预处理和后处理。只有通过适当的负载分析才能实现可靠且经济高效的发电机设计。

另外，海上风力发电机受环境条件的影响，如紊流风，阵风，风向变化，尾流效应，海浪和洋流。除了环境负荷之外，海上风力发电机的转子的使用寿命期间(通常是 20 年或更长)对系统施加多达 10^9 显著振幅的负载周期。这些负载循环的影响可以通过转子的空气动力学或结构不平衡来放大。此外，调向和变桨系统，机械制动器和发电机转矩控制系统在执行负载分析时，对发电机组件上造成的负载也不容忽视。

海上风力发电机的复杂性与海上油气工业中使用的传统海上结构不同。例如，油气结构是相当被动和高风险的，因为它们是有人的行为，且具有高污染危险。相反，海上风力发电机由于其控制系统和离心器以及对人类生命和环境的低风险结构而可以被认为是高度主动性的结构。另外，海上油气结构和海上风力发电机的设计极限状态是不同的；尽管传统的海上结构主要是针对极限和偶然极限状态而设计的，但疲劳极限状态对于海上风力发电机来说更为重要。另一个目标是在设计、制造和运营过程中实现成本效益。对于后者，这意味着海上风力发电机必须在其使用期限内承受前述的环境负荷和循环负荷的综合作用，而不会导致高运行和维护成本。此外，海上风力发电机的支撑结构的固有频率具有更严格的要求，因为它们不能与转子的转动频率或塔筒的叶片通过频率（以及高次谐波）一致以避免共振效应。

在设计海上风力发电机时，需要结合陆地风力发电机和海上油气结构的丰富经验；仅仅将陆基发电机安装在海上结构上是不够的，因为这会忽略上述的负载效应，并且不会产生可靠且具有成本效益的设计。

在下面的章节中，将描述海上风力发电机环境负荷的主要来源风（6.2.1 节）和波浪（6.2.2节）。其他所包括的外部荷载（水流、冰荷载和地震荷载）超出了本章的范围。此外，在 6.2.3 章节中介绍了用于建模和模拟海上风力发电机（用于执行负荷分析）的气液伺服弹性方法。

6.2.1 风

风能是海上风力发电机的能源和机械负载的来源。强风包含更高的能量，但也产生更高的负荷。此外，可用的风力资源对于评估海上风力发电机的可能位置至关重要。风的一个重要特征是其高可变性；风速和风向都会随着时间和地点的变化而迅速变化。因此，在进行负荷分析时，以适当的方式描述风是至关重要的。

1）风的本质

风本身具有随机性，因为它在时间和空间上都有很大的不同。按照文献[6.7]的分类模式，风速和风向的变化可以分为大于 1 年的时间尺度上的年际变化，由季节变化引起的年度变化（秋季和冬季风力通常比夏季强），一天中不同时间的日变化以及描述 10 分钟或更短时间内变化（阵风和紊流）的短期变化。

图 6.12 将风速谱的实例可视化，该风速谱显示对应于这些变化的峰值。日变化和能量密度相当低的紊流峰值之间的所谓的光谱间隙表明短期变化可以独立于较大时间尺度上的变化来处理。但是，文献[6.5]的论点认为，如图 6.12 所示的风谱并非放之四海而皆准的。无论如何，频谱间隙是在负荷分析中分别处理平均风速和紊流的主要原因。

一般而言，年际变化很难预测。然而，对于年度变化，平均风速的发生概率可以通过威布尔分布进行展示。风速 v 的威布尔概率密度函数取决于两个参数 A 和 k，其中 A 是确定概率密度平均值的比例因子，k 是确定密度宽度的形状参数。

$$p(v) = \frac{kv^{k-1}}{A^k}\exp\left(-\left(\frac{v}{A}\right)^k\right) \tag{6.2}$$

对 A 和 k 的不同值的依赖关系的例子如图 6.13 所示。

随着时间缩短，风速的变化是随机的，更难预测。紊流的概率分布可以假定为高斯分布。这导致了三维紊流强度 I 的定义，它是风速的标准偏差 σ 与 10 分钟以上的平均风速之间的比率：

$$I = \frac{\sigma}{v} \tag{6.3}$$

紊流很大程度上受地形的影响很大，树木，灌木丛和丘陵造成更高的紊流强度；然而，地形引起的紊流对于海上风力发电机来说并不重要。海上风电场中风力涡轮机的一个更重要的问题是尾流效应，其中一个涡轮机后面的尾流影响另一个涡轮机的流动。

式(6.3)对于短时间内风速的大幅变化(对于阵风)无效。因此，对于海上风力发电机的荷载分析，使用根据不同模型的阵风近似。

风速也取决于位置。在一般来说，由于表面粗糙度较小，海上较陆上的风速较高，且少紊流。除了风向随高度和大气稳定度的变化外，由于大气层边界造成的风速随高度变化而变化的风切变，也是是决定风速的重要因素。基于对数和幂律的风速轮廓的例子如图 6.14 所示，相应的方程式可以在文献[6.6,23]的标准和指南中找到。另外，过高的风速轮廓形状取决于表面粗糙度和温度分布。

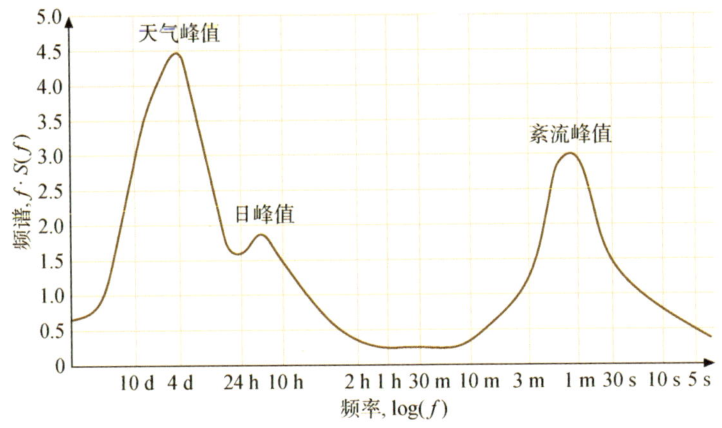

图 6.12 美国纽约 Brookhaven 的风谱

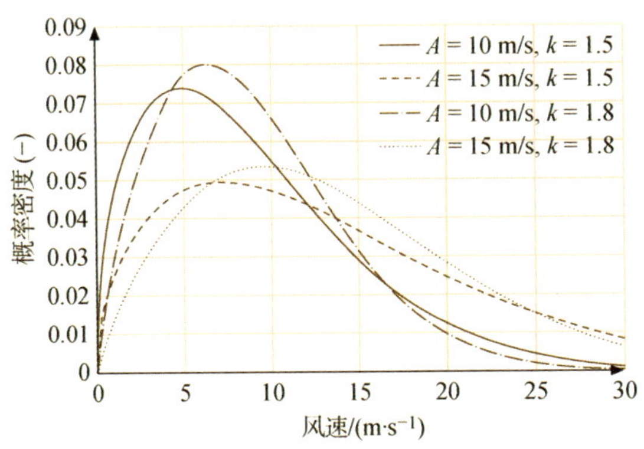

图 6.13 针对 k 和 A 的不同值的威尔布概率密度函数

2）风中能量

考虑理想流量和恒定空气密度 ρ，通过横截面面积 A 的转子盘的风动能为 E，m 是随着风速 v 移动的空气质量

$$E = \frac{1}{2} m v_{\text{wind}}^2 \tag{6.4}$$

关于时间的动能分化产生风中蕴含的功率 P_{wind}

$$P_{\text{wind}} = \frac{1}{2} \rho_{\text{air}} A v_{\text{wind}}^3 \tag{6.5}$$

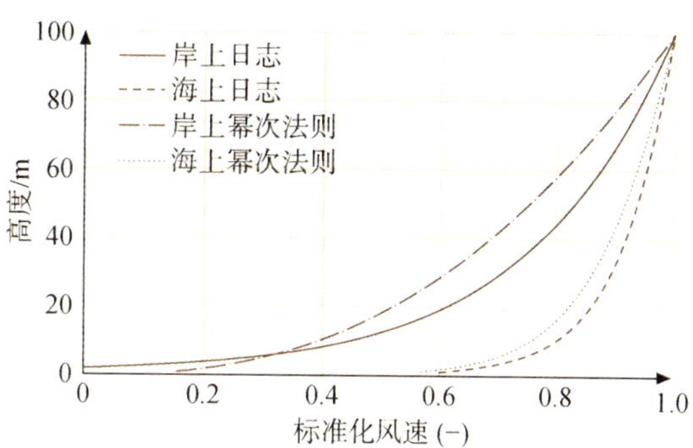

图 6.14 根据对数和幂律定律的陆基和海上风切变剖面示例

通过转子盘时风速减慢，即转子从风中获取能量；然而，它不能完全停止，因为这意味着转子盘被阻塞，这违反了流动中的连续性假设。因此，并不是风力中包含的所有动力都可以用风力发电机来产生能源。理论上可从风中提取的最大功率 P_{Betz} 由 Betz 在文献[6.24]中得出，

$$P_{\text{Betz}} = c_{p,\text{Betz}} \frac{1}{2} \rho A v^3 \tag{6.6}$$

Betz 功率系数 $C_{\text{P, Betz}}$ 等于 16/27 或0.59，这意味着可以获取风中包含的最多 59%的能量。实际上，这个数值是无法达到的，因为摩擦和其他损失减少了可能获取的能量。

3）荷载分析中风的描述

在载荷分析中，如文献[6.6]或[6.23]的标准和指导方针为如何产生可用于模拟海上风力发电机的风速时间序列提供建议。假定平均风速的前提下通常需要 10 分钟的时间序列。

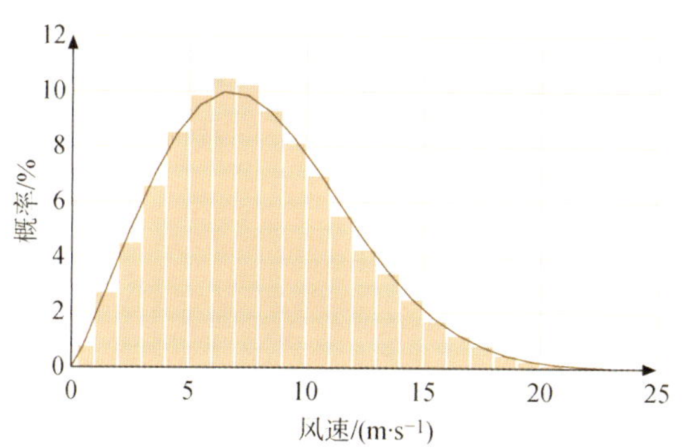

图 6.15 结合威布尔分布的风速直方图

要为平均风速选择适当的范围，应该提供选定地点的测量值。如果是这种情况，则将测得的平均风速分类为通常 2 ms^{-1} 宽度的分箱，并且将威布尔分布结合到分箱的出现概率。具有相应的威布尔分布的风速柱状图的示例如图 6.15 所示。疲劳载荷计算需要威布尔概率密度，以获得可用于估算模拟载荷时间序列重要性的加权因子。

为了获得每个空间方向紊流强度的值，可以使用标准和指南的推荐数据或测量数据。然后将由紊流引起的变化加到平均风速上，以使风时间序列在平均风速附近波动。这些紊流风力时间序列是使用随机方法数值生成的。紊流来自于转子平面上许多点的所有三个风速方向的风谱，确保了适当的离散化和空间相干性。因此，每个实现中的紊流风场是随机的且不同的。标准中给出了获得这些随机风场的边界条件。通常使用的模型是卡曼谱或曼恩模型。

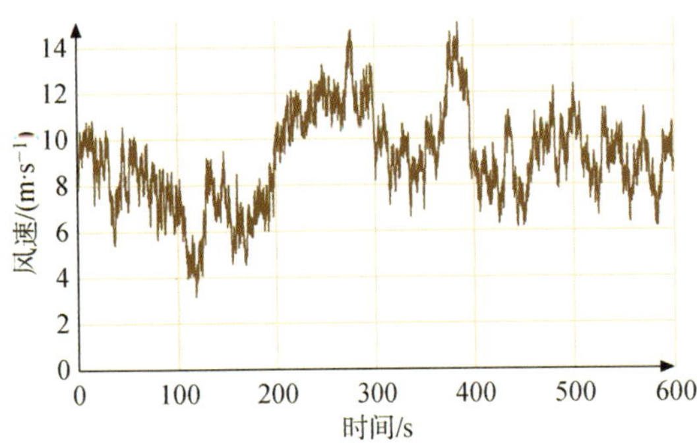

图 6.16 紊流 10 分钟风速时间序列的示例，平均风速为 9 m/s，紊流强度为 20%

风场基于这些模型而建立。图 6.16 示出了一个对于主要风向上平均风速为 9 ms^{-1} 和 20% 紊流强度的紊流 10 分钟风速时间序列的例子。

为了显示极端风速和阵风，紊流风场是不够的。对于极端风速，通常考虑 1 年和 50 年风速，即统计上在 1 年和/或 50 年内仅超过一次的在给定时间间隔内的最大平均风速。长时间的测量值通常是无法获得的，因此 1 年和 50 年的风速可以通过极值推断或基于文献[6.23]等指南中的建议来确定。

如上所述，阵风通常使用预先设定的形状来显示。一负余弦或墨西哥帽子阵风形状就是例子。其他形状可以在相应的标准和指南中找到。

6.2.2 波浪

本节给出的海浪描述完全集中在海浪如何在海上风能中的表现，特别是在海上风力发电机的负荷分析期间。参见本书的其他章节和/或标准离岸工程教科书，其中有更广泛关注的不同理论和方法的更详细描述。模拟海浪的基础是有足够的长期气象和海洋学数据。通常，显著波高 H_s，光谱峰值周期 T_p 和风速 V_{wind} 的联合概率分布为平均风速选择适当的海况。这种分布可以基于给定位置的三维散点图来生成。图 6.17 显示了一个散布图的格式的例子。

风速仓 $v_风$/(m·s⁻¹)		T_p/s												概率
		<0.5	1	2	3	4	5	6	7	8	9	10	11	
H_s/m	4.5													
	4.0													
	3.5													
	3.0													
	2.5													
	2.0													
	1.5													
	1.0													
	0.5													
	<0.25													
概率														

图 6.17 给定平均风速 $v_风$ 下有效波高 H_s 和光谱峰值周期 T_p 的三维散布图部分格式

标准和指南中给出了用于荷载分析环境中海浪建模的理论。根据文献[5.23]，对于几乎所有的设计载荷情况(对于几乎所有的模拟)波浪都应该建模为长峰不规则波浪。也就是说，基于线性波理论的许多具有不同频率和相位角的波分量重叠以获得不规则形状的波高。这种方法与一个位置的紊流是如何从风谱中得到的没有什么不同；波浪运动学是基于这种不规则的波高来推导的。此描述的基础是，波谱表明一个海况下能量密度取决于波频率。

对于海上风力发电机的荷载分析，通常使用两个波谱：皮尔森-莫斯科维茨谱＝用于充分发展的海况以及来源于皮尔森-莫斯科维茨谱的JONSWAP谱用于暴风情。离散波谱给出叠加的微波的波频率。假定相位角是均匀分布的，因此具有随机性。这种方法使每个海况的实现与另一个不同。

为了显示短期现象，如极端波浪，通常使用设计波浪方法。与n年风速相似，n年波高及相应波周期的用来模拟设计波。建模海上风力发电机时，建议使用50年的波高。使用高阶波理论来描述设计波的波运动学（基于Dean流函数的波理论）也很常见。这样，波峰可以建模大于波谷，这对于高波浪和极端波浪来说更现实。

6.2.3 水平轴流风机的航空液压伺服-弹性模型

海上风力发电机的评估基于航空水力伺服弹性模拟模型。海上风力发电机的模拟在时域中进行以获取非线性动态效应，并且可以考虑本节介绍中描述的时间依赖问题。航空水力伺服弹性模型展示了，空气动力学（航空），流体动力学（水力学），控制系统（伺服）和在来自风的外部载荷（包括尾迹效应）影响下的结构动力学（弹性），波浪，土壤，电网，以及有些情况下，冰之间的复杂相互作用。标准和指南要求采用这种耦合方法来预测海上风力发电机的动态响应以及极端和疲劳负载。耦合模型的重要性可以在如转子的气动阻尼中看出，这可以显著减少下部结构上的载荷。当所谓的序贯法中的波浪荷载与风荷载分开计算时，这种影响将会消失。

为了使海上风力发电机设计以模拟为基础，航空液压伺服弹性模型需要足够详细以预测负载效应和动态响应；但是，由于需要运行大量模拟，因此在选择模型的细节层次时，需要考虑运行单个模拟所需的时间。

1）转子空气动力学

下面介绍用于计算海上风力发电机转子上空气动力负载的具有不同细节层次的方法。描述了常用的叶片元件动量（BEM）理论和广义动态尾迹（GDW）方法。有关海上风力发电机的转子空气动力学的更广泛描述，请参阅文献[6.5]和[6.32]。

（1）叶片-元件-动量理论。叶片-元件-动量理论是用于计算海上风力发电机荷载分析中气动载荷的最先进的方法。这种方法速度快并且给出了很好的结果-如果可以获得适当的空气动力学翼型数据的话。因此，在风能行业中使用带有修正的叶片元件动量理论是很常见的。

在叶片-元件-动量理论中，转子叶片被划分为确定诱导因素的元素。诱导因子描述了风速被每个叶片元件减少和重定向的程度。基于诱导因素，可以得出每个叶片元件的气动负载的合速度和迎角。每个叶片元件与用于确定空气动力学载荷的空气动力学翼型数据相关联。气动载荷影响诱导因素，这使得叶片-元件-动量理论成为一种迭代方法，直到诱导因素收敛为止。计算基于以下原则：

牛顿定律：通过转子盘的风速计算基于叶片元件上的空气动力负载与运动空气的动量变化之间的平衡。动量的变化等于速度乘以质量流量的变化。

伯努利定理：每个叶片元件的载荷等于转子盘上的平均压差乘以转子扫过的面积。

翼型理论：可以使用翼型理论确定每个叶片元件的载荷，其中使用风速的入射角计算载荷。

叶片-元件-动量理论是基于经常与事实相反的假设。因此,该方法被纠正以弥补这些违规,例如,假定流量是平稳的。这个假设需要对固定和偏斜流量进行修正。此外,翼型理论必须使用不稳定的空气动力学模型进行修正,包括动态失速(一种可能性是 Beddoes-Leishman 方法)。进一步假定流动是二维的,这意味着相邻的叶片元件不会相互影响。这个假设需要对空气动力学翼型数据进行三维效应校正。此外,转子被假定为具有无限数量的叶片的盘,这使修正成为必要行为以解释轮毂和叶尖损失(叶尖损失校正根据 Prandtl)。经常采用的另一种修正是伪动态尾迹的时间过滤器。此外,忽略转子周围的回流。因此,对于重负载转子,即主要对于大的轴流诱导因素,要根据 Glauert 进行修正。叶片-元件-动量理论和所提出的修正都在文献[6.5]等标准的风能教科书中描述。

(2) 广义动态尾迹方法。与叶片-元件-动量理论类似,广义动态尾迹方法快速提供结果。广义动态尾迹方法是一种动态流入方法,它基于求解拉普拉斯方程来获得压力。最初它是在文献[6.34]中为直升机开发的。

压力和流速场被描述为函数的叠加,其系数是通过求解微分方程组获得的。气动负载的计算通过应用翼型理论来完成。与基于转子盘的叶片-元件-动量理论相反,广义动态尾迹方法允许转子叶片在速度场内的位置的区域化。通过这种方式,大部分上述叶片-元件-动量理论修正已经被广义动态尾迹方法淘汰。但是,动态失速方法仍然必须加以应用。

2) 流体动力学

与 6.2.2 节中对波浪的描述类似,本节重点介绍海上风力发电机流体动力载荷的计算。

对于海上风力发电机的气动液压伺服弹性模拟,莫里森方程通常用于确定波浪对下部结构施加的载荷。也就是说,水动力假设是惯性和阻力载荷的总和。惯性部分由 Froude-Krylov 和散射项组成,其特征在于附加质量乘以基于衍射问题的长波长近似水粒子加速度。基于成份加速度的附加质量通常单独包含。阻力部分主要是粘滞阻力,与包括结构运动的水粒子速度的平方成正比。风力发电机的其它载荷来自周围水的影响,包括浮力、动态压力以及拍打和冲击。

莫里森方程的一个明显缺点是流体动力学透明度的假设;只有基准尺寸与波长之比小于 0.2 才能使用。这意味着没有考虑辐射,反射和衍射效应(物体对波场的影响)。对于目前使用的下部结构和水深,这是一个合理的假设。但是,随着新技术的出现,流体动力学透明度的假设可能不再适用。因此,一些海上风力发电机仿真工具已经能够解决海上风力发电机下部结构对波场的影响。例如,文献[6.37]所述的结果就是通过使用 MacCamy-Fuchs 近似法或者通过使用波中下部结构在时域内频域分析得出的。

3) 控制系统

总的来说,控制系统对大型柔性风力涡轮机的建模非常重要,因为它对负载的级别有很大的影响。如果没有在海上风力发电机模型中正确表示控制系统,就不可能实现对性能和负载的正确估计。但是,控制系统通常也是海上风力发电机中最机密的部分,因而很难获得真实的参数。

以可变桨距控制的海上风力发电机为例,必须要显示激活时间,俯仰率和最大俯仰角。此外,必须包含控制系统的频率以显示完整控制周期所需的时间(查看发电机速度并返回正确的俯仰角)。控制系统的安全功能也需要配备。

4）结构模型

在进行海上风力发电机的荷载分析时，结构模型用于根据涡轮机各部件和位置的时间确定荷载效应。大挠度，非线性气动弹性效应，非线性动力特性和随时间变化的荷载等非线性效用都要考虑到。总之，结构模型必须与空气动力学，流体动力学和控制系统模型（本节的介绍）相结合。此外，风力发电机的部件彼此耦合也必须在模型中显示。例如，转子叶片的风致运动会影响动力传动系统的振动。

通常情况下，转子叶片，塔筒和动力传动系统被塑造成柔性梁组件。通常认为机舱，轮毂，齿轮箱和发电机是刚性的。主轴承，调向轴承和离合器通常建模为各个组件之间的连接。

选择结构模型的方法意味着在结果的准确性和模拟时间之间进行权衡。因此，有三种方法可用于模拟海上风力发电机的结构：多体模拟（MBS），模态简化法和有限元法（FEM）。然而，这些方法的组合更常用（例如，多体模拟和模态简化法的组合或多体模拟和有限元法的组合）。下面介绍每种方法和相应的组合。

多体模拟。在时域中，海上风力发电机的组件显示为有质量的并通过无质量连接件连接的刚性物体。连接件可以抑制主体的自由度（DOF），连接件的弹性可以通过弹簧减震器进行建模。使用具有广义坐标和质量的拉格朗日形式可以获得耦合体的运动。

单个刚性体不够用的部件（如转子叶片和塔筒）可以通过多个由弹簧和减震器连接的物体建模。这种方法增加了自由度的数量，从而增加了仿真时间。通常对这些组件进行模态简化。

模态减化。可以说，系统中自由度的数量越多，解决运动方程所需的时间就越多。在模态简化法中，自由度的数量减少，因此模拟时间减少。当模拟海上风力发电机时，运动方程用多体模拟方法求解；然而，像转子叶片，塔筒和动力传动系统这样的组件使用模态简化法进行建模。

在模拟整个系统之前，使用基于几何和材料属性的适当梁理论对各个部件进行建模。海上风力发电机部件的振型在（通常非线性）梁单元公式中用作形状函数。然后通过叠加有限数量的振型来模拟海上风力发电机系统中的部件的振动。这种方法可以大大减少自由度的数量，但精度也会有所下降。在用于海上风力发电机的敷在模拟工具中，以下配置通常用于模态简化模型中：

（1）前三个或四个振型用于转子叶片（两个以摆动方式，一个或两个以边沿方向）。

（2）塔筒采用四种振型（两种用于转子平面的弯曲处，两种用于转子翘曲处）。

（3）动力传动系统采用三种振型（一种用于扭曲，两种用于弯曲）。

尽管关于整个方程组的解的精度有所损失，但模态简化模型与测量结果一致。因此，它们经过验证并用于许多海上风力发电机负载分析工具中。

应该明确的是，海上风力发电机模拟工具中的模态方法包括很多非线性项，这些非线性项对于建模动态响应非常重要，例如缩短轴，科里奥利和陀螺仪载荷等。一种可能性是用基于有限数量的形状函数的非线性梁公式对转子叶片和塔筒进行建模。由于形状函数的数量有限，因此对形状函数使用振型是很好的做法。这通常称为模态法，但它不是线性方法。

有限元法。模态简化法在模拟时间方面非常有效。然而，大挠度对于大型和非常灵活的涡轮机来说变得更重要，通常无法用这种方法足够精确地显示。相反，可以使用基于有限元法的多体方法，这可以模拟海上风力发电机更复杂的变形状态。

类似于模态简化法，海上风力发电机的运动方程使用多体模拟法求解，但转子叶片和塔筒等组件通过梁有限元模拟。通常，梁元件用于组件，以便可以考虑扭曲，弯曲，拉伸和剪切刚度。这种基于有限元方法的动态多体模拟方程系统可以迭代地求解弹性自由度（来自有限元件）和刚性自由度（来自多体连接）的组合。

就模拟时间而言，基于有限元法比模态简化法慢；然而，它们已经被用于海上风力发电机的一些负载模拟工具中。

6.3 对未来技术的展望

海上风力发电机技术的最新技术已在前面的章节中进行了描述。本节介绍处于早期设计阶段，仅存在于技术原型中，和/或目前还需要进行研究的技术。技术类型包括浮式海上风力发电机和不同于前述三叶水平轴流逆风转子的转子结构，新叶片技术以及关于通过荷载模拟分析海上风力发电机相关的进一步发展。

目前正在进行大量的研究来开发成本效益好的、可靠的浮式海上风力发电机。在这些系统中，风力发电机组安装在浮动的平台上，而不是安装在底部固定的下部结构上。Musial等人在文献[6.38]中阐述了浮式海上风力发电机在经济上的可行性。截至目前，有四个兆瓦级的浮式原型机在运行。两个安装在欧洲水域（挪威和葡萄牙，如图 6.18 和图 6.19 所示），而另外两个是日本的设计，安装在福岛外海。

图 6.18　Hywind 原型机：在一个杆状浮标平台上的 2.3 MW 风力发电机组

图 6.19　WindFloat 原型机：半潜式平台上的 2.0 MW 风力发电机组

浮式海上风力发电机的设计和建模都具有挑战性。如 6.1 节所描述的，安装的原型机迄今为止还是采用了传统的三叶水平轴流风力涡轮机，其安装的浮式平台也是基于海上石油和天然气行业经验设计的。这种方法已被许多研究项目采用。相比之下，高于浮式平台的转子-机舱组件 RNA 的重量可能意味着稳定性方面的问题，因此正在对垂直轴流浮动海上风力发电机进行更多的研究项目。另一个研究可能性是研究顺风转子的使用。

对于浮式风力发电机的模拟，已经有许多复杂的工具可用。但是，开发适当的模拟工具也有挑战，例如使用更先进的流体动力学，包括二阶效应。另一个当前的研究方向是通过模型测试数据验证仿真模型。然而，由于比例和同时产生风浪的问题，导致其成为一个难以研究的领域。由于可用原型机的数量很少而且都有专利,可用的现场数据很少。

正如在 6.1.6 节所提及的,海上风力发电机获得的经验带来了认证准则的改进。浮式海上风力发电机也是这种情况;国际电工技术委员会 IEC 和认证机构都在制定专门用于浮式海上风力发电机的准则。

陆基发电机的发展的限制不一定适用于海上风力发电机。例如,在海上的噪音排放问题比在陆地上的问题要小,这使得海上风力发电机的尖速可能更高。此外,海上运输的便利性以及在海上风力发电机总成本中占有很大份额的支持结构的成本导致更高额定功率的发展,可能高达 10 兆瓦。为此,需要更大的叶片,这导致了材料和减少负载方法方面的新发展。较大叶片的可能性将是使用所谓的智能叶片——具有传感器和致动器的叶片和/或允许降低负载的结构特性。另一种可能性是每个叶片的独立桨距控制。

使海上风能更具成本效益的挑战需要通过致力于组件自动化制造的研究来实现。

总之,有很多研究致力于使海上风能在未来更可靠和更具成本效益。这要通过发展整个涡轮机布局新理念以及根据海上需求变更部件来完成。此外,物流,指导方针和航空液压伺服弹性模型也在不断调整和改进,以满足海上风力发电行业的发展的主要。

参考文献

6.1 EWEA: Wind in Power-2012 European Statistics (European Wind Energy Association, Brussels 2013)

6.2 GWEC: Global Wind Statistics 2012 (Global Wind Energy Council, Brussels 2013)

6.3 EWEA: The European Offshore Wind Industry-Key Trends and Statistics 2012 (European Wind Energy Association, Brussels 2013)

6.4 Federal Government of Germany: Das Energiekonzept für eine umweltschonende, zuverlässige und bezahlbare Energieversorgung(Federal Government of Germany, Berlin 2010)

6.5 T. Burton, N. Jenkins, D. Sharpe, E. Bossanyi: Wind Energy Handbook (Wiley, Chichester 2011)

6.6 IEC: Wind Turbines-Part 3: Design Requirements for Offshore Wind Turbines, IEC 61400-3 (International Electrotechnical Commission, Geneva 2009)

6.7 J. F. Manwell, J. G. McGowan, A. L. Rogers: Wind Energy Explained: Theory, Design and Application, 2nd edn. (Wiley, Chichester 2010)

6.8 R. Gasch, J. Twele (Eds.): Windkraftanlagen, 5th edn. (Vieweg+Teubner Verlag, Wiesbaden 2007)

6.9 E. Hau: Wind Turbines: Fundamentals, Technologies, Applications, Economics, 3rd edn (Springer, Heidelberg 2012)

6.10 S. Siegfriedsen, G. Böhmeke: Multibrid technology-A significant step to multi-megawatt wind turbines, Wind Energy 1, 89-100 (1998)

6.11 P. Jamieson: Innovation in Wind Turbine Design(Wiley, Chichester 2011)

6.12 J. Wenske: Special report direct drives and drive-train development trends. In:

Wind Energy Report Germany 2011, ed. by S. Pfaffel, V. Berkhout, S. Faulstich, P. Kühn, K. Linke, P. Lyding, R. Rothkegel (Fraunhofer Institute for Wind Energy and Energy System Technology, Kassel 2011) pp. 59-63

6.13 M. N. Kotzalas, G. L. Doll: Tribological advancements for reliable wind turbine performance, Philos. Trans. R. Soc. A 368(1929), 4829-4850 (2010)

6.14 M. Kühn: Dynamics and Design Optimisation of Wind Energy Conversion Systems, Ph. D. Thesis (Delft University of Technology, Delft 2001)

6.15 W. E. de Vries, V. D. Krolis: Effects of deep water on monopile support structures for offshore wind turbines, European Wind Energy Conference (2007)

6.16 J. Jonkman, S. Butterfield, W. Musial, G. Scott: Definition of a 5-MW Reference Wind Turbine for Offshore System Development (National Renewable Energy Laboratory, Golden 2009)

6.17 K. Fischer, T. Stalin, H. Ramberg, T. Thiringer, J. Wenske, R. Karlsson: Investigation of Converter Failure in Wind Turbines-A Pre-Study (Elforsk report 12: 58) (Vindforsk, Stockholm 2012)

6.18 M. Wilkinson, B. Hendriks: Deliverable D1. 3: Report on Wind Turbine Reliability Profiles (Reliawind, Brussels 2011)

6.19 C. Kupferschmidt, M. Strach, H. Huhn, F. Vorpahl: Offshore wind support structures. In: Handbook of Technical Diagnostics, ed. by H. Czichos (Springer, Heidelberg 2012) pp. 505-518

6.20 F. Vorpahl, H. Schwarze, T. Fischer, M. Seidel, J. Jonkman: Offshore wind turbine environmental loads simulation and design, Wiley Interdiscip. Rev. Energy Environ. 2, 548-570 (2012)

6.21 J. van der Tempel: Design of Support Structures for Offshore Wind Turbines, Ph. D. Thesis (Delft University of Technology, Delft 2006)

6.22 I. van der Hoven: Power spectrum of horizontal wind speed in the frequency range from 0.007 to 900 cycles per hour, J. Meteorol. 14, 160-164 (1956)

6.23 G. Lloyd: Guideline for the Certification of Offshore Wind Turbines (Germanischer Lloyd, Hamburg 2012)

6.24 A. Betz: Wind-Energie und ihre Ausnutzung durch Windmühlen (Vandenhoeck and Ruprecht, Göttingen 1926)

6.25 J. C. Kaimal, J. C. Wyngaard, Y. Izumi, O. R. Coté: Spectral characteristics of surface-layer turbulence, Q. J. R. Meteorol. Soc. 98, 563-589 (1972)

6.26 J. Mann: The spatial structure of neutral atmospheric surface-layer turbulence, J. Fluid Mech. 273, 141-168 (1994)

6.27 O. M. Faltinsen: Sea Loads on Ships and Offshore Structures (Cambridge Univ. Press, Cambridge 1990)

6.28 G. Clauss, E. Lehmann, C. Östergaard: Offshore Structures-Conceptual Design and Hydromechanics (Springer, Heidelberg 1992)

6.29 S. Chakrabarti (Ed.): Handbook of Offshore Engineering(Elsevier, Oxford 2005)
6.30 W. J. Pierson Jr., L. Moskowitz: A proposed spectral form for fully developed wind seas based on the similarity theory of S. A. Kitaigorodskii, J. Geophys. Res. 69, 5181-5190 (1964)
6.31 K. Hasselmann, P. Barnett, T. E. Bouws, H. Carlson, E. Cartwright, D. K. Enke, A. Ewing, J. H. Gienapp, E. Hasselmann, D. P. Kruseman, A. Meerburg, P. Müller, J. Olbers, D. K. Richter, W. Sell, H. Walden: Measurements of wind-wave growth and swell decay during the Joint North Sea Wave Project (JONSWAP), Ergänzungsheft Dtsch. Hydrogr. Z. 12, 7-95(1973)
6.32 P. J. Moriarty, A. C. Hansen: AeroDyn Theory Manual (National Renewable Energy Laboratory, Golden 2005)
6.33 J. G. Leishman, T. S. Beddoes: A semi-empirical model for dynamic stall, J. Am. Helicopter Soc. 34, 3-17 (1989)
6.34 D. M. Pitt, D. A. Peters: Theoretical prediction of dynamic-inflow derivatives, Vertica 5, 21-34 (1981)
6.35 J. R. Morison, M. P. O'Brien, J. W. Johnson, S. A. Schaaf: The force exerted by surface wave on piles, Petroleum Trans. 189, 149-154 (1950)
6.36 R. C. MacCamy, R. A. Fuchs: Wave Forces on Piles: A Diffraction Theory (Beach Erosion Board Corps of Engineers, Washington DC 1954)
6.37 J. Jonkman: Dynamics Modeling and Loads Analysis of an Offshore Floating Wind Turbine, Ph. D. Thesis(University of Colorado, Golden 2007)
6.38 W. Musial, S. Butterfield, A. Boone: Feasibility of floating platform systems for wind turbines, 23rd ASME Wind Energy Symposium (2004)
6.39 A. Cordle, J. Jonkman: State of the art in floating wind turbine design tools, Proc. 21st Int. Offshore Polar Eng. Conf. (2011) pp. 367-374
6.40 D. Matha, M. Schlipf, A. Cordle, R. Pereira, J. Jonkman: Challenges in simulation of aerodynamics, hydrodynamics, and mooring-line dynamics of floating offshore wind turbines, Proc. 21st Int. Offshore Polar Eng. Conf. (2011) pp. 421-428
6.41 Det Norske Veritas: Design of Floating Wind Turbine Structures, DNV-OS-J103 (Det Norske Veritas, Høvik 2013)
6.42 T. K. Barlas, G. A. M. van Kuik: Review of state of the art in smart rotor control research for wind turbines, Prog. Aerosp. Sci. 46, 1-27 (2010)

特别鸣谢

中国科学院声学研究所
国家海洋局第二海洋研究所
国家海洋局宁德海洋环境监测中心站
国家能源海洋核动力平台技术研发中心
上海单点海洋技术有限公司
无锡惠科电工高新技术有限公司
中国石油大学(北京)
湖北海洋工程装备研究院有限公司
华中科技大学
江苏科技大学
上海海洋大学
大连理工大学
广东海洋大学
国防科技大学气象海洋学院
哈尔滨工业大学
浙江大学
上海交通大学
中国海洋工程网
船海书局

(以上排名不分先后)

诚挚感谢以上单位对本书的出版所做出的贡献!

CSIC